動物の賢さがわかるほど人間は賢いのか

Are We Smart Enough to Know How Smart Animals Are?

フランス・ドゥ・ヴァール
Frans de Waal
松沢哲郎 監訳　柴田裕之 訳

紀伊國屋書店

動物の賢さがわかるほど人間は賢いのか

Are We Smart Enough to Know How Smart Animals Are?

Are We Smart Enough to Know How Smart Animals Are ?
by Frans de Waal

カトリーヌに捧げる

君と結婚するとは、私はなんと賢かったのだろう

目次

本文中の（　）と〔　〕は著者による、〔　〕は訳者による注を示す。
行間の（1）は著者による注で、章ごとに番号を振り、原注として巻末に付す。
『　』で括った書名については邦題がないもののみ原題を初出時に併記する。

Prologue

プロローグ

ヒトと高等動物の心の違いははなはだしいとはいえ、それはあくまで程度の問題であって、質の問題ではない。

チャールズ・ダーウィン（一八七一年）(1)

日に日に寒さが増す一一月初旬のある朝のことだった。オランダの都市アーネムにあるバーガース動物園で、フラニェという名前のメスのチンパンジーが寝床の藁《わら》をすべてかき集めているのに私は気づいた。彼女は藁を小脇に抱え、園内の大きな島に出ていった。その行動に私は驚いた。なにしろ、フラニェがそんな行動をとるのは初めてだったし、そもそもチンパンジーが藁を外に引きずり出すのが観察されたことはなかったからだ。それに、フラニェは日中を温かく過ごしたくてやっているのではないかと私たちは思ったのだが、それならば、暖房の効いた建物の快適な室温の中で藁を集めていた点は注目に値する。フラニェは寒さに反応していたのではなく、実際には体感できない外気温に備えていたのだ。前日が凍えるほど寒かったため、今日も外は寒いだろうと推測したと考えるのが最も理に適《かな》っている。いずれにしても、そのあとフラニェはお手製の藁の「巣」で、幼い息子のフォンスといっしょにぬくぬくと気持ち良さそうに過ごした。

動物たちがどれほど高い知的水準で行動しているのか、私は興味が尽きることがない。もちろん、たった一つの事例から結論を引き出してはならないことは百も承知している。だが現にこうした事例がきっかけで観察や実験が行なわれ、何が起こっているのかの解明に役立つのだ。伝えられるところによれば、ＳＦ作家のアイザック・アシモフはかつてこう述べたという。「科学において耳にすると最も心躍る言葉、つまり新しい発見の先触れといえば、『わかった！《ユリイカ》』ではなくて『変だぞ』である」。まさに同感だ。私たちは研究対象の動物を観察し、その行動に興味をそそられたり驚かされたりし、その動物たちについての自説を体系的に検証し、データが実際に何を意味するのかを巡って仲間と議論するという長いプロセスを経る。そのため、結論を受け容れるにはかなり時間がかかるし、いたるところで異論の待ち伏せに遭う。当初観察したのがたとえ単純なこと（類人猿が藁をひと山集める）でも、影響はじつに広範に及びうる。フラニェは将来に向けて計画を立てているように見えたが、動物がそのようなことをするかどうかという疑問には、現在、科学が熱心に取り組んでいる。専門家は「メンタルタイムトラベル（心的時間旅行、mental time travel）」や「クロネステシア（主観的な時間、chronesthesia）」、「オートノエシス（自己認識、autonoesis）」について論じるが、私はそのような難解な用語は避け、この分野での進展を一般的な言葉で説明するよう努めるつもりだ。動物が日常的に知能を発揮することを示す数々の逸話に触れるとともに、制御された実験で実際に得た証拠も提示する。日常的な逸話からは認知能力がどのような目的に適うのかがわかり、実験から得た証拠によって他の説明が排除できる〔著者は「認知」を、「感覚入力を環境についての知識に変えるという心的変換と、その知識の柔軟な応用」と定義している。二〇頁参照〕。私はその両方に同じように価値があると考えている――実験の説明よりも逸話のほうが、読み易いのは承知しているけれど。

将来に向けた計画と関連する疑問として、動物は出会いの挨拶に加えて別れの挨拶もするかどうかを考えよう。出会いの挨拶に関しては難しいところはない。馴れ親しんだ相手が、一時いなかったあとに姿を見せたことへの反応で、あなたが戸口から入っていけば愛犬が飛びついてくるというのが一例だ。国外から帰還した兵士をペットが大喜びして迎えている様子を捉えた動画をインターネット上で観てみれば、会えなかった時間の長さと歓迎ぶりにはつながりがあるのがわかる。このつながりは私たち自身にも当てはまるから、実感が湧く。これを説明するのに、わざわざ壮大な認知理論を持ち出すまでもない。だが、別れの挨拶はどうだろう?

愛する人に別れを告げるのは嫌なものだ。私が大西洋の向こうへ引っ越していくとき、母は泣いた〔著者はオランダ出身でアメリカ在住〕。私が永遠にいなくなってしまうわけではないことは二人ともよくわかっていたのに。別れの挨拶をするのは、先々会えなくなるのを認識しているからこそであり、だからこの行動は動物にはめったに見られないのだ。とはいえ、ここでも紹介しておきたい話がある。かつて私はカイフという名のメスのチンパンジーに、養子として迎えたチンパンジーの赤ん坊に哺乳瓶でミルクをやる方法を教え込んだ。カイフはあらゆる点でその赤ん坊の母親のように振る舞ったが、赤ん坊を育てられるほどの母乳は出せなかった。そこで私たちが温かいミルクを哺乳瓶に入れて渡してやり、それをカイフが赤ん坊に慎重に与えるのだった。カイフはミルクを飲ませるのがとても上手になり、赤ん坊にげっぷをさせる必要があれば、少しの間、哺乳瓶を引っ込めることさえした。この育児プロジェクトでは、日中の授乳の時間になると、カイフを昼も夜も体にしがみついている赤ん坊といっしょに屋内に呼び入れなくてはならなかったが、コロニー〔集団。動物園のもののように、飼育下の集団を指すことが多い〕の仲間たちはその間も屋外に出たままだった。しばらくして気づいたのだが、カイフはすぐに中に入るのではなくて、きまって長々と回り道をする。島をひと巡りして、アルファオス〔最上位のオス〕、アルファメス〔最上位のメス〕、それに数頭の仲良しの所に行き、それぞれにキスをしてから建物に向かうのだった。相手が眠っていれば起こして別れの挨拶をした。やはりこの行動そのものは単純だったが、状況が状況だけにその背景にある認知について考えずにはいられなかった。フラニェと同じように、カイフは先を考えているように思えた。

だが、動物の認知能力に懐疑的な人はどうしたものか？　動物が現在に囚《とら》われているのは自明で、将来について考えるのは人間だけだと主張する人は？　彼らは動物が持つ能力に関して理に適った想定をしているのか、それとも物事が見えていないのか？　さらに、人間が動物の知性を軽視する傾向がこれほど強いのはなぜか？　私たちは、人間に備わっているのは当然と考える能力が、動物にも備わっていることを当たり前のように否定する。この背景には何があるのか？　他の種はどういった知的水準で機能するのかを突き止めようとするときに直面する真の難しさは、動物自体だけではなく、人間の内面にも由来する。人間の態度や創造性、想像力が大きくかかわっているのだ。動物が特定の種類の知能、それもとりわけ私たちが大事にしている種類の知能を持っているかどうかを問う前に、私たちはその可能性を考えることさえ阻もうとする気持ちを克服しなくてはならない。したがって、本書の核を成す問いは、「動物の賢さがわかるほど人間は賢いのか？」となる。

手短に答えれば、「賢い。だがかつては、とてもそうは見えなかった」だ。二〇世紀のほぼ全般にわたって、科学は動物の知能について、過度に慎重で懐疑的だった。動物に意図や情動があると考えるなど、幼稚で「通俗的な」愚行と見なされた。私たち科学者はそこまで無知ではない！というわけだった。「うちの犬はやきもち焼きなんです」とか「私の猫は自分がどうしたいのかがわかっています」といった類《たぐい》の主張は、研究者たちはいっさい受け容れなかった。ましてや、動物が過去を振り返るとか、互いの痛みを感じるといった、さらに高度な能力など論外だった。動物行動の研究者は、認知を気にかけないか、その概念全体を積極的に否定するかのいずれかだった。ほとんどの研究者はこのテーマに遠回しに触れることすら望まなかったのだ。幸いにも例外はあった（それについては、これから思う存分説明するつもりだ。自分の専門分野の歴史が大好きなので）が、この分野の二つの主要な学派は動物を、刺激に反応して報酬を得たり罰を逃れたりすることに精を出す機械、あるいは有益な本能を遺伝によって授けられたロボットだと考えた。両派は相争い、相手を狭量と考えていたものの、根本的にはともに機械論の立場をとった。つまり動物の内面世界について気を配る必要はなく、内面世界を気にする人は誰であれ擬人観（人間以外の生物、無生物、事象などに人間の形態や性質を見出す立場。擬人主義）に傾いているか、空想的か、あるいは非科学的と考えていた。

私たちにはこの暗い時代を経る必要があったのだろうか？　それ以前は、はるかに自由に考えることができた。チャールズ・ダーウィンは人間と動物の情動について幅広く書いているし、一九世紀の科学者には熱心に動物に高度な知能を見つけようとする人が大勢いた。こうした試みが一時的に停止に追い込まれたのはなぜか？　そして、私たちは自ら進んで生物学の首に石臼をくくりつけた（偉大な進化論者エルンスト・マイヤーは、動物は言葉を持たない自動機械だとするデカルト学派の見解についてそう述べ重荷を負わせることを意味する」)のはなぜか〔「首に石臼をくくりつける」というのはもともと新約聖書の「マタイ伝」などに出てくる表現で、重荷を負わせることを意味する〕？ その答えは今なお謎のままだ。だが時代は変わりつつある。ここ数十年というもの、新たな知見がなだれのように押し寄せ、近年はインターネット上で急速に普及していることには誰もが気づいているに違いない。毎週のように動物の高度な認知に関する新発見があり、その多くが説得力のある動画に裏づけられている。ラットが自分の決断を悔やみ、カラスが道具を作り、タコが人間の顔を見分けること、さらに、特別なニューロンのおかげでサルたちは互いの失敗から学び合えることを私たちは耳にする。動物の文化、共感、友情について私たちは堂々と口にする。もはや踏み込んではならないことは何もない。かつては人間ならではの特性だと考えられた合理性さえも、話題にすることが禁じられていない。

どの場合にも、私たちは人間を基準として動物の知能と人間の知能を比較対照したがる。とはいえ、それは時代遅れの評価方法であることを肝に銘じておくといい。比較すべきは人間と動物ではなく、動物の一つの種（私たち）とそれ以外の非常に多くの種だ。便宜上、このあとほとんどの場合、「動物」という言葉で後者を指すつもりだが、人間も動物であることは否定のしようがない。したがって私たちは、知能の二つの別々のカテゴリーを比べているのではなく、単一のカテゴリー内の違いを考察しているのだ。人間の認知は動物の認知の一種であると私は見ている。それぞれに神経が通っていて独立した動きをする八本の腕の一本一本に行き渡ったタコの認知機能や、自分の発する甲高い鳴き声の反響を感じ取り、動き回る獲物を捕まえることを可能にするコウモリの認知能力と比べると、私たち人間の認知だけが特別だなどとはたして言えるだろうか？

私たちが抽象的な思考や言語を非常に重要視するのは明らかだ（こうして本を書いているときに、さすがにその傾向を嘲笑う気にはなれない）が、物事をもっと大きな枠組みで捉えると、抽象的な思考や言語は、生存という問題に向き合う方法の一つにすぎない。純然たる個体数と生物量を見ると、アリやシロアリは、個々の思考ではなく同じ巣に属する者どうしの密接な協調に的《まと》を絞り、私たちよりもうまくやってきたと言えるかもしれない。それぞれの集団は、小さな足でちょこまかと動き回る無数の個体から成るものの、一つの自立した心を持っているかのように振る舞う。情報を処理し、整理し、広める方法はいくらでもあるのだ。ごく最近になって、ようやく科学は偏見を捨て、こうしたさまざまな方法をすべて退けたり否定したりするのではなく、感嘆し、驚きながらもそれらに向き合えるようになった。

というわけで、たしかに人間は他の種の真価を理解することができるほど賢い。だがそれにはまず、科学によって当初は軽くあしらわれた、何百にものぼる事実をこれでもかとばかりに打ちつけて、固い頭を柔らかくしてやる必要があった。私たちがなぜ、どのようにして前ほど人間中心的ではなくなり、偏見を持たなくなったのかについては、その変化の間に学んだ事柄のいっさいを考えるときに、じっくり思いを巡らせてみる価値がある。このような展開を振り返るに際して、私は必然的に自分なりの考えを差し挟むだろう。その私見とは、従来の二元論を捨てて進化の連続性を強調するものだ。体と心、人間と動物、理性と情動といった二元論は有用に聞こえるかもしれないが、より大きな構図から人の目をはなはだしく逸《そ》らしてしまう。私は生物学者・動物行動学者として修練を積んできたから、科学を金縛りにしてしまった過去の懐疑的姿勢には我慢がならない。これまでその懐疑的な姿勢には、私自身を含めて多くの書き手が厖大《ぼうだい》な量のインクを注ぎ込んできたが、はたしてそれだけの価値があったかどうかは疑わしい。

本書を執筆するにあたり、進化認知学〔著者の提唱する造語で、進化の観点からあらゆる認知機能（人間のものも動物のものも）を研究する学問のこと。四一頁参照〕という分野の包括的・体系的概観を提示するつもりはない。そのような概説は、より専門性の高い他の書籍で読めるだろう。[3] この本ではその代わりに、過去二〇年間の熱狂を伝えるために、多くの発見や種《しゅ》や研究者のなかから入念に選んで紹介するつもりだ。私自身の専門は、霊長類の行動と認知、つまり発見の最前線にあるがゆえに他の分野に多大な影響を与えてきた分野だ。私は一九七〇年代からこの分野に携わっており、人間も動物も含め、多くの関係者のことを直接知っている。だから、当事者ならではの彩《いろど》りも添えることができる。詳しく語りたい経緯はたくさんある。この分野の発展の過程は思いがけないものだった（ジェットコースターに乗っているようだったと言う人もいるだろう）が、その魅力は今なお尽きることがない。というのも、オーストリアの動物行動学者コンラート・ローレンツの言うように、行動とは、生きとし生けるものの最も活き活きとした側面だからだ。

第1章
MAGIC WELLS

魔法の泉

私たちが目にしているのはありのままの自然ではなく、私たちの探究方法に対してあらわになっている自然にすぎない。
ヴェルナー・ハイゼンベルク（一九五八年）[1]

虫になる

グレゴール・ザムザが目覚め、まぶたを開けると、彼の体は得体の知れぬ生き物になっていた。硬い外骨格に覆われたこの「おぞましい害虫」は、ソファの下に身を隠し、壁や天井を這い回り、腐った食べ物を好んだ。グレゴールの哀れな変容ぶりに、家族ははなはだ迷惑し、愛想が尽き、彼が死ぬとほっとした。

一九一五年に発表されたフランツ・カフカの『変身』は、人間中心主義を突き崩す世紀の開幕を告げる、一風変わった砲声だった。この著者が比喩的効果を狙って胸の悪くなるような生き物を主人公に選んだおかげで、虫であるとはどのようなものか、読者は作品冒頭から想像することを余儀なくされた。ほぼ同じ頃、ドイツの生物学者ヤーコプ・フォン・ユクスキュルは、動物の視点に人々の注意を向けさせ、その視点から見えるものを「ウンヴェルト（環世界）」と呼んだ。ドイツ語で「周囲の世界」を意味するこの新概念を説明するために、ユクスキュルはさまざまな世界を巡る旅へと私たちを誘《いざな》った。どの生き物も、それぞれ独自のかたちで環境を感知すると彼は言う。視覚を持たないダニは草の茎によじ上り、哺乳動物の皮膚が発する酪酸《らくさん》の匂いを待ち受ける。このクモ形《がた》類の動物は食物がなくても一八年間生きられることが実験からわかっている。だからダニはゆうゆうと待ち続けることができ、ついに哺乳動物に出会うと、その餌食《えじき》の上に落ち、温かい血を腹いっぱい吸い込む。あとは卵を産んで、死ぬだけだ。私たちにはこんなダニのウンヴェルトを理解できるだろうか？　人間のウンヴェルトと比べると、信じられないほど貧弱に見えるが、ユクスキュルはその単純さを強みと見た。ダニの目的は明確に定まっており、その達成への道から逸脱させるものに出くわすことはほとんどないからだ。

ユクスキュルは他の例も次々に検討し、単一の環境も、何百という、それぞれの種に特有の現実を提供することを示した。ウンヴェルトは「生態的地位《ニッチ》」という概念とはまったくの別物だ。ニッチとは、ある生き物が生存のために必要とする生息環境を指す。一方、ウンヴェルトが重点を置くのは、生き物の、自己を中心とする主観的な世界で、それは感知しうるありとあらゆる世界のうちの、ほんの小さな断片にすぎない。ユクスキュルによれば、この多種多様な断片は、それを構成するありとあらゆる種に「捉えられているわけでもなければ、識別可能なわけでもない(2)」という。たとえば、紫外線を知覚する動物もいれば、匂いの世界に生きている動物もいるし、ホシバナモグラのように、触覚を頼りに地中を動き回る者もいる。オークの枝に止まる動物や、樹皮の内側に暮らす動物もいるかと思えば、キツネの一家は根元に巣穴を掘る。そのどれもが、同じ木を違ったかたちで知覚する。

人間には、他者のウンヴェルトを想像しようとすることは可能だ。たとえば、私たちは視覚が非常に発達しているから、スマートフォンのアプリを購入して、色鮮やかな画像を、色覚を持たない人の目に映るような画像に変換するという手がある。目隠しをして歩き回り、視覚に障害のある人のウンヴェルトを疑似体験して、共感能力を高めることもできる。だが、私にとって最も印象的な異世界体験は、カラス科のうちでも小柄なコクマルガラスを飼育していたときに得たものだ。学生寮の四階にあった私の部屋の窓から二羽のコクマルガラスが出入りしていたので、彼らの離れ業を上から眺めることができた。彼らがまだ幼く未熟なうちは、真っ当な親なら誰もがするように気を揉みながら見守ったものだ。鳥なら飛ぶのが当たり前だと人は思いがちだが、じつはそれは学習して身につけなくてはならない技能なのだ。いちばん難しいのが着地で、走っている自動車に突っ込みはしないかと、私はいつもはらはらしていた。そのうち私は鳥のように考え始めた。完璧な着地点を探しているかのようにあたりを見回し、どこに降り立つかを念頭に置きながら、遠くのもの（枝やバルコニー）の品定めをした。私のコクマルガラスたちは、首尾良く着地すると、嬉しそうに「カーッ、カーッ」と鳴く。そのあと私が呼び戻し、また同じことが繰り返される。彼らがすっかり上手に飛べるようになると、ふざけて風に揉まれながら身を翻す様子を、私はまるでいっしょに飛んでいるかのように楽しんだ。つまり、カラスたちのウンヴェルトに入ったわけだ。不完全なかたちではあったけれど。

ユクスキュルは科学がさまざまな種のウンヴェルトを探究し、正確に記すことを望み、動物行動学者たちのやる気に火をつけたが、二〇世紀の哲学者たちはかなり悲観的だった。一九七四年、トマス・ネーゲルは「コウモリであるとはどのようなことか」を問うたときには、私たちにはけっして知りえないだろうと結論した。[3] 他の種の主観的な生活には入りようがないと彼は述べた。ネーゲルは、人間がコウモリになったらどのように感じるかを知ろうとはしなかった。コウモリであることをどう感じるかが理解したかったのだ。これはたしかに私たちの理解を超えている。コウモリが、私たちを隔てるこの壁には、オーストリアの哲学者ルートヴィヒ・ヴィトゲンシュタインも気づき、「もしライオンが話せたとしても、私たちには理解できないだろう」と言いきったことはよく知られている。それを聞いて機嫌を損ねる学者もおり、動物のコミュニケーションの精妙さをヴィトゲンシュタインはまったくわかっていないとこぼしたが、私たち自身の経験はライオンの経験とかけ離れているので、たとえ百獣の王が人間の言葉をしゃべったとしても私たちには理解できないだろうというのが、この警句の核心だ。実際、ヴィトゲンシュタインの見解は異文化の人々にも当てはまった。私たちは、仮に彼らの言葉を知っていたにせよ、彼らの世界に「なじむ」ことができない。[4] 彼が言わんとしていたのは、相手が異国人だろうが別の生き物だろうが、彼らの内面に入り込む私たちの能力は限られているということだ。

私はこの手に負えない問題に挑む代わりに、動物たちがどのような世界に暮らしているか、そして、彼らがその世界の複雑さにどう対処しているかに的を絞ることにする。私たちは、彼らが感じているものを感じることはできないとはいえ、狭小な自分のウンヴェルトの外へ踏み出し、想像力を働かせて彼らのウンヴェルトに思いを馳せようとすることならできる。ネーゲルはコウモリの反響定位〔物体に音波を当て、その反響によって位置を知ること〕について聞いたことがなければ、あの鋭い意見を書きえなかっただろうが、じつのところ、コウモリであるとはどのようなことかを科学者たちが現に想像しようとし、実際にそれに成功したからこそ反響定位は発見されたのだった。これは、私たちの種が自らの知覚の枠組みを超えて考えて初めて得られる勝利の一例だ。

私は学生時代、ユトレヒト大学で所属していた学部の長だったスヴェン・ダイクラーフの話に目を丸くして聴き入った。彼は学生の私と同じ年頃のとき、コウモリの超音波の発声に伴うかすかなクリック音を聴き取れる、世界でもほんのひと握りの人の一人だったそうだ。この教授は人並み外れた聴力を持っていたのだ。コウモリは目を見えなくされても自由に飛び回り、壁や天井にうまく止まれるが、耳を聞こえなくされたコウモリにはそれができないことは、当時より一世紀以上前から知られていた。聴覚を失ったコウモリは目の不自由な人間のようなものだ。コウモリの能力はいったいどういう仕組みになっているのか誰にも完全にはわからなかったので、とりあえず「第六感」のおかげということにされた。だが、科学者は超感覚的知覚など信じないから、ダイクラーフはそれ以外の説明を考えざるをえなかった。彼はコウモリの声が感知でき、コウモリが障害物に出くわしたときにその発声の頻度が増すことに気づいたので、コウモリは声の助けを借りて飛び回っているのではないかと主張した。だが彼の声にはいつも、反響定位の発見者として思うように認められてこなかったことに対する失望が滲《にじ》み出ていた。

発見者という栄誉を与えられたのはドナルド・グリフィンで、それはもっともなことだった。アメリカのこの動物行動学者は、人間の可聴域の上限である二〇キロヘルツを超える音波を検知できる装置の助けを借りて決定的な実験を行ない、反響定位が単なる衝突警報システム以上のものであることを証明した。コウモリは、大きな蛾《が》から小さなハエまで、獲物を見つけて追いかけるのに超音波を使っている。彼らは驚くほど用途の広い狩猟の道具を持っているのだ。

グリフィンが他に先駆けて動物の認知（一九八〇年代に入ってかなりたつまで、「動物」と「認知」はありえない組み合わせと考えられていた）を認める立場を擁護するようになったのも不思議ではない。認知とは情報処理以外の何物でもないからだ。「認知」は、感覚入力を環境についての知識に変えるという心的変換と、その知識の柔軟な応用だ。「認知」という用語がそれを行なうプロセスを指すのに対して、「知能」はそれを首尾良く行なう能力という意味合いが強い。コウモリは大量の感覚入力を処理する。相変わらず人間はその種の感覚入力になじみがないだけの話だ。コウモリの聴覚皮質は、さまざまな物体から跳ね返ってくる音を評価し、それからその情報を使って、ターゲットまでの距離だけでなく、ターゲットの動きや速度も計算する。これだけでもたいしたものだが、そのうえコウモリは自分の飛行経路を加味した補正もするし、自分の声の反響と近くのコウモリの声の反響とを聞き分けもする。これは一種の自己認識だ。昆虫がコウモリに感知されるのを避けるために聴覚を進化させると、コウモリの一部は自分の餌食たちの可聴域よりも低い周波数で「ステルス」発声することで応じた。

つまりこれは、反響を正確な知覚に変えるように特殊化した脳に支えられた、非常に高度な情報処理システムだ。グリフィンがお手本にしたのが先駆的な経験主義者カール・フォン・フリッシュで、ミツバチが尻振りダンスで遠くの食物の在りかを伝えることを発見した人物だ。フォン・フリッシュはかつてこう述べた。「ミツバチの生態は魔法の泉のようなもので、汲めば汲むほど、汲むべき水が湧いてくる」(5)。グリフィンは反響定位について同じように感じ、この能力もまた謎と驚異の無尽蔵の源泉だと考えた。そして、彼もそれを魔法の泉と呼んだ。(6)

私はチンパンジーやボノボなどの霊長類を研究しているので、認知について語っても、たいていとやかく言われることはない。なにしろ人間も霊長類だし、霊長類はみな同じようなやり方で環境を処理しているからだ。人間は立体視でき、物をつかむことのできる手を持ち、よじ登ったり飛び跳ねたりする能力があり、顔の筋肉を使って情動を伝えることが可能なので、他の霊長類と同じウンヴェルトに暮らしている。人間の子供はモンキーバー（雲梯《うんてい》）で遊ぶし、私たちは模倣のことを「猿真似」と言う。それはまさに、私たちがこうした類似点を認識しているからにほかならない。それと同時に、私たちは他の霊長類に脅威を覚える。映画やテレビのコメディに登場する類人猿を見てヒステリックに笑うのは、彼らが本来おかしいからではなく（キリンやダチョウのように、はるかにおかしな外見の動物がいる）、同輩の霊長類たちとの間に一定の距離を保ちたいからだ。隣り合った国の住民たちが、お互いに最も似通っているからこそ相手をジョークのだしにするのと似ている。オランダ人は中国人やブラジル人には笑いの材料をまったく見つけられないが、隣のベルギー人に関する気の利いたジョークはおおいに楽しむ。

だが、認知について考えるにあたって、なぜ霊長類だけでやめる必要があるだろう？　どの種も環境に柔軟に対処し、環境が突きつけてくる問題への解決策を編み出す。やり方はそれぞれ違う。したがって、彼らの能力を指すときには複数形を使い、単に「intelligence（知能）」や「cognition（認知）」ではなく「intelligences」や「cognitions」について語るべきなのだ。そうすれば、アリストテレスの「自然の階梯《かいてい》」に倣って単一の尺度で認知能力を比較することが避けられる。「自然の階梯」は、上は神や天使、人間に始まり、他の哺乳動物、鳥類、魚類、昆虫類へと徐々に下って、いちばん下の軟体動物に行き着く。昔から認知科学はこの長大な尺度で上下を比較するのにうつつを抜かしてきたが、そこから生まれた深遠な洞察など、私は一つとして思いつかない。そのような序列付けの暇潰《ひまつぶ》しのせいで、私たちは人間の基準で他の動物を評価するようになり、その結果、生物のウンヴェルトの途方もない多様性を無視するに至っただけだ。リスが生きていくうえで数を数えることなど無用なのにもかかわらず、一〇まで数えられるかどうかを問うのははなはだ不公平に思える。リスは数は数えられなくても、隠しておいた木の実を見つけ出すのがとてもうまいし、その大家とも思える鳥もいる。ハイイロホシガラスは秋に、何平方キロメートルもの範囲の何百という場所に、マツの実を二万個以上蓄えておき、冬と春の間にその大半を見つけてのける。(7)

このような課題では、人間はリスやホシガラスの足元にも及ばない（私など、自分の車を停めた場所さえ忘れてしまう）が、それはたいしたことではない。なぜなら、凍《い》てつく冬に敢然と立ち向かう森の動物たちと違い、人間はその種の記憶力を生存のために必要としないからだ。私たちは暗闇の中で自分の居場所を知るのに反響定位を必要としない。水面上空の昆虫目がけて小さな水滴を発射するときにテッポウウオがするように、空気と水の境界面で起こる光の屈折のための補正を行なう必要もない。世の中には、私たちが身につけてもいなければ必要ともしない素晴らしい認知的適応能力がたくさんある。だからこそ、認知を単一の尺度で比べても意味がないのだ。認知は多種多様なかたちで進化し、それぞれ特殊化が進んで頂点を極める。そしてそのカギは、一つひとつの種の生態環境が握っている。

二〇世紀には、他の種のウンヴェルトに入り込もうとする試みがそれまでにないほど多く見られ、それが『セグロカモメの世界』『類人猿の魂（*The Soul of the Ape*）』『サルは世界をどのように見るか（*How Monkeys See the World*）』『犬から見た世界——その目で耳で鼻で感じていること』『アリ塚（*Anthill*）』[8]といった書物のタイトルに反映されている。エドワード・O・ウィルソンは『アリ塚』で、アリの視点から彼らの社会生活と大規模な戦いを彼一流の筆致で描き出した。私たちはカフカとユクスキュルに倣って、なるべく他の種の立場に身を置き、彼らの視点から彼らを理解しようとしている。そしてそれがうまくいけばいくほど、いたるところに魔法の泉のある自然の風景がますますよく見えてくるだろう。

群盲、ゾウを……

認知の研究は、「できないこと」よりも「できること」を重視する。とはいえ、これまで多くの人が「自然の階梯」という見方の誘惑に負けて、動物には特定の認知能力がないと結論してきた。先を見通す（人間だけが前もって考えておける）ことや、他者を気遣う（人間だけが他者の幸福に配慮する）ことから、休暇をとる（人間だけが余暇というものを知っている）ことまで、じつにさまざまな点を引き合いに出しながら、「○○ができるのは人間だけだ」といった類の主張がなされるのを、私たちは頻繁に耳にする。自分でも驚いたのだが、私は最後の、休暇に関する主張がきっかけで、浜辺で肌を焼いている観光客とうたた寝をしているゾウアザラシの違いについて、ある哲学者とオランダの新聞紙上で議論を闘わせる羽目になったことがある。この哲学者は、両者は根本的に異なると考えていた。

じつのところ、人間は例外という主張のうち、不朽の傑作はみなからかい半分のもののような気がする。たとえば、「唯一人間だけが赤面する動物——いや、そうする必要のある動物である」というマーク・トウェインの言葉がそうだ。だがもちろん、人間例外論の大半は大まじめに自画自讃するものだ。挙げていったらきりがないし、内容は時とともに変わっていくが、反証するのがどれほど難しいかを考えると、疑ってかからなければならない。経験主義の科学の信条は今もなお、証拠の不在は不在の証拠にあらず、だ。ある種に特定の能力が見つけられなかったとき、私たちはまず、「何か見落とさなかったか？」と問うべきだ。そして次に、「私たちの行なったテストはこの種にふさわしいものだったか？」と自問するべきなのだ。

なるほど、という例がある。テナガザルにまつわるものだ。テナガザルはかつて、間抜けな霊長類だと考えられていた。さまざまなカップ（あるいは、ひも、棒）を示して、どれかを選ぶ問題をやらせると、何度テストしても他の種より成績が悪かった。たとえば檻の外にバナナを落としてそばに棒を置き、道具の使用をテストした。棒を拾い上げて引き寄せるだけでバナナは手に入る。チンパンジーはためらうことなくそうするし、器用なサルたちの多くにしても同様だ。だがテナガザルは違った。テナガザル（「小型類人猿」とも呼ばれる）は、ヒトや類人猿と同じ脳の大きい科に属しているのだから、これは奇妙だった。

アメリカの霊長類学者ベンジャミン・ベックは、一九六〇年代に斬新な取り組みを始めた。(9) テナガザルはもっぱら樹上で暮らしている。彼らは「ブラキエーション（腕渡り）」で知られており、腕や手でぶら下がって木々の間を進んでいける。親指は短く、それ以外の指は長く伸びた彼らの手は、この種の移動のために特殊化している。他のたいていの霊長類にとって、手はつかんだり触ったりするための万能の器官なのだが、テナガザルの場合はむしろフックに近い働きをする。テナガザルのウンヴェルトには地表面はほとんど含まれておらず、彼らの手では平らな表面から物を拾い上げられないことに気づいたベックは、従来のひもを引く課題を設定し直した。ひもを床に置いて提示するのではなく、テナガザルの肩の高さまで上げ、つかみ易くした。詳しい説明は控えるが（この課題では、ひもが食べ物にどう結びつけられているかを注意深く見極める必要があった）、テナガザルは素早く手際良く問題をすべて解決し、他の類人猿と同程度の知能を持っていることを立証した。それまで成績が悪かったのは知能が劣っていたからではなく、テストのやり方のせいだったのだ。

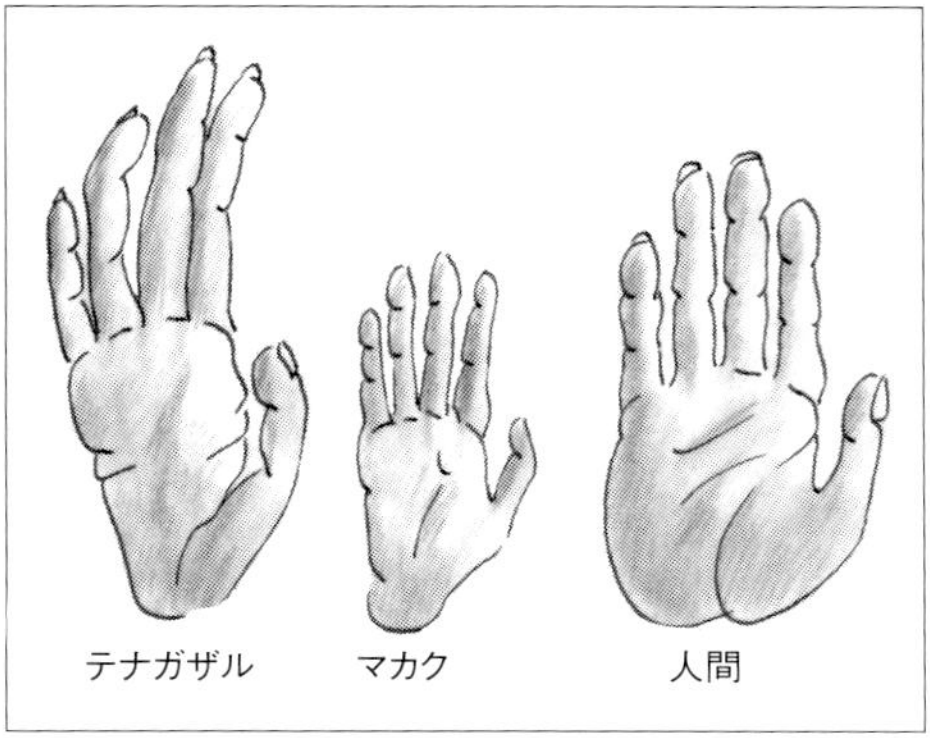

テナガザルの手は親指を他の指と完全に向かい合わせにできるようにはなっておらず、平らな表面から物を拾い上げるよりも、枝をつかむのに適している。この手の形態学的特性を考慮に入れたとき初めて、テナガザルは特定の知能テストに合格した。テナガザルとマカク〔アカゲザル、ニホンザルなどのマカカ属のサル〕と人間の手を比べてほしい。Beck（1967）に基づく。

　ゾウたちも好例を提供してくれる。研究者は長年、ゾウは道具を使えないと思い込んでいた。この厚皮《こうひ》動物はテナガザルと同様、放置された棒を使って、直接届かない所にあるバナナを取る課題をこなせなかった。だが彼らの失敗を、平らな表面から物を拾い上げる能力の欠如のせいにするわけにはいかない。ゾウは地表面で暮らしているし、日頃から物を拾い上げているからだ。ときにはとても小さな物さえ拾う。研究者たちは、ゾウにはどうしても問題が理解できないのだと結論した。私たち、つまり研究する側がゾウを理解できていないかもしれないことには誰も思い至らなかった。寓話に出てくる六人の盲人さながら、私たちはこの大きな動物をあちこちつつき続けるのだが、ヴェルナー・ハイゼンベルクが言ったように、「私たちが目にしているのはありのままの自然ではなく、私たちの探究方法に対してあらわになっている自然にすぎない」ことを肝に銘じておく必要がある。ドイツの物理学者のハイゼンベルクは量子力学に関してこの所見を述べたのだが、それは動物の頭脳の探究にも同じように当てはまる。

ゾウが物をつかむ鼻は、霊長類の手とは違って嗅覚器官でもある。ゾウは鼻を使って食べ物を取るだけではなく、食べ物の匂いを嗅いだり、それに触れたりもするのだ。ゾウは無類の嗅覚を持っているので、取ろうとしている物が何なのかが正確にわかる。だが棒を拾い上げれば、鼻孔はふさがれてしまう。たとえその棒を食べ物に近づけられたとしても、棒が邪魔をして食べ物の匂いを嗅ぐことができない。子供たちを目隠しして復活祭の卵探し〔キリストの復活を祝う祭日に色をつけたゆで卵などを隠し、子供たちがそれを探す〕に送り出すようなものだ。

それでは、どのような実験をすれば、ゾウの特殊な体の構造と能力にふさわしいかたちで評価できるのか？

首都ワシントンの国立動物園を訪れたときに、プレストン・フォーダーとダイアナ・ライスがその答えを示してくれた。二人はカンデュラという幼いオスのゾウに、その問題を別のやり方で提示した。彼らは放飼場の上の、カンデュラにはわずかに届かない所に果実のついた木の枝をぶら下げた。カンデュラには、何本かの棒と頑丈な四角い箱を与えた。カンデュラは棒には目もくれなかったが、しばらくすると足先で箱を蹴り始めた。何度も蹴って木の枝の真下まで一直線に箱を移動させた。それから箱に前脚を載せて踏み台にし、果実のついた枝を鼻で取ることができた。けっきょく、ゾウは道具を使えるのだ――それが適切な道具であれば。

　カンデュラがむしり取った果実をむしゃむしゃと食べている間に、プレストンとダイアナは、設定を変えて課題をもっと難しくしたときのことを説明してくれた。二人は箱を放飼場の別の場所に移し、カンデュラが美味しそうな果実を見上げたときに問題解決法を思い出して目的物から離れ、道具を取ってこなければならないようにした。ヒトや類人猿、イルカなど、大きな脳を持ったいくつかの種を除けば、そんなことができる動物はそれほど多くはないが、カンデュラは躊躇《ちゅうちょ》なくやってのけた。遠く離れた場所から箱を取ってきたのだ。[10]

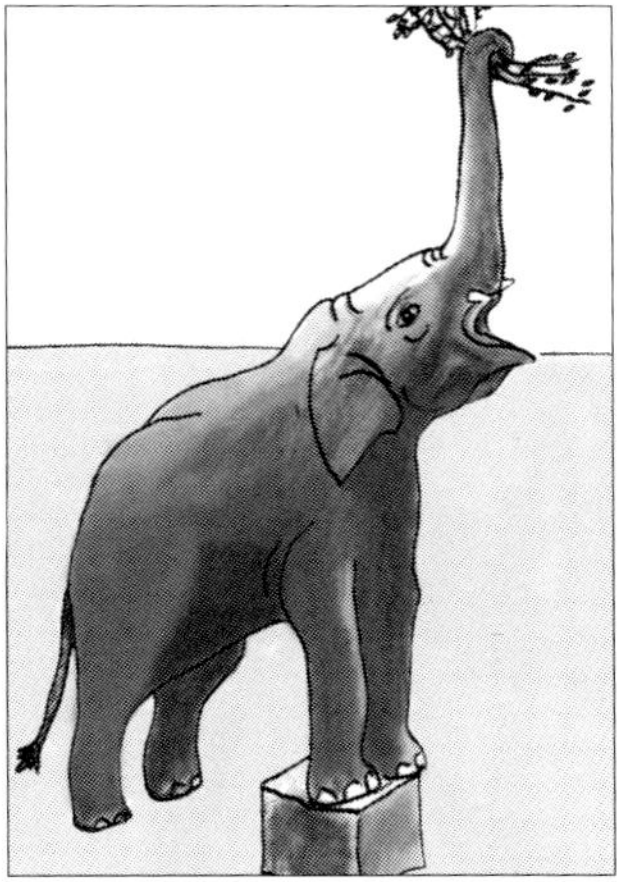

ゾウは鼻で道具を使うはずだという思い込みがあったため、道具を使う能力に欠けていると思われていた。ところが鼻以外で道具を使える課題では、カンデュラは頭上高くにぶら下がった果物付きの枝を難なく取ることができた。離れた場所から箱を蹴ってきて、それを踏み台にしたのだ。

　明らかに、プレストンとダイアナはゾウにふさわしいテストを見つけたのだった。そうした方法を探すにあたっては、大きさのような単純な要素さえもが問題になる。最大の陸上動物であるゾウは、人間用の大きさの道具でいつもテストできるとはかぎらない。ある実験で、研究者たちはいわゆる「ミラー・テスト」を行ない、ゾウが鏡に映った像を自分だと認識できるかどうかを調べた。彼らは檻の外の地面に鏡を置いた。鏡は縦一メートル余り、横二・四メートル余りで、おそらくゾウが目にしたのは、鏡のせいで二重に見える格子の向こうで動いている自分の脚だけだっただろう。ゾウは、鏡の助けを借りた場合にだけ見える印を体につけられたとき、その印に触れることはなかった。そこでゾウは、自己認識能力を持たないと判定されてしまった。(11)

だが、当時私が指導していたジョシュア・プロトニックという学生が、このテストを修正した。彼はニューヨークのブロンクス動物園で、縦横約二・五メートルもある鏡を放飼場の中に設置したので、ゾウたちは触れたり匂いを嗅いだり裏を覗いたりすることができた。類人猿や人間にとっても、間近で詳しく点検するのは決定的に重要な手順なのだが、以前の研究ではそれができなかった。じつのところ、私たちはゾウの好奇心が気がかりだった。鏡が取りつけてあった木の壁は、よじのぼろうとするゾウの重みに耐えるほどの強度がなかったのだ――ゾウは普通、何かにもたれて立ち上がることはないから。四トンもあるこの動物が、鏡の裏を覗いたり、そこの匂いを嗅いだりするために、華奢な壁に体重を預けたときにどうなるかと思うと、気が気ではなかった。ゾウたちは明らかに、鏡の正体を突き止めようと興味津々だったが、もし壁が壊れたら、私たちはニューヨークの往来でゾウたちを追いかけ回す羽目になっていたかもしれない。幸い壁は持ちこたえ、ゾウたちは鏡に慣れ親しんだ。

そしてハッピーという名のアジアゾウが、鏡に映っているのが自分であることに気づいた。左目の上のあたりに白い×印をつけておくと、ハッピーは鏡の前に立っている間それを何度も擦った。鏡に映った像と自分の体とを結びつけたのだった。(12) それから何年も過ぎ、ジョシュアはタイのシンク・エレファンツ国際財団の調査地でさらにテストを重ねてきたが、私たちの下した結論は相変わらず有効だ。アジアゾウには鏡に映っているのが自分であることを認識できる者がいるのだ。アフリカゾウにもそれが当てはまるかどうかは、なんとも言い難い。なぜならアフリカゾウは、目新しいものは牙を激しく動かして調べる傾向があるので、これまでのところ私たちの実験は割れた鏡の山を生み出しているばかりだからだ。これでは、ゾウの成績が悪いのか実験器具が不備なのか判断し難い。アフリカゾウは鏡を割ってしまうからといって、鏡による自己認識ができないとは結論しえないのは明らかだ。私たちは、新奇なものに対してこの種が見せる特有の対処の仕方を相手に回しているにすぎない。

難しいのは、ある動物の気質や興味、解剖学的構造、感覚能力に適合したテストを見つけることだ。否定的な結果に直面したときには、動機付けや注意の違いに慎重に配慮する必要がある。その動物の興味を掻き立てられないような課題を与えても、良い成績は期待できない。私たちはチンパンジーの顔認識を研究していたときにこの問題に出くわした。当時の科学は、人間は他の霊長類と比べて顔を識別するのがはるかに上手なので特別だと断言していた。ところが、他の霊長類のテストにはおもにその種の動物の顔ではなく人間の顔が使われていた点に疑問を抱く人はいなかった。私は、なぜ人間の顔以外を試さずじまいになっているのかを、その分野の先駆者の一人に尋ねたことがある。するとその人は、人間は一人ひとり著しく違うので、私たちを見分けられないような霊長類は自分の仲間も見分けられないに決まっていると答えた。

だが、アトランタにあるヤーキーズ国立霊長類研究センターの同僚のリサ・パーがチンパンジーの顔写真を使ってチンパンジーをテストすると、素晴らしい成績が得られた。コンピューターの画面に一頭のチンパンジーの写真を映し、直後に別の二枚の写真を表示する。二枚のうち一枚は最初の個体が写っている別の写真で、もう一方には別の個体が写っている。類似性に気づく（いわゆる、「見本合わせ」という課題の）訓練を受けていたこれらのチンパンジーは、どちらの写真のほうが最初の写真に似ているかを苦もなく見分けた。血縁関係にさえ気づいた。彼らはあるメスの写真を見たあと、二頭の幼い子供の顔写真を示された。そのうちの一頭が、最初に見たメスの子供だった。チンパンジーたちは写真の個体には一頭も直接会ったことがなかったので、身体的な類似性にだけ基づいて正解を選んだわけだ。[13] 私たちもそれと同じように、他人の家族アルバムをめくりながら、誰と誰が血がつながっていて誰と誰が姻戚《いんせき》かをたちまち判断できる。じつは、顔認識能力に関してチンパンジーは私たちに一歩も引けをとらない。顔認識は人間だけでなく他の動物も持つ能力だと、今では広く認められている。顔認識には人間でも他の霊長類でも脳の同じ領域がかかわっているからなおさらだ。[14]

言い換えれば、人間の顔の造作のように私たちには目につくものが、他の種にとっても目につくものとはかぎらないということだ。動物は知る必要があることしか知らない場合が多い。観察の大家のコンラート・ローレンツは、愛情と敬意に根差した直観的理解抜きでは、動物を研究しても成果は挙がらないと信じていた。彼は、そのような直観的洞察は自然科学の手法とはまったく別のものと見ていた。それを建設的なかたちで体系的研究と一つにするのは、動物研究における難題であると同時に楽しみでもある。ローレンツは自分が「Ganzheitsbetrachtung（全体的な考慮）」と呼ぶものを提唱し、動物のさまざまな部分を綿密に検討する前にその動物の全体像を把握するよう、私たちを促している。

人は、単一の部分だけに的を絞って関心の対象としてしまったら、所定の研究課題をやり遂げられない。厳密に論理的な順序を重視する一部の思想家にははなはだ気まぐれで非科学的に見えるだろうが、むしろ、一つの部分から別の部分へと絶えず駆け回らなくてはならない。そして、それぞれの部分に関する知識を同じ割合で増やしていかなければならない[15]。

エドワード・ソーンダイクの猫たちは、「効果の法則」が正しいことを証明したと考えられた。猫は檻の中の掛け金に体を擦りつけることで扉を開け、逃げ出すことができ、そのおかげで魚を手に入れられた。だが、猫の行動は報酬が手に入る見込みとはまったく関係がないことが、何十年もしてから立証された。猫は魚がなくても同じように逃げたのだ。優しげな人がいるだけで、脇腹を擦りつけるという、ネコ科の全動物の特徴である挨拶行動が引き出されたのだった。Thorndike (1898) に基づく。

この忠告を無視するのがどれほど危険かは、ある有名な実験が再現されたときに、なんとも滑稽なかたちで明らかになった。この実験では、飼い猫たちが狭い檻に入れられた。猫はもどかしそうにニャーニャー鳴きながら歩き回り、体を檻の内側に擦りつけた。そうするうちに、図らずも体が当たって掛け金が外れて扉が開き、猫は外に出て近くに置かれた一片の魚肉を食べることができた。実験を繰り返すほど、猫は早く逃げ出せるようになった。研究者たちは、実験に使った猫がみな型にはまった同じパターンで体を擦りつけるのに感心し、食べ物を報酬として自分たちがそれを教え込んだものと考えた。一八九八年にエドワード・ソーンダイクによって最初に考案されたこの実験の結果は、一見すると知的な行動（たとえば、檻を脱出すること）も、試行錯誤による学習として完全に説明できる証拠だと考えられた。これは、好ましい結果を伴う行動は繰り返される可能性が高いとする、「効果の法則」の勝利だった。(16)

ところが何十年もしてから、アメリカの心理学者のブルース・ムーアとスーザン・スタッタードがこの実験を再現すると、猫の行動にはどこにも特別なところがないのがわかった。飼い猫からトラまで、ネコ科のすべての動物が挨拶や求愛のときに使う、おなじみの「Köpfchengeben（「頭を与える」という意味のドイツ語）」を行なっていただけだった。ネコ科の動物は、頭や脇腹を愛情の対象に擦りつける。その愛情の対象に近づけないときには、代わりに物（たとえばキッチンテーブルの脚）に体を擦りつける。ムーアとスタッタードは、食べ物の報酬が必要ではないことを示した。唯一有効な要因は、親しげな人間の存在だった。檻に閉じ込められた猫はみな、訓練されていなくても、人間の観察者を目にすると頭や脇腹、尾を掛け金に擦りつけ、檻から抜け出した。だが周りに誰もいない状態で放置されると、逃げ出すことができなかった。体を擦りつけるという行動をまったくとらなかったからだ。(17)ソーンダイクの研究は学習実験ではなく挨拶実験だったわけだ。この再現実験は、「猫につまずく」という皮肉の利いた副題を冠して発表された。

研究者はどんな動物をテストするときにも、前もってその動物の典型的行動を知っておく必要があるというのが、この話の教訓だ。条件付けの持つ力に疑問の余地はないが、初期の研究者たちはきわめて重大な情報を完全に見落としていた。ローレンツの勧めに反して、生き物の全体像を捉えることを怠ったからだ。動物は条件付けによらない反応や、同じ種の成員全員に自然に発達する行動を多く見せる。報酬や罰はそうした行動に影響を与えうるが、その行動を生み出したと言うことはできない。どの猫も同じように反応した理由は、オペラント条件付け〔ある自発的行動をとったら報酬あるいは罰を与えることによって、その行動の頻度を変えること〕ではなく、ネコ科の自然なコミュニケーションに由来するものだったのだ。

　進化認知学の分野では、どの種も全体を余すところなく考察することが求められる。手の解剖学的構造や、鼻の多機能性、顔の認知、挨拶の儀式など、何を研究しているときにも、その動物のあらゆる面と、その生活様式に慣れ親しんでからでなければ、その知的水準の解明に取りかかってはならない。そして、私たち人間がとりわけ優れている能力、つまり、言語のような私たち自身の種の「魔法の泉」に関して動物をテストするのではなく、彼らの特殊化した技能に関してテストするべきではないか。そうすれば、アリストテレスの「自然の階梯」を平坦にするばかりか、多くの枝に分かれた灌《かん》木《ぼく》に変えることにさえなる。知的生命体は莫大な費用をかけて宇宙のはるか彼方でのみ探すしかないものではないという、とうの昔に気づいていてしかるべき事実に、この視点の変化のおかげで今や光が当たりつつある。知的生命体はここ地球上の、物をつかめない私たちの鼻のすぐ先におびただしく存在しているのだ。(18)

人間性否認

　古代ギリシア人は、彼らの住んでいるまさにその場所こそ宇宙の中心だと信じていた。したがって、宇宙における人類の居場所を現代の学者がじっくり考える場所として、ギリシアよりふさわしい場所が他にあるだろうか？　一九九六年のよく晴れた日、各国から集まった学者たちがパルナッソス山麓《さんろく》の、神殿の遺構の中にある世界の「オムパロス（臍《へそ》）」（じつは、ハチの巣のような形の大きな石）を見にいった。私は長年音信不通になっていた友人に再会したかのように、思わずその石をぽんぽん叩いてしまった。そのとき隣に立っていたのが、反響定位の発見者で『動物に心があるか——心的体験の進化的連続性』の著者ドナルド・グリフィンだ。彼はその本の中で、この世のあらゆるものが私たちを中心に回っているとか、唯一人間だけが意識を持つ生き物だといった誤解があると嘆いている。[19]

皮肉にも、私たちのワークショップの主要テーマの一つが「人間原理」だった。この原理によれば、宇宙は知的生命体（すなわち、私たち人間）に特別ふさわしいかたちで意図的に創造されたことになる。[20]この原理を信奉する哲学者たちの言説はときとして、あたかも世界は私たちのために創られているのであり、私たちが世界に合うようにできているわけではないかのように聞こえた。地球という惑星は、人間の生存にとってちょうど良い温度を生み出すのにまったく申し分ない距離だけ太陽から離れており、地球の大気中の酸素は理想的な濃度になっているというのだ。なんと好都合なことか！　だが生物学者なら誰もが、この状況に何かしらの意図を見出す代わりに、因果の向きを逆転させ、ヒトという種はこの惑星の置かれた状況に絶妙に適応している、だからこそその状況は私たちにとって完璧なのだと主張するだろう。深海の熱水噴出孔は、硫黄分を含む超高温の噴出物を養分とするバクテリアにとって最適の環境だが、そうした噴出孔が好熱性バクテリアのために創造されたなどと思う人はいない。むしろ私たちは、自然淘汰のおかげでバクテリアが噴出孔のそばで生きられるようになったと解釈する。

これらの哲学者たちの逆向きのロジックを聞いた私は、あるときテレビで見た、特殊創造説〔聖書の記述どおり、万物は現在と本質的に同じ姿で神に創造されたとする説〕の支持者を思い出した。その人はバナナの皮を剝きながら、この果物は人間が手に持ったときちょうどうまい具合に口の方を向くように曲がっていると説明した。しかも、ぴったり口に収まる、と。人間に適した形を神がバナナに与えたと彼が感じているのは明らかだったが、人間が栽培品種化して育てた食用の果物を自分が手にしていることは忘れていたようだ。

こうした議論が行なわれている最中に、グリフィンと私はツバメたちが巣を作るために泥を口に含んで繰り返し飛んでくるところを会議会場の窓から眺めることがあった。グリフィンは少なくとも三〇歳は私より年長で、博学多才で、ツバメの学名を挙げ、孵卵《ふらん》期間について詳しく説明してくれた。彼はそのワークショップで意識に関する見解を発表した。意識は、動物のものも含めたあらゆる認知のプロセスの要《かなめ》のはずだという。私の見方は若干違い、私は意識のように定義があやふやなものに関しては断固たる主張はしないようにしている。意識が何かは誰も知らないようだから。だが、さっさと付け加えておくが、同じ理由から、どんな種であれ意識がないと決めつけるつもりもない。はっきりしないが、カエルにも意識があるかもしれない。グリフィンはもっときっぱりとした態度をとり、多くの動物は意図的で知的な行動を見せるし、私たちの種ではそうした行動には自覚が伴うから、他の種にも同じような心的状態が存在すると考えるのは理に適っている、という。

これほど評判の高い老練な科学者によるこのような発言には、因習的な見方の束縛を解く絶大な効果があった。グリフィンはデータで裏づけることのできない発言をしたために酷評されたが、批判者の多くは肝心の点を見落としていた。すなわち、動物は意識ある心を欠いているという意味で「愚か」であるという仮定は、文字どおり仮定にすぎないという点だ。どのような領域においても、連続性の存在を想定するほうがはるかに論理的だとグリフィンは言った。人間と他の動物たちの心的な違いは、質的なものではなく程度の問題だという、チャールズ・ダーウィンの有名な所見をなぞる発言だった。

自分と馬の合うこの人物と知り合いになれ、やはりこの会合のテーマである疑人観について自分の意見を主張できたのは、名誉なことだった。「anthropomorphism（擬人観）」という単語のもととなった、「人間の形態」という意味のギリシア語は、紀元前五七〇年に古代ギリシアの哲学者・詩人のクセノファネスが、まるで人間のような姿をしているかのように神々を描いているとしてホメロスの詩を批判したときに登場した。クセノファネスは、神々が人間に似ているという考えの背後にある傲慢さを嘲《あざけ》った。それならば、馬の姿に似ていてもいいではないか、と。だが、神はあくまで神であり、今日の風潮とはわけが違う。なにせ今では、ごく慎重なものさえ含めて、人間と動物との類似性の指摘のいっさいを、「擬人観」という言葉を濫用してそしるのだから。

私見では、擬人観が問題になるのは、私たちから遠く離れた種を対象にするなど、人間と動物との比較の範囲を拡げ過ぎたときだけだ。たとえば、キッシング・グラミーという魚は、人間と本当に同じように同じ理由から「キス」するわけではない。グラミーの成魚どうしは、争いを解決するために、突き出た口をしっかりと合わせることがある。この習性を「キッシング（口づけ）」と呼べば誤解を招くのは明らかだ。一方、類人猿は離れ離れになっていたあと、互いに相手の唇や肩に唇をそっとあてがって挨拶するから、これは人間のキスと非常によく似た状況でキスしていることになる。ボノボはもっと激しい。チンパンジーに馴れ親しんでいた動物園の飼育係があるとき、ボノボという種のことを何も知らずに、あさはかにもボノボのキスを受け容れたら、思いきり舌を使われてたじたじとなった。

類人猿の仕草と人間の仕草は一致している。類人猿の仕草は驚くほど人間的に見えるだけでなく、ほぼ同じような状況で見られる。ここでは、メスのチンパンジー（右）が喧嘩のあとの仲直りの最中に、白髪交じりのアルファオスの口にキスしている。

こんな例もある。幼い類人猿はくすぐられると、人間の笑いに似た呼吸リズムで音を立てながら息を吸ったり吐いたりする。この動作を描写するにあたって、（一部の人がやったように）擬人化が過ぎるとして「笑い」という言葉をあっさり退けるわけにはいかない。なぜなら、類人猿は人間の子供がくすぐられているときのような声を出すばかりでなく、くすぐられることに対して人間の子供と同じような、相反する気持ちを示すからだ。私自身それを何度も目にしてきた。彼らはくすぐる私の指を押しのけようとするものの、そのあと戻ってきて、もっと、とねだり、息を止めてお腹への次の一撃を待ち受ける。この場合にはぜひとも、人間の用語の使用を避けたがる人に説明責任を負わせ、くすぐられて息も絶え絶えになりながら、しゃがれたくすくす笑いをする類人猿が、くすぐられている人間の子供とは現に違う心的状態にあることを、先に証明してもらいたいものだ。それが証明できないかぎり、どちらにとっても「笑い」という呼び名が最適であるように私には思える。[21]

私は自分の意見を主張するために新しい用語が必要だったので、「anthropodenial（人間性否認）」という言葉を造った。これは、他の動物に人間のような特性を認めたり、私たちの中に動物のような特性があるのを認めたりするのを頭から否定することを意味する。擬人観と人間性否認とは反比例のような関係にある。ある種が人間に近ければ近いほど、私たちがその種を理解するのを擬人観が助けてくれ、人間性否認の弊害が増す。[22]逆に、ある種が人間から遠ければ遠いほど、擬人観は進化の過程で別個に出現したものに怪しげな類似性を提唱する危険が増す。アリには「女王」や「兵隊」や「奴隷」がいるというのは、擬人観に基づいた短絡的な言い方だ。私たちはそのような言い方をする場合には、ハリケーンに人間の名前をつけたり、自分のコンピューターを、まるで自由意志を持った存在であるかのように罵ったりするとき以上の重みを与えるべきではない。

肝心なのは、世間で思われているほど擬人観が問題含みであるとはかぎらない点だ。科学的客観性のためという名目で擬人観を罵ることの陰には、人間は動物であるという概念に不快感を抱く、ダーウィン以前の考え方が潜んでいる場合が多い。だが、人間に似ていることを文字どおり意味する「類人猿」のような種について考えるときに擬人観の立場をとるのは、じつは理に適った選択だ。擬人観を避けるために、類人猿のキスを「口と口の接触」などと呼べば、その行動の意味をわざとややこしくすることになる。地球は特別だと思っているからというだけで、地球の引力には月の引力とは違う名前を与えるようなものだろう。筋の通らない言葉の障壁を設ければ、自然が私たちに与えてくれている統一性が粉々になってしまう。類人猿と人間には、唇を接触させる挨拶やくすぐられたときの騒々しい息遣いといった驚くほど似通った行動を、別個に進化させる時間はなかった。私たちの用語は、この明確な進化上のつながりを尊重するべきだ。

その一方で、動物の行動に人間のレッテルを貼るだけなら、擬人観は空しいものになってしまう。アメリカの生物学者で爬虫両生類学者のゴードン・バーグハートは、「批判的擬人観」を提唱し、人間の直観と動物の生活様式などに関する知識を利用して研究課題を設定することを推奨した。[23] たとえば、動物は将来のために「計画を立てる」とか、喧嘩のあとに「仲直りする」とかいうのは、擬人観の言葉遣い以上のものがある。これらの言葉は、検証可能な考えを提示している。霊長類は計画を立てられるなら、将来にしか使えない道具も手元にとどめておくはずだ。そして、もし霊長類が喧嘩のあと仲直りするのなら、敵対者どうしが友好的な接触によって和解したあとには、緊張の緩和とともに社会的関係の改善も見られるはずだ。こうした明白な予想は、実際の実験や観察によって今では実証されている。[24] 批判的擬人観は目的ではなく手段の役割を果たすので、仮説の貴重な源泉だ。

動物の認知を真剣に受け止めるようにというグリフィンの提案は、「認知動物行動学（cognitive ethology）」という、この分野の新たな呼び名につながった。素晴らしい名称だが、そう思うのは私が動物行動学者で、彼が言わんとしていることを完全に理解しているからだ。あいにく、「ethology（動物行動学）」という言葉は世間一般には定着しておらず、スペルチェック機能によって相変わらず「ethnology（民族学）」や「etiology（病因学）」、はては「theology（神学）」にさえ直されてばかりいる。

多くの動物行動学者が今では行動生物学者（behavioral biologist）と名乗るのも無理はない。認知動物行動学には、「動物認知学（animal cognition）」や「比較認知学（comparative cognition）」といった呼び名もある。だが、これら二つの名称にも難がある。「動物認知学」からは人間が漏れてしまうので、人間と他の動物との間には隔たりがあるという考え方を図らずも定着させることになる。一方、「比較認知学」という名称では、なぜ、どうやって比較するかという点がはっきりしないままだ。類似点と相違点、それもとりわけ進化上の類似点と相違点を解釈するための枠組みがまったく示唆されていない。この学問分野の内部にさえ、理論の欠如に加えて、動物を「高等」と「下等」の二つの形態に分ける習慣についても、前々から不満が渦巻いている。[25]「比較認知学」という名称は「比較心理学」に由来するのだが、この分野では伝統的に動物を人間のただの代役と見なしてきた。人間を単純化したのがサル、サルを単純化したのがラット……という具合だ。連合学習〔二種類の刺激の組み合わせによって新たな反応を獲得する学習。条件反射が一例〕によってあらゆる種の行動が説明できると考えられていたので、この分野の創始者の一人であるB・F・スキナーは、どんな種類の動物を研究するかは関係ないと感じていた。[26] 彼はラットとハトをもっぱら扱った著書に、これ見よがしにずばり『生体の行動（*The Behavior of Organisms*）』という題をつけた。

　こうしたわけで、ローレンツはかつて、比較心理学は比較と無縁だとジョークを飛ばした。彼はカモ科の二〇の異なる種の求愛行動パターンに関する画期的な研究を発表したばかりだったので、このジョークは出任せではない。[27] 種の間のごく微小な違いに対してすら彼が見せる感受性は、比較心理学者が「ヒトの行動の非ヒトモデル」として動物たちをいっしょくたにする大雑把さとは正反対だった。

「ヒトの行動の非ヒトモデル」という言い回しについて、少し考えてほしい。これは心理学の中にしっかりと根づいているので、誰一人もう気にも留めない。それが真っ先に示唆しているのは、むろん、動物を研究するのは私たち自身について学ぶためにほかならないということだ。次にこの言葉は、どの種も自らの生態環境に独特のかたちで適応していることを無視している。そうでなければ、どうしてある種を別の種のモデルにできるだろうか？　「非ヒト」という言葉さえもが私の癇《かん》に障る。なぜならそれは、無数の種をまるで彼らには何かが欠けているかのように「非〜」という打ち消しの言葉でひとくくりにしているからだ。かわいそうに、彼らは人間ではないのだ！　学生が「非ヒト」という用語を文書で使ったときには、私は皮肉を込めて余白に次のように指摘して訂正を求めずにはいられない。これでは中途半端だから、あなたが話題にしている動物は、非ペンギンで、非ハイエナで、という具合に、たっぷり書き添えるべきだ、と。

比較心理学は少しはましな方向へ進んでいるとはいえ、私はそれが背負った重大な問題点の数々を避け、この新たな分野を「進化認知学（evolutionary cognition）」と呼ぶことを提案したい。それは進化の観点からあらゆる認知機能（人間のものも動物のものも）を研究する学問だ。どの種を研究するかがとても重要であることは明らかで、すべての比較で人間が中心的位置を占めるわけではない。この分野には系統学も含まれる。ローレンツが水鳥に関して見事に行なったように、類似性が共通の祖先に由来するのかどうかを判断するために、系統樹全体でさまざまな特性を調べることがあるからだ。私たちは、生存のために認知機能がどのように形成されてきたかも問う。この分野の課題は、認知の研究を今ほど人間中心的でない基盤の上に置くことを求めるという点で、まさにグリフィンとユクスキュルが考えていたとおりのものだ。ユクスキュルは、動物の知能の真価を十分理解する方法はこれしかないとして、動物の視点で世界を眺めるよう私たちを促した。

それから一世紀を経て、私たちはようやくその言葉に耳を傾けるところまで来たのだ。

第2章
A TALE OF TWO SCHOOLS

二派物語

犬には欲望があるか?

動物行動学の草創期には、私が子供時代に好きだった動物であるコクマルガラスとイトヨという銀色の小魚が目覚ましい役割を果たしたこともあって、私は一も二もなくこの学問分野に飛びついた。動物行動学について知ったのは、大学で生物学を学んでいて、ある教授がイトヨのジグザグダンスを説明するのを聞いたときだった。私は仰天した――この小魚のすることにではなく、その振る舞いを科学がどれほど真剣に捉えているかに。そのとき初めて、自分がいちばん好きなこと、すなわち動物の行動の観察を職業にしうることに気づいた。私は子供の頃、自分で捕まえた水生動物を、バケツや水槽に入れて裏庭で飼っており、それを何時間も眺めて過ごした。何より楽しかったのは、イトヨを繁殖させ、親たちを捕まえた水路に稚魚を放してやることだった。

動物行動学は動物行動の生物学的研究で、第二次大戦の前後にヨーロッパ大陸で始まった。英語圏に伝わったのは、創始者の一人であるニコ・ティンバーゲンがイギリス海峡を越えたときだった。オランダの動物学者ティンバーゲンはライデン大学で研究を始め、一九四九年にオックスフォード大学で職に就いた。彼はオスのイトヨのジグザグダンスを詳細に記述し、オスがそのダンスでメスを巣へと誘って、メスが産んだ卵を受精させる様子を説明した。オスはそのあとメスを追い払い、卵を守り、水を押しやって空気を送り、孵化させる。私は放置していた水槽（藻が繁茂しており、イトヨにはまさにそれが必要だった）で、それをすべてわが目で見ていた。銀色のオスが鮮やかな赤と青へと驚くべき変身を遂げて存在を誇示するところもしっかり観察した。ティンバーゲンはライデン大学の研究室で、窓辺に置いた水槽のオスが、下の通りを赤い郵便トラックが通過するたびに興奮することに気づいた。彼は魚の模型を使って求愛行動や攻撃行動を誘発させることで、赤という色の信号の果たす、決定的に重要な役割を確認した。

　動物行動学こそ私の進みたい分野なのははっきりしていたが、この目標に向かう前に、私はその競争相手である学問分野にしばらく寄り道をした。二〇世紀の大半を通じて比較心理学を支配した「行動主義」の伝統の中で教育を受けた心理学教授の研究室で、助手として働いたのだ。この学派はおもにアメリカのものだったが、明らかにオランダの私の大学にまでその影響は及んでいた。私は今でもこの教授の授業を覚えている。教授は、動物が何を「望む」か、「好む」か、「感じる」か知っていると思っている人がいれば誰でも嘲笑い、そのような言葉をいちいち引用符で挟んで本来の意味から切り放した。飼い犬が口にくわえていたテニスボールをあなたの目の前に落として、尻尾を振りながら見上げたら、その犬はあなたと遊びたがっていると思うか？　物を知らないのにもほどがある！　犬に欲望や意図があるなどと言う人がいるか？　犬の行動は効果の法則の産物だ。その犬は、前に同じことをしたときに報酬を与えられたに違いない。仮に犬の心などというものが存在するとしても、それはブラックボックスのままである、というのだ。

ひたすら行動にだけ焦点を当てるからこそ、行動主義にはその名がついたのだが、動物の行動は過去にどのような誘因《ゆういん》を与えられたかに還元できるという考え方は、私には受け容れ難かった。それでは動物は受け身の存在になってしまうが、私にしてみれば、動物は自ら探し求めたり、望んだり、奮闘したりする生き物だった。結果に基づいて彼らの行動が変わるのは確かだが、そもそも彼らは行き当たりばったりに振る舞ったり、偶然に行動したりはけっしてしない。先ほどの犬とボールを例にとろう。子犬にボールを放ると、まるで熱烈な捕食者であるかのように追いかける。犬は、獲物とその逃亡戦術（あるいは、飼い主と、投げるふりの仕方）について学べば学ぶほど、狩り（あるいは、ボールを取ってくること）が上手になる。だがそれでも、すべての根底には追跡に対する犬の熱狂がある。その熱狂があればこそ、犬は低木の間を抜け、水に飛び込み、ときにはガラスのドアを突き破りさえするのだ。この熱狂は、何の技能も発達しないうちから現れる。

今度はこの行動をペットのウサギの行動と比べてほしい。ウサギに何度ボールを投げようと、犬の場合のような学習はけっして起こらない。狩猟本能がないのだから、習得することなどありはしないのだ。ボールを取ってくるたびに美味しいニンジンを与えたとしても無駄だ。退屈な訓練を延々と続ける羽目になり、それでもウサギは小さな動くものに対して、犬や猫のように興奮するようには絶対ならないだろう。行動主義者は、こうした生まれながらの傾向を完全に見過ごし、それぞれの種が、羽ばたいたり、穴を掘ったり、棒を使ったり、木材をかじったり、木に登ったりして、自ら学習の機会をお膳立てするのだということを忘れてしまった。多くの動物は、自分が知る必要のあることや、する必要のあることを学習するように駆り立てられる。たとえば、子ヤギは頭突きを練習し、人間の赤ん坊は立ち上がって歩こうとする抑えきれない衝動を持っている。これは実験室の無菌箱で飼育されている動物にさえ当てはまる。ラットは脚でバーを押すように、ハトは嘴《くちばし》でキーをつつくように、猫は脇腹を掛け金に擦りつけるように訓練されるのは、けっして偶然ではない。すでにある行動を強化するのがオペラント条件付けだ。この条件付けは、行動を生み出す万能の創造主ではなく、行動のつつましやかな僕《しもべ》なのだ。

これに関してごく初期の実例を示してくれたのが、ティンバーゲンの指導を受けていたポスドク〔博士号取得後〕の研究者エスター・カレンによるミツユビカモメの研究だ。ミツユビカモメはカモメ科の海鳥《うみどり》だが、捕食者を寄せつけないために、崖の狭い岩棚に巣を作る点が他のカモメたちと違う。めったに警告の声は上げず、一生懸命に巣を守ろうとはしない。その必要がないからだ。だが、ミツユビカモメに関して最も興味深いのは、彼らが自分の子供とそれ以外を区別できない点だろう。地面に巣を作るカモメの場合、孵化した雛《ひな》は動き回る。親鳥は数日のうちに自分の子供を見分けられるようになり、研究者が巣に別の雛を入れれば躊躇なく追い出す。一方、ミツユビカモメは自分の子供と他の雛の違いがわからないので、他の鳥の子供もわが子同様に扱う。もっとも彼らは、そんな状況になりはしないかと気に病む必要はない。雛は普通、親の巣にとどまるからだ。だからこそミツユビカモメには個体の認識能力がないと生物学者は考える。(1)

ところが行動主義者にしてみれば、このような発見は不可解極まりない。よく似た二種類の鳥が学習面でこれほど明白に異なるのは筋が通らない。学習は普遍的なもののはずだからだ。行動主義は生態環境を無視し、それぞれの生き物に特有の必要性に適応した学習を認める余地をほとんど持たない。ミツユビカモメの場合のように学習が欠如していることや、雌雄差のようなその他の生物学的違いがあることを認める余地はなおさら少ない。たとえば、オスはメスを探して広い範囲を動き回るのに対してメスの行動圏はもっと狭い種もある。そういう場合、オスのほうが優れた空間認識能力を持っていることが見込まれる。オスはいつどこでメスに出くわしたかを覚えておく必要がある。ジャイアントパンダのオスは、湿潤な竹林の中を広く歩き回るが、竹林はどちらを向いても一様の緑色をしている。メスは年に一度しか排卵せず、交尾できるのは二、三日だけなので（だから動物園ではクマ科のこの堂々たる動物を繁殖させるのに、これほど手を焼いているのだ）、オスは絶妙のタイミングで絶妙の場所に居合わせる必要がある。オスのほうがメスより高い空間認識能力を持っていることは、中国の成都《チェンドゥ》パンダ繁育研究基地でアメリカの心理学者ボニー・パーデューがテストを行なって確かめた。彼女は屋外の一区域のあちこちに食べ物の箱を置いた。どの箱に最近餌が入れられたのかを、メスよりもオスのパンダのほうがはるかによく覚えていた。それとは対照的に、同じ食肉目のクマ下目に属するコツメカワウソを同じような課題でテストすると、オスもメスも成績は同じだった。このコツメカワウソは一雌《いっし》一雄《いちゆう》で、オスとメスが同じ縄張りを占める。同様に、乱婚型の齧歯《げっし》類のオスがメスよりもたやすく迷路を進むのに対して、一雌一雄の齧歯類では、オスとメスの差は見られない。[2]

もし学習の才能が生活様式と交尾戦略などの産物なら、普遍性の概念全体が綻《ほころ》び始める。途方もない多様性が見込めるからだ。生まれつき学習が特殊化していることを裏づける証拠は、着実に積み重なっている。(3) 特殊化の種類は多岐にわたる。ハイイロガンの雛は、母親であれ、ひげ面の動物学者であれ、初めて目にした動くものを刷り込まれるし、鳥やクジラは歌を学習するし、霊長類は道具の使い方を真似し合う。ますます多様な学習が見つかるにつれ、あらゆる学習は本質的に同じであるという主張は怪しくなる。(4)

それにもかかわらず、私の学生時代には行動主義が(少なくとも心理学では)依然として君臨していた。私にとっては幸いなことに、件《くだん》の教授の同僚のポール・ティンメルマンスがしばしば私を脇へ引っ張っていって、私が是が非でも必要としていた機会を与えてくれた。自分が受けている洗脳について、じっくり考え直すように仕向けてくれたのだ。私たちは二頭の幼いチンパンジーを研究した。私が霊長類に接するのは、自分の種を除けばこれが初めてだった。私はひと目で魅了された。独自の心を持っているのがこれほど明らかな動物は、それまで見たことがなかった。愛煙家のティンメルマンス教授はパイプを吹かしつつ、目を輝かせながら、「君はチンパンジーには情動がないと本気で思うかい?」と反語的に尋ねるのだった。しかも、チンパンジーたちが思いどおりにできなかったために金切り声を上げて癇癪《かんしゃく》を起こしたり、大騒ぎしながらかすれ声でくすくす笑ったりした直後に、そう尋ねるのだ。教授はまた、例の教授が間違っているとは必ずしも言わずに、タブーになっている他のトピックについて悪戯《いたずら》っぽく私の意見を求めもした。ある晩、チンパンジーたちが逃げ出して建物の中を駆け回ったあと、あっさり檻に戻り、きちんと扉を閉めてから眠りに就いた。翌朝私たちが見ると、二頭は藁の寝床の中で丸くなって寝ていた。秘書が廊下で悪臭を放つ落し物を見つけなかったら、私たちはまさか彼らが檻を抜け出したとは思いもしなかっただろう。なぜわざわざ檻の扉を閉めたのだろうと私が不思議がると、「チンパンジーたちが先を考えておくということがありうるだろうか？」とティンメルマンス教授は尋ねた。意図や情動があることを想定せずに、そのような悪賢く気まぐれな動物たちとどうすれば渡り合えるというのか？

それをもっと露骨なかたちで思い知りたければ、想像してほしい。私が毎日していたように、あなたもチンパンジーといっしょに試験室に入りたいとしよう。チンパンジーに意図性があるのを否定して、単に行動を記録する行動コーディングシステムに頼るよりも、彼らの気分や情動に細心の注意を払い、人間の気分や情動を読むようにそれを読み取り、悪戯されないように用心することを私はお勧めする。そうしないと、私と同年代のある学生と同じ目に遭いかねない。どういう服装をしてくるといいか忠告してあったのに、彼は初日にスーツにネクタイという恰好で現れた。自分は犬の扱いがとても上手だからと言い、そんな比較的小さな動物など任せておけとばかりに自信たっぷりだった。当時、二頭のチンパンジーはまだ幼く、四歳と五歳だった。だがもちろん、すでにどんな成人男性よりも力が強く、犬の一〇倍も狡猾だった。今でも覚えているが、その学生は両脚にしがみつくチンパンジーをやっとのことで振り払い、試験室からよろめき出てきた。上着はずたずたで、両袖がちぎれていた。ネクタイが首を絞める機能を持っていることにチンパンジーたちが気づかなかったのが不幸中の幸いだった。

この研究室で私は一つ学んだ。それは、優れた知能を持っていてもテストでの好成績につながるとはかぎらないということだ。私たちはアカゲザルとチンパンジーの両方に、「触覚弁別」という単純な課題を与えた。穴から片手を入れて二つの形に触って識別し、正しいほうを選ぶというものだ。私たちは一回の実験セッションで何百回も試行を重ねることを目指したが、アカゲザルではうまくいったものの、チンパンジーの場合、そうは問屋が卸さなかった。最初の一〇回余りは上出来で、苦もなく識別できることを示したが、それから注意が逸れ始めた。手をさらに奥まで突っ込んで私の服を引っ張ったり、笑い顔をしてみせたり、私たちを隔てる窓を強く叩いたり、私に遊びの相手をさせようとしたりするのだ。ぴょんぴょん飛び跳ね、ドアを指し示しさえした。まるで私が彼らの側へどうやって行けばいいのか知らないかのように。この課題では、チンパンジーの成績がアカゲザルの成績よりもはるかに悪かったのは言うまでもないが、それはチンパンジーが知的に劣っていたからではなく、退屈して集中できなかったからだ。

この課題は彼らの知的水準にまったく合っていなかったのだ。

空腹《ハンガー》ゲーム

私たちは、他の種にも心的作用があると考えるだけの度量の広さを持ち合わせているだろうか？　そうした心的作用を調べられるほど独創的だろうか？　注意と動機付けと認知の役割をうまく識別できるだろうか？　これら三つは動物のやることなすことにすべてかかわっている。したがって、成績が悪ければそのうちのどれでも説明がつく。先ほどの遊び好きのチンパンジーたちの場合、私は成績の悪さを説明するのに退屈を選んだが、どうすれば確認できるだろう？　動物がどれほど賢いかを知るには、どうしても人間の創意が必要となる。

それに加えて相手を大切にする気持ちも必要だ。無理やりテストを受けさせたら、ろくなことにならないのではないか？　人間の子供の記憶力をテストするときに、プールに放り込んで、どこから脱出すればいいか覚えているかどうかを調べる人などいるだろうか？　ところが、何百という研究室で「モリス水迷路」が標準的な記憶力テストとして毎日使われている。これは高い壁に囲まれた水槽にラットを入れ、水中のプラットホームに行き当たって助かるまで、半狂乱で泳ぎ続けさせる装置だ。それに続く試行では、ラットはプラットホームの位置を覚えておく必要がある。「コロンビア障害物テスト」というものもある。さまざまな期間にわたって食事や交尾などの機会を奪っておいたラットが、食べ物あるいは交尾相手（あるいは、母親ラットの場合には子供たち）の所にたどり着くには通電グリッドを越えざるをえなくし、食べ物などの所に行きたいという衝動が苦痛を伴う電気ショックに対する恐れを凌《しの》ぐかどうかを調べる。じつは、ストレスは主要なテスト手段になっているのだ。多くの研究室では、実験動物を典型的な体重の八五パーセントに保ち、食べ物を得たいという動機付けを確実に維持している。空腹が動物の認知にどのような影響を与えるかについては情けないほどデータが少ない。餌を与えられず、迷路課題の細かい違いに気づくのがあまりうまくなかったニワトリについての、「お腹が空き過ぎて学習できない？」という題の論文があったことは覚えているが。(5)

胃袋が空だと学習能力が向上するという仮定には首を傾《かし》げたくなる。自分の生活を振り返り、町の地図を頭に入れたり、新しい友人のことを知ったり、ピアノの弾き方や仕事のやり方を覚えたりするところを考えてほしい。それに食べ物が大きな役割を果たしているだろうか？　これまで、大学生に永続的に摂食制限をさせることなど提案した人はいない。それならば、動物を別扱いするのは筋が通らないではないか？　アメリカの著名な霊長類学者ハリー・ハーロウは、動物を空腹状態に置く方法の批判の先駆けだった。彼は、知的な動物はおもに好奇心と自由な探究を通じて学習する、と主張した。食べ物のことで頭がいっぱいなら、好奇心を発揮して自由に探究してなどいられなくなる可能性が高い。ハーロウはオペラント条件付けに使われるスキナー箱を嘲笑った。スキナー箱は食べ物という報酬の有効性を実証するには大変優れた装置ではあっても、複雑な行動の研究には適していないことを見て取ったからだ。そして、次のような味な皮肉を言い添えた。「私は心理学研究の対象としてのラットの価値を一瞬たりとも軽んじることはない。実験者を教育することによって克服しえないラットの問題点など、ほとんどないのだから[6]」

一世紀近い歴史を持つヤーキーズ国立霊長類研究センターも、以前はチンパンジーに摂食制限を試していたことを知って私は仰天した。同センターは当時まだフロリダ州オレンジパークにあった（その後、アトランタに移り、生物医学と行動神経科学の研究の主要機関となる）。そこで一九五五年に、ラットを対象とする実験手順に倣ったオペラント条件付けプログラムが計画され、その一環としてチンパンジーは激しい減量を強いられ、名前ではなく番号で呼ばれるようになった。ところが、チンパンジーをラットと同じように扱ってもうまくいかなかった。このプログラムはあまりに大きな緊張を生んだため、二年しか続かなかった。所長も職員の大半も、チンパンジーに摂食制限を課すことを非難し、そのような制限こそ彼らに「生きる目的」（行動主義者たちは無思慮にもそう呼んだ）を与える唯一の方法であると主張する鼻っ柱の強い行動主義者たちと絶えず言い争った。行動主義者たちは認知にまったく関心を示さず（それどころか、認知機能の存在さえ認めていなかった）、強化スケジュールと、タイムアウト〔望ましくない行動が見られたとき、その行動を強化する刺激から一定時間遠ざけること〕の懲罰的効果を調べた。噂によると、職員は夜にチンパンジーたちにこっそり餌をやってこのプログラムを妨害したという。行動主義者たちは居心地が悪く、煙たがられていると感じ、去っていった。のちにスキナーが述べたように、「チンパンジーを十分な欠乏状態に至らしめようとする〔彼らの〕努力を、情に脆《もろ》い同僚たちが挫折させた」からだ。[7] 今日なら、そのような軋轢《あつれき》は単に実験手法だけではなく倫理にもかかわるものと捉えられるだろう。食べ物を与えずにチンパンジーを不機嫌で不愛想にさせる必要がないことは、代替の誘因を使った行動主義者自身による試みの一つから明らかだった。「一四一番」と呼ばれていたチンパンジーは、正しい選択をするたびに研究者の腕のグルーミング（毛づくろい）をする機会という報酬を与えられたあと、首尾良く課題を学習したのだった。[8]

行動主義と動物行動学の違いはこれまで常に、人間によって制御された行動と自然な行動との差異だった。行動主義者は、実験者が望むこと以外にはほとんど何もできない不毛な環境に動物を置いて、行動を押しつけることを目指した。動物が行動主義者の意に反する行動をとれば、それは「失敗行動」の烙印を押された。たとえば、アライグマを訓練してコインを箱の中に落とさせることはほぼ不可能だった。アライグマはコインをしっかり握って夢中で擦り合わせる傾向があるからで、それはこの種にとっては完全に正常な採食行動だった。[9] ところがスキナーは、そのような自然な性癖には目もくれず、制御と支配の言語を好んだ。彼は行動工学や行動制御について語り、しかもその対象は動物だけにとどまらなかった。彼はのちに、人間を幸せで生産的で「最大限有能な」市民に仕立て上げようとした。[10] オペラント条件付けが有用な確固たる考え方で、行動を変える強力な手段であることに疑いの余地はないものの、行動主義の大きな誤りは、それ以外のやり方をまったく認めなかった点にある。

一方、動物行動学者は自発的な行動に対して、より大きな関心を抱いている。その先駆けは一八世紀のフランス人たちで、彼らはそれぞれの種に固有の特徴の研究を指して、ギリシア語の「ethos」(「気質」「特性」「習慣」の意)に由来する「動物行動学(ethology)」という名称を使っていた。一九〇二年には、アメリカの偉大な博物学者ウィリアム・M・ホイーラーが、「習性と本能」の研究として、この名称を広めた。[11] 動物行動学者も現に実験を行なったし、飼育下の動物を使った研究を嫌がりはしなかったが、ローレンツが飼育しているコクマルガラスを空から呼び寄せたり、よちよち歩きのハイイロガンの雛の群れに追いかけられたりするのと、スキナーが一羽ずつハトが入った何列ものケージの前に立ち、そのうちの一羽の両翼のあたりをぎゅっと握っているのとの間には、依然として天地の差があった。

動物行動学は、本能に関する独自の専門用語や、「固定的動作パターン」(犬が尾を振るといった、一つの種に典型的な行動)、「生得的解発因《リリーサー》」(お腹を空かせた雛につつくことを促す、カモメの嘴の赤い点のように、特定の行動を引き出す刺激)、「転位行動」(決断に迷っているときに体を掻くといった、葛藤状況から生じる、一見無関係の行動)などといった用語を発達させた。ここで動物行動学の古典的な枠組みについては詳述を控えるが、この学問分野は特定の種の全成員に自然に発生する行動に的を絞った。肝心要《かなめ》の疑問は、個々の行動がどのような役割を果たすか、だった。当初、動物行動学の偉大なる構築者はローレンツだったが、一九三六年に彼とティンバーゲンが出会ってからは、考え方に磨きをかけ、重要なテストを開発したのはティンバーゲンだった。彼はローレンツよりも分析的・経験主義的で、観察可能な行動の背後にある疑問を見つける卓越した目を持っていた。彼は行動の機能を特定するために、ジガバチやイトヨ、カモメを対象とするフィールド実験を行なった。[12]

ローレンツとティンバーゲンは互いを補い合うような関係と友情を育んだが、その関係は第二次大戦で試されることになった。両者が敵味方に分かれたためだ。ローレンツはドイツ陸軍で軍医を務め、日和見《ひよりみ》主義の立場をとってナチスの政策に同調した。ティンバーゲンは大学のユダヤ人同僚たちの扱いに対する抗議活動に加わり、オランダを占領していたドイツによって捕虜収容所に二年間入れられた。意外にもこの二人の学者は戦後、動物行動への共通の愛情のおかげで関係を修復できた。ローレンツはカリスマ的で華々しい思索家（彼は生涯、統計分析は一度として行なわなかった）、一方のティンバーゲンは実際のデータ収集という肝心の部分を手がけた。私はこの二人が講演する姿を見ているので、その違いについて証言できる。ティンバーゲンは学究肌でそっけなく、思慮深い感じだったのに対して、ローレンツはその熱意と動物に関する深い知識で聴衆を魅了した。ティンバーゲンの教え子で、『裸のサル――動物学的人間像』（日高敏隆訳、角川文庫、一九七九年、他）をはじめとする人気の高い本の著者として有名なデズモンド・モリスは、ローレンツに度肝を抜かれた。このオーストリア人学者は、それまでモリスが会った人の誰よりもよく動物を理解していたという。モリスは一九五一年にローレンツがブリストル大学で行なった講演を、次のように描写している。

彼の講演は大傑作と呼んでも足りないほどだ。神とスターリンをひとまとめにしたような彼の存在感は圧倒的だった。「諸君のシェイクスピアとは正反対で、私の手法は狂気を孕《はら》んでいる」と彼は野太い声で言った〔原書のローレンツの言葉は「there is madness in my method」で、シェイクスピアの『ハムレット』に出てくる「though this be madness, yet there is method in 't（狂ってはいるが、筋は通っている）」のもじり〕。そして、まさにそのとおりだった。彼の発見はほぼすべて偶然の産物で、彼の生涯はおおむね、身の周りに置いた多種多様な動物たちとの一連の惨事から成り立っていた。動物のコミュニケーションとディスプレイ（誇示行動）のパターンについての知識の披瀝《ひれき》は見物《みもの》だった。魚について話すときには手がひれと化し、オオカミについて語るときには目が捕食者のものとなり、ガンについて物語るときには腕が体の両脇に畳んだ翼になった。彼は擬人化していたのではなくその逆で、「擬獣化」し、自分が説明している動物になりきっていたのだ。(13)

あるジャーナリストが、ローレンツがお待ちしていますと受付係に言われて彼のオフィスに送り込まれたときのことを回想している。彼女が入ってみると、オフィスはもぬけの殻だった。しかたなく、そのへんにいた人たちに尋ねて回ると、外出はしていないと、みな、口を揃えて言う。しばらくして彼女は気づいた。オフィスの壁に作り込まれた巨大な水槽の中に、このノーベル賞受賞者は体をなかば沈めていたのだった。動物行動学者はまさにこうあってほしいものだ。研究している動物たちのできるだけ近くに身を置いてほしい。その話を聞くと、オランダの動物行動学の雄《ゆう》でティンバーゲンの最初の教え子であるヘラルド・ベーレンツとの私自身の出会いを思い出す。私は行動主義の研究室で働いたあと、フローニンゲン大学でベーレンツの動物行動学のコースに入って、この大学の巣箱の周りを飛び回るコクマルガラスのコロニーを研究しようとした。だが、ベーレンツは恐ろしく厳格で、誰でも研究室に入れてくれるわけではないと、口々に警告された。彼のオフィスに行ってみると、私の目はたちまち、コンビクトシクリッド〔スズキ目《もく》カワスズメ科の魚〕の入った、手入れの行き届いた大型の水槽に惹きつけられた。私も水槽での飼育に熱を上げていたので、自己紹介も終わるか終わらないかのうちに、これらの魚たちがどうやって子供を育て、守るかについての話になった。彼らは驚くほど上手にそれをやってのける。ベーレンツは私の熱中ぶりを目にして見所があると思ったに違いない。私は何の問題もなく受け容れてもらえた。

コンラート・ローレンツらの動物行動学者は、動物たちがどのように自発的に行動し、その行動が彼らの生態環境にどのように適合しているかを知りたがった。ローレンツは水鳥の親子の絆を理解するために、ハイイロガンの雛に彼自身を刷り込ませた。するとガンたちは、パイプを吸うこの動物学者のあとを、どこへでもついていった。

　動物行動学が非常に斬新だったのは、形態学と解剖学の視点を持ち込んで行動と結びつけたからだ。これは自然な進展だった。行動主義者のほとんどが心理学者だったのに対して、動物行動学者はおもに動物学者だったからだ。動物行動学者は、行動は見た目ほど流動的でも定義が困難でもないことを発見した。行動には構造があって、それはかなり紋切り型のこともあり、たとえば幼い鳥は口を大きく開けて食べ物を欲しがりながら、翼をぱたぱたさせるし、受精卵を口の中に入れておいて孵《かえ》す魚もいる。種に特有の行動は、どのような身体的な特性とも同じように識別も測定も可能だ。人間の表情も一定の構造と意味を持っていることを考えると、これまたその好例と言える。今や人間の表情を確実に認識できるソフトウェアがあるのは、私たちの種の全成員が、同じような情動を抱かせる状況下で同じ顔の筋肉を収縮させるからにほかならない。

行動パターンが生来のものであるならば、それは身体的な特性と同様、自然淘汰の規則に支配されており、系統樹の中で種から種へとたどれるに違いないとローレンツは主張した。これは、口の中で卵を孵化させる魚にも、霊長類の表情にも当てはまる。人間とチンパンジーの顔の筋肉組織はほぼ完全に同じなので、両種の、笑ったり、歯を剝いたり、唇を突き出したりする動作は、おそらく共通の祖先にさかのぼる。(14) 解剖学的構造と行動とのこの類似を認めたのは大きな躍進で、この類似は今日では当然のこととされている。私たちはみな、今では行動の進化を信じている。したがって、私たちはローレンツ学派ということだ。ティンバーゲンが果たした役割は、本人が述べているように、この新しい学問分野の「良心」として振る舞い、理論をより厳密に系統立てて記述するよう奮闘し、それらの理論を検証する方法を開発することだった。もっとも、それは必要以上に謙遜した発言だ。いちばんうまく動物行動学の方針を明示し、この分野を立派な科学に変えたのは、けっきょくは彼だったのだから。

単純にしておく

動物行動学と行動主義には違いがあるとはいえ、両者には一つ共通点があった。どちらの学派も、動物の知能の過剰な解釈に対する反発の表れだったのだ。両学派はともに、「民間起源の」説明には懐疑的で、逸話的な報告は退けた。拒絶の仕方は行動主義の研究者のほうが激しく、拠り所とするべきなのは行動だけで、心的プロセスは無視して差し支えないと彼らは主張した。外面的な手掛かりにもっぱら頼る行動主義について、こんなジョークさえある。愛の営みのあとに、ある行動主義者が相手の行動主義者に訊いた。「君は存分に楽しんだね。僕はどうだった?」

一九世紀には、動物の心的作用や情動作用について語ることは完全に許容されていた。かのチャールズ・ダーウィンも、人間と動物の情動表現の類似について、大部の書物をまる一冊書いている。だが、ダーウィンは慎重な科学者だったから、情報源を再確認し、自らも観察を行なったのに対して、節度をわきまえない人々もいて、誰がいちばん突飛なことを主張できるかを競っているかに思えるほどだった。ダーウィンはカナダ生まれのジョージ・ロマネスを弟子兼後継者に選んだとき、誤情報の大洪水を招くことになった。ロマネスが集めた動物の話のおよそ半分は十分信憑性があったが、残りは潤色《じゅんしょく》されていたり、明らかに疑わしかったりした。壁の中の巣へと、ラットが並んで補給線を作り、盗んだ卵を次々に前足で注意深く渡していったという話から、猟師の弾丸が当たったサルが、手に自分の血をなすりつけて猟師に差し出し、罪悪感を抱かせたという話まで、さまざまだった。[15]

そのような行動に必要とされる心的活動は、自分の場合から推測してわかっているとロマネスは言った。彼の内省的な取り組み方の弱点はむろん、一度きりの出来事が拠り所であり、自分の個人的体験への信頼に基づいていることだ。私は逸話が悪いと言っているわけではない。とくに、カメラで撮影されていたり、その動物をよく知っている定評ある観察者に由来したりするときには、なおさらだ。だが、私は逸話を研究の出発点と見ており、終着点とは考えていない。逸話を十把一絡《じっぱひとから》げに見下している人には心に留めておいてほしいのだが、動物の行動に関する興味深い研究はほぼ例外なく、驚くべき出来事や不可思議な出来事の記述から始まっている。逸話は何が可能かをさりげなく示し、私たちに考え方を見直すことを迫る。

とはいえ、その出来事が偶然のもので、二度と起こらない可能性や、何か決定的な側面が見落とされている可能性を排除することはできない。また、観察者が自分の思い込みに基づいて、欠けていた詳細を無意識に穴埋めしている場合もある。こうした問題は、さらに逸話を収集しても簡単には解決しない。警句にあるように、「逸話の集積はデータにあらず」だ。したがって、今度はロマネス自身が弟子兼後継者を見つける段になってロイド・モーガンを選んだのは、皮肉な話だ。モーガンは、このように野放図に仮説を受け容れることにきっぱり終止符を打ったからだ。イギリスの心理学者だった彼は、心理学全般でおそらく最も頻繁に引用される勧告を一八九四年にまとめている。

ある行動が、心理的尺度の低い位置にある精神的能力の行使の結果と解釈しうるなら、いかなる場合にも、それより高度な精神的能力の行使の結果と解釈してはならない。(16)

心理学者は何世代にもわたってこのモーガンの公準を従順に復唱し、動物は刺激＝反応機械と見なせば間違いないという意味で捉えてきた。ところが、モーガンにはけっしてそのような意図はなかった。それどころか、彼はいみじくもこう付け加えている。「だが、ある説明が単純だからといって、それが正しいという基準には必ずしもならない」(17)。動物は魂のない盲目の自動機械であるという考え方に、彼はこうして異を唱えていたわけだ。科学者としての矜持《きょうじ》を持つ者なら、「魂」などという言葉は金輪際《こんりんざい》口にしないだろうが、動物に少しでも知能や意識があることを否定するのは、それにかなり近かった。そのような見方に面食らったモーガンは、自分の公準に但し書きを加え、当該の種がすでに高い知能を有していることが立証されているならば、より複雑な認知的解釈を行なっても何ら問題はないとした(18)。チンパンジーやゾウ、カラスといった動物が複雑な認知機能を持っている証拠は豊富にあるので、私たちはそれらの動物の場合、一見すると賢い行動に出くわしたときには、毎回ゼロから始める必要などない。彼らの行動は、たとえばラットの行動を説明するのと同じように説明しなくてもいい。そして、見くびられている哀れなラットにしても、出発点としてゼロが最善であるとは思えない。

モーガンの公準は、「オッカムの剃刀《かみそり》」の一変形と見られた。「オッカムの剃刀」は、科学は最少の仮定による説明を探し求めるべきであるという、思考節減の原理だ。これはじつに高尚な目標ではあるが、もし必要最小限度で認知を説明しようとしたときに、奇跡を信じるように求められたらどうすればいいのか？　進化の観点から言えば、自分にはあると信じている極上の認知機能を私たち人間が持っていながら、他の動物たちにはそのような機能が微塵もないのだとしたら、それは正真正銘の奇跡だろう。認知に関して節減の法則を追求すれば、進化に関する節減の法則としばしば衝突してしまう。(19) 奇跡を認めるほど極端なことをする気のある生物学者はいない。私たちは、改変は漸進的に起こると信じているのだ。だから、少なくとも何らかの説明なしに、関連のある種の間に隔たりがあると言い出すことは望まない。もし人間以外の自然界に足掛かりがまったくないのだとしたら、私たちの種はいったいどうやって理性と意識を持つに至ったのか？ モーガンの公準を動物たちに（しかも、動物たちだけに）厳密に当てはめたなら、跳躍進化説の見方を推奨し、人間の心を空白の進化空間に宙ぶらりんの状態に置き去りにすることになる。自分の公準の限界に気づき、単純さと現実を混同しないよう私たちに促すとは、さすがモーガンだ。

動物行動学もまた、主観的な手法への懐疑心から起こったことは、あまり知られていない。ティンバーゲンらのオランダの動物行動学者たちは、ある二人の教師が手掛けた非常に人気の高い挿絵入りの書物によって進路が決まったと言える。二人は自然への愛と敬意を教えつつ、動物を真に理解する唯一の方法は野外で観察することだと主張した。オランダではこれに触発されて若者たちの大規模な運動が起こった。彼らは毎週日曜日に自然の中へ出かけ、それが熱心な博物学者の世代を生む下地となった。とはいえこの取り組みは、オランダの「動物心理学」の伝統とはうまく合わなかった。その伝統の巨人が、ヨハン・ビーレンス・デ・ハーンだった。国際的に名を知られ、博学でいかにも教授然とした彼が、オランダ中央部の砂丘地帯フルスホルストにあるティンバーゲンのフィールド研究の現場をときおり訪ねたときには、かなり場違いに見えたはずだ。半ズボン姿の若い世代が捕虫網を手に駆け回るなか、この老教授はスーツにネクタイという出で立ちで現れた。このような訪問は、ビーレンス・デ・ハーンとティンバーゲンが疎遠になる前に友好的な関係にあった証だが、若いティンバーゲンはほどなく、内省に依存するといった動物心理学の教えの正当性を疑い始めた。彼は自分自身の考えとビーレンス・デ・ハーンの主観主義との間に、しだいに距離を置くようになった。[20] ローレンツは同じ国の出身ではなかっただけに、この老教授に対してはもっと遠慮がなく、名前をちゃかして、からかい半分に「デア・ビヤハーン（Der Bierhahn）（ドイツ語で「ビールサーバーの注ぎ口」の意）」とあだ名をつけた。

今日ティンバーゲンは、彼の掲げた「四つのなぜ」で知られている。「四つのなぜ」とは、私たちが行動に関して投げかける、四つの異なる、それでいて互いに補足し合う疑問のことだ。だがそのどれ一つとして、知能や認知機能にはっきり触れてはいない。[21] 動物行動学が心的状態について語るのを完全に避けることは、芽吹いてきたこの経験科学にとっては必要不可欠だったのかもしれない。その結果、動物行動学は認知に対して一時的に門戸を閉ざし、その代わりに行動の生存価〔生存や繁殖を助ける機能〕に的を絞った。そして、そうすることで社会生物学や進化心理学、行動生態学の種をまいた。また、生存価に焦点を合わせることで、うまく認知を避けて通ることも可能になった。知能や情動についての疑問が生じるやいなや、動物行動学者はたちまちそれを機能の観点から別の言葉に言い換えるのだった。たとえば、もし一頭のボノボが悲鳴を上げたときに、別のボノボがそれに反応して駆け寄り、しっかりと抱き締めたら、正統的な動物行動学者はまず、そのような行動の機能について考える。彼らは、抱き締めた側と抱き締められた側のどちらのほうが大きな恩恵を受けたかについては議論するものの、ボノボは互いの状況について何を理解しているかや、なぜ一頭の情動が別の個体の情動に影響を与えるなどということがあるかは問わない。類人猿は共感的なのだろうか？　ボノボはお互いの欲求を評価するのか？　認知にかかわるこの種の疑問に不快感を覚える動物行動学者は多かった（し、今でも多い）。

馬を責める

動物行動学者が、動物にも認知能力と情動があるというのはただの推論にすぎないと見くびる一方で、行動の進化については揺るぎない自信を感じていたのは不思議だ。推測だらけの分野があるとすれば、それは何をおいても、行動はどのように進化したのかにまつわる分野だからだ。理想的には、行動の遺伝をまず立証し、それから何世代にもわたってその行動が生存と生殖に与える影響を評価できるといい。だが、そのような影響に関する情報が手に入ることはめったにない。粘菌やミバエのように繁殖の速い生き物の場合にはそうした疑問の答えが見つかるかもしれないが、ゾウの行動、さらに言えば人間の行動を進化の観点から説明しようとしたら、今でも相変わらず大方が仮説となってしまう。これらの種では大規模な繁殖実験が許されないからだ。仮説を検証したり、行動の結果を数理的にモデル化したりする方法はあるが、そうして得られる証拠はおおむね間接的なものになる。産児制限やテクノロジー、医療のせいで、私たちの種でさまざまな進化の考え方を検証することはほぼ絶望的になっている。だから、進化適応環境で何が起こったかについてはおびただしい数の推論があるのだ。進化適応環境とは、狩猟採集民だった私たちの祖先の生活環境のことを言い、それについては明らかに私たちは不完全な知識しか持ち合わせていない。

それとは対照的に、認知の研究はリアルタイムでさまざまなプロセスを扱う。たしかに、認知機能を実際に「見る」ことはできないが、他の説明の可能性を排除しつつ、認知がどのように行なわれるかを推定し易くする実験を考案することはできる。その点で認知の研究は、他のどのような科学的試みとも本質的に違いはしない。それにもかかわらず、動物の認知の研究はソフトサイエンスと見なされることが相変わらず多く、最近まで若手の科学者はそのように捉え所のないトピックは避けるように忠告された。「終身在職権が得られるまで待ちたまえ」と年長の教授たちは言ったものだ。この懐疑的な姿勢は、ハンスという名のドイツの馬にまつわる興味深い事例にまではるかにさかのぼる。ハンスが生きていたのは、モーガンが公準を作り上げた頃で、ハンスの事例はその公準を採用するべき根拠となった。この黒馬は計算が得意らしかったので、ドイツ語で「クルーガー・ハンス（賢いハンス）」と呼ばれていた。飼い主が四を三倍するように言うと、ハンスは見事に蹄《ひづめ》で地面を一二回叩く。何日か前の日付がわかれば、その日の日付も告げられたし、一六の平方根も蹄で四回地面を叩いて知らせることができた。それまでに聞いたことのない問題も解決できた。人々は仰天し、ハンスは世界的なセンセーションを起こした。

だがそれも、ドイツの心理学者オスカル・プフングストがハンスの能力を調べるまでのことだった。ハンスが正答するのは、飼い主が答えを知っていて、ハンスに見える場所にいるときだけであることにプフングストは気づいた。飼い主あるいは別の質問者がカーテンの後ろから出題すると、ハンスは正答できなかった。これはハンスにとっては苛立たしい実験で、彼はあまり多く答えを間違えるとプフングストを噛んだ。ハンスが正答できたのはどうやら、蹄で叩く回数が正しい値になったときに飼い主が微妙に姿勢を変えたり背筋を伸ばしたりするのを見て取ったからららしい。出題者は表情や姿勢に緊張が見られるが、ハンスが正しい数に達するとその緊張が緩む。ハンスはその微妙な変化を見て取るのが非常に得意だったのだ。また、飼い主は幅広のつばのある帽子を被っており、地面を叩くハンスの蹄を見ている間、つばは下向きになっているが、ハンスが正しい数まで叩くと今度は上向く。同じような帽子を被った人なら誰でも、うつむいたり顔を上げたりすることで、ハンスにどんな数でも答えさせられることをプフングストは実証した。[22]

いかさまだと言う人もいたが、飼い主には自分がハンスに手掛かりを与えているという自覚はなかったので、ごまかしはなかったわけだ。飼い主は自分が図らずも合図していたことを知ったあとでさえ、自らを抑え込んで手掛かりを与えるのをやめようとしてもほとんど無駄だった。じつのところ、プフングストの報告がなされたあと、飼い主はあまりに落胆したため、ハンスを裏切り者呼ばわりし、罰として死ぬまで霊柩車を引かせようとした。自分に腹を立てる代わりに馬を責めるとは！　幸いハンスは、けっきょく新しい飼い主を得て、その飼い主はハンスの能力を高く評価し、さらに試した。これこそあるべき姿勢だ。なぜなら新しい飼い主はこの一件を、動物の知能を格下げするものとしてではなく、動物には信じ難い感受性がある証拠として捉えたからだ。ハンスの計算能力はまがいものだったにしても、人間のボディランゲージを理解する能力は目覚ましかった。[23]

オルロフ・トロッター種のハンスは、このロシア産の品種についての、次のような説明を完璧に体現しているようだ。「驚異的な知能を持っており、ほんの数回繰り返すだけで物事を素早く学習し、簡単に記憶する。その時々に何を求められ、何を必要とされているかを、気味の悪いほど鋭く察することが多い。人によくなつくように品種改良されているため、飼い主とじつに緊密な絆を結ぶ[24]」

動物の認知の研究にとって、ハンスの秘密が暴かれたことは大惨事になるどころか、かえって大きな収穫となった。この現象（「クレバー・ハンス効果」として知られるようになった）が知れ渡ったおかげで、動物のテスト方法が大幅に進歩したのだ。プフングストはテスト対象に手掛かりを与えないようにする手法の威力を示すことで、精査に耐えうる認知研究への道をつけた。皮肉にも、人間を対象とする研究ではこの教訓がしばしば無視される。幼い子供は母親の膝に座りながら、認知的課題を与えられるのが典型的だ。母親は家具のようなものだと想定しているわけだが、母親は誰でもわが子に正答してもらいたがるから、母親の体の動きや溜め息、軽く押すような動作が子供に手掛かりを与えない保証はない。賢いハンスのおかげで、今では動物の認知の研究は人間の子供の研究よりも厳密に行なわれる。犬の研究室で認知能力をテストするときには、飼い主に目隠ししたり、犬に背を向けて隅に立っていてもらったりする。ある有名な研究で、リコという名のボーダーコリーは、異なるおもちゃを指す二〇〇以上の単語を認識した。このとき、飼い主は別の部屋にある特定のおもちゃを持ってくるように指示した。そうすれば、飼い主

賢いハンスはドイツの馬で、1世紀ほど前に、見守る人々を驚嘆させた。ハンスは足し算や掛け算のような計算が得意のようだった。だが念入りに調べてみると、人間のボディランゲージを読み取ることこそハンスの一番の才能であることが判明した。ハンスが正答できるのは、答えを知っている人を見ることができるときだけだったのだ。

はおもちゃに視線を走らせて、無意識のうちに犬の注意をそちらに向けることが避けられる。リコは別室に走っていって、指示された品を取ってこなければならなかったため、「クレバー・ハンス効果」を無効にすることができた[25]。

プフングストは、人間と動物が自分では気づかずに意思の疎通を行なうようになることを実証してくれたのだから、私たちは彼におおいに感謝しなければならない。ハンスが飼い主の特定の行動を強化し、飼い主もハンスの特定の行動を強化していたのだが、誰もが両者はまったく別のことをしているものとばかり思い込んだのだった。真相が明るみに出ると、歴史の振り子は、動物の知能は豊かであるという解釈から乏しいという解釈へとはっきり振れた（不幸にも、長い間そこに釘付けにされてしまった）が、物事を極力単純に解釈しようという動きのうちには、それほどうまくいかないものもあった。これから二つの例を説明しよう。一つは「自己認識」にまつわるもの、もう一つは「文化」にまつわるもので、どちらの概念も、動物との関連で言及すると必ず逆上する学者が依然としている。

安楽椅子霊長類学

アメリカの心理学者ゴードン・ギャラップは一九七〇年に、チンパンジーが鏡に映った像を自分だと気づくことを初めて立証し、自己認識について語った。彼によれば、チンパンジーのような類人猿とは違い、小型のサルのような種はミラー・テストに落第するので、この能力を欠いているという[26]。このテストでは、麻酔をかけた類人猿の体に印をつけるが、その印は、目が覚めたときに鏡に映った姿を点検しなければ見えない。動物はロボットであるという見方に傾いている人々は明らかに、自己認識という言葉に眉をひそめた。

反撃の口火を切ったのはB・F・スキナーとその一派で、彼らは即座にハトを訓練し、鏡の前で自分の体についた印をつつくようにさせた。[27] 自己鏡映像認知に類似した行動をとらせれば、この謎を解明したことになると感じたのだ。チンパンジーと人間なら教わるまでもなくできることをハトにさせるためには、穀粒《こくりゅう》を何百個も報酬として与える必要があったことなど、おかまいなしだった。金魚を訓練してサッカーをさせたり、クマを訓練して踊らせたりすることはできるが、そこから人間のサッカーのスター選手やダンサーの技能について詳しくわかるなどと信じている人がいるだろうか？　件のハトの研究は、再現可能かどうかすら定かではないのだからなお悪い。別の研究チームは同じ系統のハトを使い、まったく同じ訓練を何年も試したものの、自分の体をつつかせることはできなかった。けっきょく彼らはスキナーらの研究を批判する、「ピノキオ」という言葉をタイトルに含む報告を発表した。[28]

反撃の第二弾はミラー・テストを解釈し直すもので、観察された自己認識は印をつけるときに使われた麻酔の副産物かもしれないという。チンパンジーは麻酔から覚

B. F. スキナーは、動物の自発的な行動よりも実験制御に大きな関心を抱いていた。彼にとっては刺激と反応の随伴性がすべてだった。彼の行動主義は、20世紀の大半にわたって動物研究の分野を支配した。したがって、行動主義理論の支配を緩めることが、進化認知学の台頭の前提条件となった。

めるときにでたらめに顔を触るので、偶然、印に触ってしまうというわけだ。[29] だがこの説は、チンパンジーが顔のどの部分に触れるかを注意深く記録した別のチームによって、誤りであることがたちまち証明された。顔を触れる動作はでたらめにはほど遠く、印のついた部分にはっきり狙いが定められており、鏡に映った姿をチンパンジーが目にした直後に集中するからだ。[30] これはもちろん、類人猿の専門家たちが最初から主張していたことだったが、それが今やお墨付きを得たのだった。

類人猿が鏡をどれほどよく理解しているかを示すには、じつは麻酔は必要ない。彼らは自発的に鏡を使って口の中を見るし、メスはいつも向きを変えて尻を映してみる――オスはそんなことに関心を示さないが。口の中も尻も、普通は目にする機会のない体の部位だ。類人猿は特別な必要性のためにも鏡を使う。例を挙げよう。ロウィーナはオスと取っ組み合いをしたときに、頭のてっぺんに小さな傷を負った。私たちが鏡を掲げると、彼女はただちに傷を調べ、鏡に映った自分の動きを目で追いながら、傷の周りのグルーミングをした。別のメスのボリーが耳の感染症にかかり、私たちは抗生物質で治療していたが、彼女は小さなプラスティックの鏡だけが載ったテーブルに向かって手をひらひらさせ続けた。私たちが意図を理解するまでしばらくかかったものの、鏡を渡してやるとすぐに、藁を一本拾い上げ、鏡の角度を調節し、鏡を覗き込みながら耳掃除をした。

良い実験は異常な行動を新たに生み出したりはせず、生まれながらの傾向を引き出す。そして、それこそまさにギャラップのテストがやってのけたことだ。類人猿は自発的に鏡を使うのだから、類人猿の専門家なら麻酔の副作用だなどと考えることはけっしてなかっただろう。それでは、霊長類に不慣れな研究者はなぜ自分たちのほうがよくわかっているなどと考えるのか？　並外れた才能のある動物たちを研究する私たちは、彼らをどうテストするべきかや、彼らの行動が本当は何を意味しているかについて、求めもしないのに意見されることには慣れっこになっている。私にはそのような助言の背後にある傲慢さが理解できない。あるとき著名な児童心理学者が、人間の利他行動が類を見ないものであることを強調したいがために、大勢の聴衆の前でこう叫んだ。「類人猿はけっして仲間を救うために湖に飛び込んだりしない！」その後の質疑応答の時間に、私は待っていましたとばかりに指摘した。じつは類人猿たちが、命を危険にさらしてまでも（類人猿は泳げない）、まさにそのような行為をしたという報告がいくつかある、と。[31]

動物に文化があるという最初の証拠は、芋を洗う幸島のニホンザルから得られた。当初、芋洗いの伝統は同年代の仲間の間で広まったが、今では世代を超えて母から子へと伝えられている。

霊長類学の分野でもとりわけ有名な発見について疑いが差し挟まれた理由も、この傲慢さで説明がつく。一九五二年、日本の霊長類学の父である今西錦司《きんじ》は、初めて次のように主張した。もし個体が互いの習慣を学び合い、その結果、さまざまな集団の間で行動の多様性が生まれるのなら、動物には文化があると言って差し支えない、と。[32]この考え方は今ではかなり広く受け容れられているものの、当時はあまりに革新的だったので、西洋の科学界がそれに追い着くには四〇年かかった。その間、今西の指導する学生たちは、幸島《こうじま》でニホンザルの芋《いも》洗いが広まる様子を辛抱強く記録していった。最初に芋を洗い始めたのは、イモという名のメスの幼い子供で、今では島の対岸の公園に、彼女を記念するモニュメントが建っている。この習慣は、イモから同年代の仲間へ、続いてその母親たちへ、そして最終的には島のサルのほぼ全員に広まった。芋洗いは、動物の間で世代から世代へと受け継がれる、学習された社会的伝統の最も有名な例となった。

何年ものち、学習された社会的伝統という見方は、いわゆる「興ざまし説明《キルジョイ・アカウント》」（一見するとより単純な代替案を提示して、認知能力があるという主張を退ける試み）を招いた。それによれば、今西の学生たちの「猿真似」説は誇張だという。なぜ単に個体がそれぞれ学習したと考えられないのか？　つまり、それぞれのサルが、他の誰の助けもなしに自分で芋洗いの習慣を身につけたということだ。人間の影響さえあったかもしれない。今西を手伝っていた三戸サツヱはどのサルも名前まで知っており、相手を選んで芋を与えた可能性がある。彼女は芋を水に浸けるサルに報酬を与え、そうすることで、ますます頻繁に洗うように促したのかもしれない[33]。

答えを見つける唯一の方法は、幸島へ行って尋ねることだった。私は日本南部の亜熱帯地域にあるこの島に二度行っているので、当時八四歳だったミセス三戸に、通訳を介してインタビューする機会があった。彼女は、食べ物の与え方についての私の質問に、信じられないという反応を見せた。思いどおりに食べ物を与えることなどできないと彼女は言い張った。上位のオスが何も持っていないときに下位のサルが食べ物を手にしていれば、面倒なことになりかねない。ニホンザルは序列が非常にはっきりしており、何かあれば暴力を振るうので、イモや他の子供たちを優先したら、彼らの命が危険にさらされたことだろう。実際には、いつも最初に餌を与えられていたのは大人のオスたちで、芋洗いを学習するのがいちばんあとになったのは彼らだった。ミセス三戸に、あなたは芋洗い行動に報酬を与えていたかもしれないという主張を紹介すると、そのようなことはやろうと思ってもできないと否定された。最初の頃芋を与えていたのは、サルたちが芋を洗う清流から遠く離れた森の中だった。サルたちは芋を拾うとさっさと駆け去った。両手が芋でふさがっていたので、立ち上がって二本の脚で去っていくこともよくあった。何であれ、彼らが遠くの川でしたことにミセス三戸が報酬を与えるのは不可能だった。[34] だがそれよりも、個体学習ではなく社会的学習を支持する最も有力な主張は、この習慣の広まり方に基づくものだったかもしれない。早々にイモの例に倣ったサルの一頭がイモの母親のエバだったのは、およそ偶然とは言えない。そのあとこの習慣は、イモの同年代の仲間に広まった。イモ洗いの学習は、社会的関係と血縁関係のネットワークにぴったり重なるかたちで広まったのだ。[35]

ミラー・テストについて麻酔の副産物という仮説を示した研究者と同じで、幸島での発見を偽りとする論文をまるまる一本書いた研究者も霊長類学者ではなく、しかも、わざわざ幸島まで足を運ぶこともなければ、島に何十年も滞在してきたフィールドワーカーに自分の考えについて意見を求めることもしなかった。ここでもまた、私は信念と専門知識の齟齬《そご》について首を傾げざるをえない。ことによるとこのような研究者の態度は、ラットとハトについてよく知っていさえすれば動物の認知について何もかも知り尽くしているという、誤った思い込みの名残りなのかもしれない。そこで私は、次のような「汝の動物を知れ」という原則を提案したい。すなわち、「動物の認知能力に関して別の主張をすることを望む人は誰もが、当該の種に自らなじむか、自分の反論をデータで裏づけるために誠心誠意努力するかしなくてはならない」。私は賢いハンスの一件におけるプフングストの働きと、目から鱗《うろこ》が落ちるような結論はじつに素晴らしいと思う。しかし、結論の正当性を確かめる試みをまったく伴わない「安楽椅子推論」はとうてい受け容れ難い。進化認知学は種ごとの違いを非常に重視しているので、一つの種を知るために生涯を捧げてきた人の特殊な専門知識に、もういいかげん、敬意を払ってもいいだろう。

雪解け

ある朝私たちは、バーガース動物園でチンパンジーたちにグレープフルーツのいっぱい入った箱を見せた。チンパンジーはみな、夜を過ごす建物の中にいた。隣には大きな島があり、昼間はそこで過ごす。彼らは私たちがドアを通って島へ箱を運び出すのを興味津々という様子で見守っていた。そして、私たちが空の箱を持って建物に戻ってくると大騒ぎになった。グレープフルーツがなくなっているのに気づいた途端、二五頭のチンパンジーたちは浮かれきった様子で大声を上げ、背中を叩き合った。その場にない果物にそれほど動物が興奮するのは見たことがない。グレープフルーツが消えてなくなることはありえないから、島に残っているはずだと推量したに違いない。そして、その島へまもなく行かせてもらえるのだ。この種の論理的思考は、試行錯誤による学習という単純なカテゴリーには収まらない。私たちがこの手順を踏んだのはそのときが最初だったから、なおさらだ。このグレープフルーツ実験は、なくなった食べ物に対する反応を研究するための一度限りのものだった。

推量を使った論理的思考力を調べる最初期のテストを行なったのが、アメリカの心理学者のデイヴィッド・プレマックとアン・プレマックで、二人はチンパンジーのサディに二つの箱を見せた。一方にはリンゴを、もう一方にはバナナを入れた。数分間、気を散らされたあと、サディは実験者の一人がリンゴかバナナのどちらかをむしゃむしゃ食べているところを目にした。それからこの実験者は去り、サディは箱を調べられるように解放された。彼女は興味深い二者択一の状況に直面した。実験者がどうやって果物を手に入れたのか、見ていなかったからだ。ところがサディは、実験者が食べていなかった果物の箱の所に必ず行った。プレマック夫妻は段階的学習の可能性を排除した。サディは最初の試行のときからずっと同じ選択をし続けたからだ。彼女は二つの結論に達したようだった。まず、果物を食べていた実験者がその果物を二つの箱の一方から取り出すところを目にしていなかったにもかかわらず、実験者が実際にそうした、という結論。そして、これはもう一方の箱にはまだもう一つの果物が入っているに違いないことを意味する、という結論だ。プレマック夫妻は、たいていの動物がそのような仮定をしないことを指摘する。実験者が果物を食べているのを目にするだけで終わってしまうのだ。それとは対照的に、チンパンジーは複数の出来事の順序を突き止めようとし、ロジックを探し求め、空白を埋める。[36]

ずっと後年、スペインの霊長類学者ジョゼップ・コールは、蓋を被せた二つのカップを類人猿に見せた。類人猿たちは、その一方にだけブドウが入っていることを学んでいた。コールが蓋を取り除いて中を見せると、類人猿たちはブドウの入っているほうのカップを選んだ。次に、蓋を被せたまま、まず一方を、続いてもう一方を振った。ブドウが入っているほうのカップだけが音を立てた。すると、類人猿たちはそちらのカップを選んだ。これも意外ではなかった。だが、コールは課題をさらに難しくした。ときどき、空のカップしか振らなかったのだ。音はしない。この場合にも、類人猿たちは消去法に基づいてもう一方のカップを選んだ。音がしなかったことから、ブドウがどちらのカップに入っているかを推測したのだ。私たちはこれにも驚かないかもしれない。そのような推量は当たり前だと思っているからだが、じつはこの推量はそれほど簡単ではない。たとえば犬は、この課題をこなすことができない。類人猿はこの世界がどのような仕組みになっているかについて考えを持っており、それに基づいて論理的なつながりを探し求める点で特別なのだ。[37]

このあたりから話が面白くなってくる。なにせ私たちは、考えうるかぎりで最も単純な説明を選ぶべきだったはずではないか。類人猿のような脳の大きい動物が、物事の背後にあるロジックを突き止めようとするのであれば、彼らが活動する水準として、これが最も単純だと言えるだろうか？[38]　モーガンが自分の公準に加えた但し書きが思い出される。それによれば、より知的な種の場合には、より複雑な前提に立つのが許されることになる。私たちは自分自身にはこの原則を間違いなく当てはめる。原因が見つからないときには、でっち上げさえし、それがやがて、スポーツファンが験《げん》を担いで同じTシャツを何度も着たり、惨事を神のなせる業にしたりといった類の、奇妙な迷信や超自然的な信念につながる。私たちはあまりにロジックに取り憑かれているので、ロジックなしでは我慢できないのだ。

明らかに、「単純」という言葉は見かけほど単純ではない。異なる種に関しては異なることを意味するので、動物が認知能力を持つと信じる人とそれに懐疑的な人との永遠の闘いは、さらにややこしくなる。そのうえ私たちはしばしば表現を巡る泥沼にはまり込み、無用の紛糾を招く。ある研究者が、サルはヒョウの危険性を理解していると言えば、別の研究者は、サルは自分の種の仲間をヒョウがときおり殺すことを経験から学んだにすぎないと応じる。だがじつは、二人の言っていることに大差はない。前者は「理解」という観点から、後者は「学習」という観点から表現しているだけだ。幸い、行動主義が衰退するとこうした問題を巡る議論は下火になった。行動主義はありとあらゆる行動を単一の学習メカニズムに帰することで、自ら墓穴を掘った。行動主義はこうして教条主義的に手を拡げ過ぎたために、科学的な取り組みというよりはむしろ宗教のようになってしまった。動物行動学者は嬉々として行動主義をこき下ろした。行動主義者は、特定のテストの枠組み《パラダイム》に適するようにラットを飼い馴らす代わりに、その逆をすべきだった、「本物」の動物に適するようなパラダイムを考案すべきだったのだ、と。

カウンターパンチは一九五三年に放たれた。アメリカの比較心理学者ダニエル・レアマンが動物行動学を痛烈に攻撃したのだ[39]。レアマンは、ある種に典型的な行動でさえも、環境内での相互作用の履歴から発達すると主張して、「生来の」という単純な定義に異議を唱えた。純粋に生まれつきのものは一つとしてないので、「本能」という用語はじつは誤解を招くから、使用を避けるべきだという。動物行動学者たちは、思いもよらないレアマンの批判に傷つき、うろたえたが、いったん「アドレナリン発作」(ティンバーゲンの言葉)を乗り越えると、レアマンが悪魔のような行動主義者という典型的なイメージに当てはまらないことに気づいた。たとえば、彼は熱心な野鳥観察家で、鳥のことをよく知っていた。動物行動学者たちはこれに感心した。ベーレンツはこの「敵」と直接顔を合わせたときに、誤解のほとんどを解消することができ、共通の基盤を見つけ、「親友」になったと回想している[40]。

ティンバーゲンはダニー（今や動物行動学者たちはレアマンのことをそう呼んでいた）と知り合うと、彼は心理学者というより動物学者だとさえ言った。レアマンはそれを褒め言葉と受け止めた。[41]

ジョン・F・ケネディとニキータ・フルシチョフは、フルシチョフがホワイトハウスに贈ったプシンカという子犬を通して絆を強めたが、鳥を介して結んだティンバーゲンとレアマンの絆は、それよりもはるかに強かった。子犬の贈り物という意思表示があったものの、冷戦はそのまま続いたのとは対照的に、レアマンの厳しい批判と、その後に見られた比較心理学者たちと動物行動学者たちの意見の一致のおかげで、相互の尊敬と理解のプロセスが始動した。とくにティンバーゲンは、のちに自分の考えがレアマンの影響を受けたことを認めている。どうやら両者は、和解に取りかかるには派手な口喧嘩を必要としていたようで、その和解を推し進めるのには、両陣営の内部で自らの教養に向けられていた批判がひと役買った。動物行動学の分野では、融通の利かないローレンツ流の衝動と本能の概念に若い世代が不平をこぼし、一方の比較心理学の分野には、さらに前から自らの支配的パラダイムに対して挑む伝統があったのだ。[42] 動物の認知を認める取り組みは、早くも一九三〇年代から断続的に試みられていた。[43] だが皮肉にも、行動主義に対する最大の打撃は内部から見舞われた。すべての発端は、ラットに対して行なわれた単純な学習実験だった。

問題行動を起こした犬あるいは猫を罰そうとした人なら誰もが知っているとおり、罰はその行動の結果がまだ目に見えるうち、あるいは少なくともその動物の頭に明確に残っているうちに、なるべく迅速に下すに限る。ぐずぐずしていると、犬や猫は、叱られたことと肉を盗んだことやソファの後ろに糞をしたこととを結びつけられない。行動とその結果の間隔を短くすることが必須だと、ずっと考えられてきたため、一九五五年にアメリカの心理学者ジョン・ガルシアがこの原則に反する例を見つけたと主張したときには、誰もが虚を衝かれた。ラットは有毒な食物を与えられ、たとえ結果として吐き気を催すのが何時間もあとであっても、たった一度ひどい目に遭っただけでそのような食物を拒むことを学習するというのだ。[44] そのうえ、不快な結果は吐き気でなくてはならず、電気ショックでは同じ効果が挙げられなかった。中毒性の食物はゆっくりと作用し、吐き気を催させるから、これは生物学の観点からはとくに意外ではなかった。体に悪い食物を避けるのは非常に適応的なメカニズムに思える。ところがこの発見は、標準的な学習理論にとってはまさに青天の霹靂《へきれき》だった。行動と結果の間隔は短くてはならないが、罰の種類は無関係だと想定されていたからだ。実際、ガルシアの発見はあまりに衝撃的で、彼の結論はあまりに不都合だったので、なかなか出版物に掲載してもらえなかった。ある想像力豊かな評者は、ガルシアのデータは鳩時計の中で鳥の糞を見つけるよりもありそうにないと主張した！ だが、「ガルシア効果」は現在では完全に立証されている。私たち人間も、食中毒の原因となった食べ物はよく覚えてい

アメリカの心理学者フランク・ビーチは、行動主義の科学がラットにばかり目を向けていることを嘆いた。彼の痛烈な批判の中で人目を引いた風刺漫画には、白衣を着た実験心理学者の幸せそうな大群が、ハーメルンの笛吹きならぬラットのあとに続く様子が描かれていた。迷路やスキナー箱といったお気に入りの道具を手にした学者たちは、深い川へと導かれていく。S. J. Tatz in Beach (1950) に基づく。

るので、その食べ物について考えただけでむかつくし、それを口にしたのがレストランだったなら、二度とその店に足を運ぶことはない。

たいていの人が吐き気の威力を身を持って知っているにもかかわらず、ガルシアの発見がなぜあれほど激しい抵抗を招いたのか不思議に思う読者がいたら、参考までに指摘しておくが、人間の行動は、しばしば原因と結果の分析といった熟慮の産物と見なされていた（し、今もなお見なされている）のに対して、動物の行動はそのようなプロセスとは無縁だと思われていた。研究者たちは、まだ人間と動物を同等に扱う気などなかった。人間が熟慮する能力は慢性的に過大評価されている。だが今では、食中毒に対する私たちの反応は、現にラットの反応と似ていると思われている。認知機能は進化の波に揉まれ、それぞれの生き物の必要性に応じて適応する。ガルシアの発見のおかげで比較心理学はその事実を認めざるをえなくなった。この適応は、「生物学的に準備された学習」として知られるようになった。それぞれの生き物は、生き延びるために知っておく必要のあることを学ぶように駆り立てられるのだ。それに気づいたおかげで、動物行動学との和解が明らかに進んだ。そのうえ、両学派の地理的隔たりがなくなった。比較心理学がヨーロッパに根づき（だから私は一時、行動主義者の研究室に身を置くことになったのだ）、動物行動学が北アメリカの動物学科で教えられるようになると、大西洋の両側の学生は、両学派の幅広い見解を学び、それらを統合することが可能になった。したがって、これら二つの取り組みの統合は、国際会議や文献の中だけではなく、教室でも起こったのだった。

こうして、両学派の境界を超えたクロスオーバー学者たちの時代が幕を開けた。二人だけ例を挙げて説明しよう。一人はアメリカの心理学者サラ・シェトルワースで、キャリアのほぼ全般を通してトロント大学で教え、動物の認知について書いた何冊もの教科書を通して影響を及ぼしてきた。最初は行動主義陣営に属していたが、けっきょく、それぞれの種の生態環境における必要性に敏感な、認知への生物学的取り組みを提唱するに至った。シェトルワースのような背景を持つ人なら当然と思えるほど、認知の解釈には相変わらず慎重だが、彼女の研究は明らかに動物行動学的な色合いを帯びてきた。本人はそれを、学生時代に教えを受けた数人の教授と、夫が行なっているウミガメのフィールドワークへの参加のおかげだとしている。キャリアについてのインタビューでシェトルワースは、学習と認知を形作る進化の力を心理学の分野に気づかせることになった転機として、ガルシアの研究をはっきり挙げている(45)。

シェトルワースの対極にいるのが私のヒーローの一人で、スイスの霊長類学者・動物行動学者のハンス・クンマーだ。私は学生時代、エチオピアのマントヒヒに関するフィールド研究が主体の彼の論文を、一つ残らず貪るように読んだ。クンマーは社会的行動を観察してそれを生態環境と関連づけるだけではなく、その背後にある認知機能について必ず頭を絞り、(一時的に)捕獲したマントヒヒを対象とするフィールド実験を行なった。のちに彼はチューリヒ大学で、飼育下のカニクイザルの研究に移った。認知理論を試すには、制御された実験を行なうしかないと感じたのだ。観察だけでは白黒をつけられないので、認知の謎を解明したければ、霊長類学者は比較心理学者のようになるべきであるという理屈だった(46)。

私も同じように観察から実験へと移行した。そして、オマキザルの研究室を作るときに、クンマーのマカクの研究室に大きな影響を受けた。カギは、社会的活動が可能なかたちでサルたちを収容することで、したがって、大きな屋内エリアと屋外エリアを設け、サルたちが遊んだり、グルーミングしたり、喧嘩したり、昆虫を捕まえたりしながら一日の大半を過ごせるようにする必要があった。私たちはサルが試験室に入ってくるように訓練した。試験室ではタッチスクリーンで課題に取り組んだり、社会的な課題に取り組んだりできるようにしておき、課題が終わればまた群れに戻してやった。スキナーのハトのようにサルを一頭ずつ檻に入れる従来の研究室と比べて、この方法には二つ利点がある。まず、生活の質の問題。非常に社会的な動物を飼育下に置くなら、せめて集団生活を許すべきであるというのが私の個人的見解だ。彼らの生活を豊かにし、彼らをよく生育させるには、集団で飼うのが最善であり、最も倫理的だと言える。

第二に、サルの社会的技能をテストするにあたっては、そうした技能を日常生活で発揮する機会を与えていなければ意味がない。彼らがどのように食べ物を分かち合ったり、協力したり、互いの状況を判断したりするかを私たちが研究するには、彼らは互いを熟知している必要がある。クンマーは私と同じで霊長類の観察から研究を始めたから、そうしたことをすべて理解していた。私に言わせれば、動物の認知について実験を行なうつもりの人はみな、対象とする動物種の自発的な行動の観察にあらかじめ二〇〇〇時間を費やしておくべきだ。そうしないと、自然な行動を反映しない実験を行なってしまう。それこそ、過去のものとしなければならない取り組み方にほかならない。

今日の進化認知学は、二つの学派の良いとこ取りをした、両者の混合物になっている。比較心理学が開発した、制御された実験の方法論を、賢いハンスを相手に非常にうまくいった目隠し検査と組み合わせる一方、動物行動学の豊かな進化的枠組みと観察技術を採用している。多くの若い学者にとって、比較心理学者と呼ばれるか、動物行動学者と呼ばれるかは、たいした問題ではない。彼らは両方の学派の概念と技術を統合しているからだ。それに加えて、少なくともフィールドでの研究では、さらに第三の学派が影響を及ぼしている。日本の霊長類学の影響は西洋では常に認識されているわけではない（だから私は、「静かなる侵略」と呼んできた）が、私たちはきまって個々の動物に名前をつけ、何世代にもわたって彼らの社会的経歴を追跡する。これによって、集団生活の核心にある血縁関係や交友関係が理解できる。第二次大戦直後に今西が始めたこの手法は、イルカからゾウや霊長類まで、長寿の哺乳動物の研究では標準的になった。

信じ難い話だが、動物に名前をつけるのは人間化が過ぎると考えられていたため、西洋の教授は学生に日本の学派には近づかないように警告していた時期があった。むろん言語の壁もあり、そのせいで日本の研究者の声はなかなか伝わらなかった。今西の愛弟子《まなでし》である伊谷純一郎《いたに》は、一九五八年にアメリカの大学を歴訪したときに、不信の目を向けられた。彼やその研究仲間が一〇〇頭以上のサルを見分けられるとは、誰にも信じられなかったからだ。サルはみなそっくりなので、伊谷はほら吹きに違いないというわけだ。私はあるとき、彼から直接聞いたことがある。彼は面と向かって嘲笑われたが、四面楚歌の中でただ一人肩を持ってくれたのが、アメリカの霊長類学の偉大な草分け、レイ・カーペンターだった。カーペンターだけは、伊谷らの取り組み方の価値を見て取ったのだ(47)。今日ではもちろん、多数のサルを見分けるのが可能なことは私たちも知っており、誰もが現に見分けている。ローレンツが動物をそっくり知ることを重視したのに似ていなくもないが、今西は研究対象にしている種に共感するよう、私たちを強く促した。彼らの身になるようにと、彼は言った。今の私たちなら、彼らのウンヴェルトに入ろうと努力するようにと言うだろう。動物の行動の研究におけるこの古いテーマは、「批判的距離」という見当違いの概念とはまったく異なる。客観性を維持するために対象との距離を保つという批判的距離の概念は、擬人観に対する過剰な懸念を私たちにもたらすものだったのだから。

最終的に、日本流の取り組み方は国際的に受け容れられることとなった。動物行動学と比較心理学という二つの学派の物語から私たちがもう一つ学んだ教訓を、この展開は浮き彫りにしてくれる。すなわち、大きく異なる取り組み方の間には当初、敵意が存在しても、それぞれがもう一方に欠けているものを提供してくれることに気づきさえすれば、その敵意は克服できるのだ。私たちは両者を一つにまとめ上げ、それぞれの力を単純に足し合わせた以上の力を引き出すことができるかもしれない。相補的な構成要素が融合されたからこそ、進化認知学は今日のような、将来有望な取り組み方になったのだ。だが悲しいことに、ここにたどり着くまでには一世紀にわたって誤解と自尊心の激突を重ねなければならなかった。

ビーウルフ

私が最後に会ったとき、ティンバーゲンは涙を流していた。それは、彼とローレンツとフォン・フリッシュがノーベル賞受賞の栄誉に輝いた一九七三年のことだった。ティンバーゲンは別の勲章を受けにアムステルダムにやって来て、講演も行なった。彼はオランダ語で、わなわなと震える声で問うた。君たちはこの国に何をしたのか、と。かつて彼がカモメやアジサシを研究した、砂丘の中の素晴らしい場所がなくなっていたのだ。何十年も前に船でイギリスに移民していくとき、彼はその場所を（お決まりの、手巻きの煙草を持った手で）指し示して、「やがて消えてしまうだろう。取り返しのつかぬかたちで」と予言した。ずっと後年その場所は、当時世界でいちばん賑わっていた港、ロッテルダム港の拡張工事に呑み込まれてしまった。(48)

ティンバーゲンの講演を聴いた私は、彼の数々の偉業を思い出した。そのなかには、動物の認知の研究も含まれる。もっとも、彼は一度もその言葉を使いはしなかったが。ティンバーゲンはジガバチが遠くまで飛んでいったあと、どうやって巣を見つけるかを研究した。「ビーウルフ」とも呼ばれるジガバチは、ミツバチを捕まえて麻痺させ、砂の中の巣（長い穴）に引きずり込み、幼虫の餌にする。ミツバチ狩りに出かける前に、彼らは自分たちの目立たない穴の位置を覚えるために、束の間の定位飛行を行なう。ティンバーゲンは松ぼっくりを輪のように並べるなど、巣の周りに物を置き、ハチたちが帰ってきて巣を見つけるためにどのような情報を利用するかを調べた。彼は松ぼっくりの位置を変えてハチたちを騙し、見当違いの場所を探させることができた。(49) 彼の研究は、種の生活様式などに結びついた問題解決法に取り組むもので、それこそ進化認知学のテーマにほかならなかった。ジガバチはこの課題が非常に得意であることが判明した。

賢い動物はより制約の少ない認知能力を持っており、新奇な問題や例外的な問題の解決法をしばしば発見する。グレープフルーツとチンパンジーにまつわる先ほどの私の話の結末が、恰好の実例となるだろう。チンパンジーを外に出してやるとその多くが、私たちが砂の中にグレープフルーツを隠しておいた場所を通り過ぎていった。ほんの数か所、黄色い皮のごく一部が砂から覗いているだけだったからだ。若い大人のオスのダンディは、ほとんど速度を緩めることなくその場所を走り過ぎた。ところが午後になって、他のチンパンジーたちがみな日なたでまどろんでいるときに、ダンディは一直線にその場所に戻ってきた。そして、ためらうことなくグレープフルーツを掘り出すと、余裕たっぷりに平らげ始めた。最初に目にしたときに立ち止まっていたら、けっしてそうはできなかっただろう。集団の上位の仲間たちに奪われていただろうから(50)。

このように私たちは、捕食性のハチの特殊化した航空術から、新奇なものも含めて多種多様な問題を扱うことを可能にする類人猿の一般化した認知能力まで、動物の認知の広大なスペクトルを見渡すことができる。私が最も感銘深く思うのは、ダンディが最初に通り過ぎるときに一瞬たりともぐずぐずしなかった点だ。欺くことが自分にとって最善の策であることを、彼は瞬時に計算したに違いない。

第3章
COGNITIVE RIPPLES

認知の波紋

ユリイカ!

世界中の無数の場所のなかでも、まさかこの、日光が燦々《さんさん》と降り注ぎ、心地良いそよ風が吹くカナリア諸島で認知革命が起こったとは誰も思わないだろうが、すべてはここで始まったのだった。一九一三年、ドイツの心理学者ヴォルフガング・ケーラーが類人猿研究所を指揮するために、アフリカ沿岸のテネリフェ島〔カナリア諸島最大の島〕にやって来て、第一次大戦後まで滞在した。通りかかる軍艦を密かに見張るのが任務だったという噂はあるものの、ケーラーはチンパンジーの小さなコロニーにもっぱら注意を向けた。

ケーラーは当時の学習理論による洗脳を免れたので、動物の認知に関して胸のすくほど心が広かった。彼は特定の結果を求めて動物を制御しようとする代わりに、静観の方針を貫いた。単純な課題を与え、それを動物がどう解決するかを見守った。たとえば、飼育していたうちで最も才能豊かなチンパンジーのサルタンに対しては、手が届かない地面にバナナを置き、短過ぎるので使ってもやはりバナナに届かない竹の棒を何本か与える。あるいは、高い所にバナナを吊り下げ、乗っても低過ぎてバナナに届かない木箱を周りに置く。サルタンは最初、バナナ目がけて飛び跳ねたり、物を投げたりする。あるいは、手伝ってくれること、少なくとも進んで踏み台になってくれることを期待して、人間の手を取って引っ張っていく。それがうまくいかないと、しばらく何もせずにあたりに座り込む。やがて、突然解決策が頭に閃《ひらめ》く。サルタンは勢い良く立ち上がり、一本の竹棒の端を別の棒に差し込み、長い棒を作る。あるいは、登ればバナナに手が届くように、箱を重ねて塔を作る。ケーラーはそういう瞬間を、頭の中で電球のスイッチが入ったかのような、「閃き体験《アハ》」と評した。水に沈めた物の体積を量る方法を浴槽の中で思いつき、そこから飛び出して、「わかった！《ユリイカ》」と叫びながら裸でシラクサの通りを駆け回ったという、アルキメデスの話に似ていなくもない。

ケーラーによれば、バナナと棒あるいは箱について知っていることを組み合わせて、問題を解決するための一連の斬新な行動をサルタンがどう思いついたかを説明するのには、突然の「閃き」があったと考えるのがふさわしいという。ケーラーは、模倣や試行錯誤による学習の可能性を排除した。サルタンはそれまでこうした解決策になじみがなかったし、それらによって報われることもなかったからだ。その結果は「確固たる目的意識を持った」行動で、箱の重ね方が悪くて塔が何度も崩れたにもかかわらず、サルタンは自分の目的を達成するために努力し続けた。グランディというメスのチンパンジーは、サルタンに輪をかけて不屈で辛抱強い「建築家」で、四つの箱を使って不安定な塔を建てたことがある。類人猿は一度解決策を見つけると、あたかも因果関係について何か学習したかのように、類似の問題を解決するのが楽になるようだと、ケーラーは述べている。彼は一九二五年に著書『類人猿の知恵試験』の中で、自分の実験について称讃に値するほど詳しく説明している。当初この本は無視され、やがて蔑《さげす》まれたが、今では進化認知学の分野の古典的作品となっている。(1)

サルタンをはじめとする霊長類の洞察力ある解決策からは、私たちが「思考」と呼ぶ種類の心的活動が行なわれていることが窺《うかが》われるが、それが正確にはどのような性質のものかはほとんどわかっていなかった(し、今なおわかっていない)。数年後、アメリカの霊長類の専門家ロバート・ヤーキーズも同じような解決策について書いている。

若いチンパンジーがある方法で報酬を手に入れようとしてうまくいかなかったあとで、座り込み、まるでそれまでの試みを振り返り、次にどうしようかを決めようとしているかのように状況を再検討するところを、私はしばしば目にしてきた。……次々に方法を切り替える素早さや、行動の明確さ、試みと試みの間に置く間《ま》にも驚かされるが、それよりもはるかに驚くべきなのは、問題が唐突に解決されることだ。……すべての個体で、すべての問題に関してではないとはいえ、正しくて適切な解決が、何の前触れもなくほぼ一瞬のうちに達成されることが頻繁にある。(2)

試行錯誤による学習が上手な動物しか知らない人には、自分の記述を「信じてもらえることはほとんど期待できない」とヤーキーズは続けている。このように彼は、自分の革新的な考え方が必ず反発を招くことを予期していた。驚くまでもないが、その反発はハトの訓練というかたちで現れた。ハトを訓練し、人形の家《ドールハウス》の中で小さな箱を押して動かし、その上に立って、小さなプラスティックのバナナに届くことができるようにしたのだ。そのバナナは報酬（穀物）と関連づけられていた(3)。なんとも念の入った話ではないか！　それと同時に、ケーラーの解釈は擬人化が過ぎると批判された。だが私はこれらの非難に対して、アメリカの霊長類学者エミール・メンゼルに胸のすくような反撃の話を聞かせてもらった。彼は一九七〇年代に勇敢にもスキナーの虎口《ここう》に飛び込んで、道具を使う類人猿について議論したのだった。

メンゼルは具体的なことは明かさず、ある著名な東海岸の教授に講演に招かれたときのことを私に語った。その教授は霊長類研究を見下しており、動物には認知能力があるという解釈にはあからさまに敵対的だった（霊長類研究と、動物には認知能力があるという解釈は、組み合わさっていることが多い）。ひょっとすると、若いメンゼルを笑い物にするつもりで招いたのかもしれない――立場が逆転する可能性には思いが至らずに。メンゼルは聴衆に目を見張るような映像を紹介した。それには、彼の飼っているチンパンジーたちが放飼場の高い塀に長いポールを立てかけている様子が映っていた。何頭かが棒をしっかり押さえている間に、他のチンパンジーたちがその棒をよじ登り、一時的に自由の身になった。これは複雑な作業だった。手の仕草で意思を伝えて決定的瞬間に助け合う必要があるうえに、電気が流れる針金のコイルを避けなければならないからだ。一部始終を自ら撮影したメンゼルは、知能という言葉を一度も口に出さずに映像を最初から最後まで見せることにした。できるかぎり中立の立場を保つというわけだ。だからナレーションはあくまで事実の描写にとどめた。「今度はロックが棒をつかんで他のチンパンジーに目を遣《や》っているところです」「一頭がひらりと塀を越えました」という具合だ。[4]

メンゼルの講演のあと、例の著名な学者が弾かれたように立ち上がり、メンゼルは非科学的だ、チンパンジーを擬人化している、動物に計画性や意図がないのは明白なのに、そうしたものを無理やり持たせようとしていると非難した。教授に賛同するどよめきが起こったが、メンゼルは臆することなく反論した。自分はそんなことはいっさいしなかった、もし先生が計画性や意図を見出されたのであれば、それはご自身の目で確認された結果にほかならない、私自身はそれに言及することはいっさい控えていたのだから、と。

メスのチンパンジーのグランディがバナナを取るために箱を4つ積み重ねているところ。1世紀前、ヴォルフガング・ケーラーは、類人猿が突然の閃きによって頭の中で問題を解決し、それから解決策を実行に移せることを実証し、動物の認知研究のお膳立てをした。

メンゼルが亡くなる数年前、私はわが家でインタビューした（彼は近くに住んでいた）とき、この機会を捉えてケーラーについて訊いてみた。自身も大型類人猿の優れた専門家として広く認められていたメンゼルは、チンパンジーに何年も取り組んでいるうちにようやく、この先駆的な天才の偉大さが身に沁《し》みたと語った。ケーラー同様、メンゼルも根気良く観察を重ね、たとえ一度しか見かけなかった行動でも、自分の見たものが何を意味しているのか、とことん考えることを非常に重視していた。メンゼルはたった一度しか観察されなかったものを単なる「逸話」として片づけることには反対だった。そして悪戯っぽい微笑みを浮かべてこう言い添えた。「私にとって逸話という言葉は、他人が観察したものという意味です」。もし自分の目で何かを見て、一連の流れを最初から最後までたどったのならば、それをどう解釈するべきかという点に関して普通は心の中には何の疑問も残らない。だが、その場に居合わせなかった人は疑問を感じ、説明を必要とするかもしれない。

ここで私自身も一つ逸話を披露しないわけにはいかない。といってもそれは、バーガース動物園での大脱走ではない。あのときにはチンパンジーのコロニーが、メンゼルが記録したものとそっくりのことをやってのけた。動物園のレストランが二五頭のチンパンジーに襲撃されたあと、私たちが放飼場に行ってみると、一頭ではとうてい運べないほど重い木の幹が塀の内側に立てかけてあった。私が紹介したいのはその話ではなく、私が専門とする、社会的な問題の見識ある解決（一種の、社会的手段の使用）にまつわる逸話だ。二頭のメスのチンパンジーが日なたぼっこをしていた。その目の前の砂地を、その子供たちが転げ回っていた。やがて遊びは、悲鳴を上げながら髪の毛を引っ張り合う喧嘩に変わったが、母親たちは途方に暮れてしまった。母親チンパンジーが依怙贔屓《えこひいき》しないことはありえないから、どちらかが喧嘩に割って入ろうとしたら、もう一方はわが子を守ろうとするのは明白だ。だから、幼い子供の喧嘩が大人の喧嘩に発展することは珍しくない。二頭の母親は神経質に、喧嘩だけではなくお互いの様子も見守った。そのうち、ママという名のアルファメスがそばで寝ているのに気づいた一方の母親が、寄っていって脇腹をつついた。この長老のメスが起き上がると、母親は片腕を振って喧嘩の方を指し示した。ママはひと目見ただけで状況を察し、脅すような唸り声を上げながら一歩前へ出た。その威厳に、子供たちは黙り込んだ。この母親はチンパンジーに特有の相互理解に頼って、迅速かつ効果的な解決策を見つけたのだった。

　同じような理解がチンパンジーの利他行動にも見られる。たとえば、ろくに歩けなくなった高齢のメスがわざわざ蛇口の所まで行かなくても済むように、若いメスたちが水を口に含んできて、彼女が開けた口の中に吐き出してやることがあった。イギリスの霊長類学者ジェーン・グドールは、野生のチンパンジーのマダム・ビーが歳をとり、果物の生《な》る木に登れなくなったときの様子を記録している。マダム・ビーが木の下で辛抱強く待っていると、娘が果物を抱えて下りてきて、それを二頭はいっしょに満足そうにむしゃむしゃ食べるのだった。[5] これらの事例でも、チンパンジーは問題を把握し、斬新な解決策を思いついたわけだが、ここで際立っているのは、彼らが別のチンパンジーの問題を察した点だ。こうした社会的知覚は注目を浴び、多くの研究がなされているので、のちほど詳しく見てみるが、問題解決について一般的な注意点を一つはっきりさせておきたい。ケーラーは自分が観察したものは試行錯誤による学習では説明できないことを強調したが、それは学習が何の役割も果たさなかったということではない。それどころか、ケーラーが研究していた類人猿は「愚行」（ケーラーはそう呼んでいた）を山ほどやった。つまり、解決策が頭の中で完璧に形成されることはめったになく、何度も調整する必要があったということだ。

　ケーラーの類人猿たちは、さまざまな物の「アフォーダンス」を学習したことに疑問の余地はない。

認知心理学に由来するアフォーダンスという用語は、物がどのように使えるかを指す。たとえばティーカップの持ち手は、手で持つことができるし、梯子《はしご》の段は登ることを可能にする。ケーラーのチンパンジーのサルタンは解決策を思いつく前に、すでに棒と箱のアフォーダンスを知っていたに違いない。同様に、ママの介入を促したメスのチンパンジーは、ママが仲裁者として有能であることを間違いなく見知っていたのだ。洞察力ある解決策は、きまって事前の知識に基づいている。類人猿が特別なのは、彼らはそのような既存の知識を柔軟に織り合わせて、それまで試したことのない、自分に好都合な新しいパターンを作る能力を持っている点だ。私は政治戦略についても、彼らには同じ能力があるのではないかと推測している。彼らはライバルをその支持者たちから孤立させたり、喧嘩をした者どうしを無理やり引っ張って近づけ、仲直りを促したりする。(6) こうした事例のすべてで、類人猿が日常の問題に洞察力ある解決策を見つけるところが見られる。類人猿はそれがとても上手なので、メンゼルが目の当たりにしたように、どれほど強硬な懐疑論者でさえ、彼らを観察していればその明白な意図性と知能に目を見張らずにはいられない。

ハチっ面《つら》

かつて、行動は学習か生物学的特質のどちらかに由来すると科学者が考えていた時代があった。人間の行動は学習の側にあり、動物の行動は生物学的特質の側にあり、その間にはほとんど何もないというわけだ。これが偽りの二分法（あらゆる種において、行動は両者の産物）であることなどおかまいなしだったが、認知という第三の説明を加える必要性がしだいに高まった。認知は、生き物が集める情報の種類と、この情報をその生き物がどう処理し、応用するかにかかわっている。ハイイロホシガラスは木の実を蓄えておいた何千という場所を覚えているし、ジガバチは巣穴を離れる前に定位飛行を行なうし、チンパンジーは遊びに使うもののアフォーダンスをさして興味もなさそうに学習する。動物たちはまったく賞罰を与えられなくても、春に木の実を見つけることから、巣に戻ったり、お目当てのバナナに手が届くようにしたりすることまで、将来役立つ知識を蓄積する。学習の役割は明白だが、認知のどこが特別かといえば、それは学習を適所に位置づける点だ。学習はただの手段にすぎない。動物は学習のおかげで情報を収集することができるが、それを行なう世界はインターネットのように厖大な量の情報を含んでいる。この情報の大海で、私たちはいとも簡単に溺れてしまいうる。生き物の認知機能は情報の流れを絞り込み、その生き物が生活様式などに即して知る必要のある具体的な随伴性を学習することを可能にする。

多くの動物は共通の認知的偉業を成し遂げている。研究者が多くを発見すればするほど、私たちは多くの波及効果に気づく。かつて人間だけ、あるいは少なくともヒト科（人間と類人猿を含む、霊長目の小さな分類群）の動物だけのものと思われていた能力が、じつは広く行き渡っていると判明することがよくある。類人猿に知性が備わっているのは明らかなので、昔からまず彼らをきっかけとして発見がなされてきた。人間と動物界の残りとの間のダムが類人猿によって崩されると、頻繁に水門が開かれて次から次へと他の種も人間の仲間入りをする。認知の波紋は類人猿からサルへ、イルカへ、ゾウへ、犬へと拡がり、鳥類や爬虫類、魚類も呑み込み、ときには無脊椎動物にまで及ぶ。この歴史的な進展を捉えるにあたって、ヒト科の動物を頂点に戴く尺度を念頭に置いてはならない。私の見るところでは、むしろそれは果てしなく拡大を続ける可能性の宝庫であり、そこでは、たとえばタコの認知能力は、哺乳類や鳥類のどの動物にも劣らぬほど驚異的でありうるのだ。

顔の認識を考えてほしい。これはもともと人間ならではの能力と見なされていた。今では、顔を見分けるこのエリート層に、類人猿とサルも加わっている。私は三〇年以上も前に研究していたアーネムのバーガース動物園を毎年訪れる。するとチンパンジーの何頭かが相変わらず覚えていてくれる。彼らは来園者に交じった私の顔を見つけ、興奮した「フーティング（フーフーと鳴く声）」で挨拶してくる。彼らは人間以外の霊長類の動物も顔を認識するが、それだけではない。顔は彼らにとって特別の意味がある。彼らは人間と同様、「逆転効果」を見せる。つまり、上下が逆転した顔は認識するのに苦労するのだ。この効果は顔に特有で、植物や鳥、家など、他のものを認識する場合には、画像の向きはほとんど関係ない。

私たちがタッチスクリーンを使ってオマキザルをテストしたときに気づいたのだが、彼らはありとあらゆる画像に気兼ねなく触れたのに、顔が初めて映し出されたときにはひどくおびえた。自分の体を抱き締め、哀れっぽく鳴き、画像に触れたがらなかった。顔に手を触れるのは社会的タブーを破ることになるので、顔の画像にはとくに敬意を払ったのだろうか？　彼らがためらいを克服したあと、私たちは群の仲間と見ず知らずのサルの写真を見せた。素人の人間の目にはどれも同じに映る。みな同じ種の個体だからだ。だが、オマキザルは苦もなく見分けることができ、スクリーンに触れて、どの顔を知っていて、どの顔を知らないかを示した。(7) 私たち人間はこの能力を当然のものと考えているが、サルたちは、平面に配された画素のパターンを現実の世界の生身の個体と結びつけなければならなかった。そして、それを首尾良くやってのけた。こうして科学は、顔の認識は霊長類特有の認知技能だと結論した。ところが、認知の波紋の第一波がたちまち襲ってきた。牛とヒツジで、さらにはハチでも顔の認知が確認されたのだ。

顔がカラスにとってどのような意味を持つかは定かではない。自然な暮らしの中では、鳴き声や飛行のパターン、大きさなど、彼らが互いを認識する方法は他にもたくさんあるから、顔は重要ではないかもしれない。だがカラスは信じられないほど目が良いから、人間は顔で認識するのが最も簡単であることに気づいている可能性が高い。ローレンツはカラスの攻撃に見舞われた人のことを報告しており、カラスが恨みを抱く能力を持っていることを確信していたので、コクマルガラスを捕まえて足輪をつけるときには必ず変装した（コクマルガラスはカラス科に属している。カラス科は賢い鳥の科で、カケスやカササギ、ワタリガラスも含まれる）。シアトルのワシントン大学の野生生物学者ジョン・マーズラフは、じつに多くのカラスを捕まえたので、彼が歩いていると、カラスたちはあいつが来たぞとささやき合い、彼を叱りつけるように鳴き、彼めがけて急降下を繰り返し、カラスの群れを指して使われる「murder」という呼称にたがわぬ振る舞いを見せた（「murder」には「殺人」「非常に危険／困難／厄介なことやもの」という意味がある）。

人通りの多い通路を二本足のアリのようにちょこちょこ動き回る四万もの人のなかから、彼らがどうやって私たちを識別するのか、想像もつかない。だが、とにかく彼らは私たちを見分け、近くのカラスは、嫌悪の声のように聞こえる鳴き声を上げながら逃げていく。それなのに、捕まえたり、測定したり、足輪をつけたりするなどして彼らを辱《はずかし》めたことのない学生や同僚の間は平然と歩き回る[8]。

マーズラフはハロウィーンのときに被るようなゴムのお面をつけて、カラスの認識能力をテストした。カラスは体つきや髪、衣服で特定の人を識別できるかもしれないが、お面を使えば人間の「顔」を別の体に次々にすげ替え、顔ならではの役割を他の部分から切り離せる。彼の「怒れる鳥」実験では、特定のお面をつけてカラスを捕まえ、それから同僚にそのお面か別のお面のどちらかをつけて歩き回ってもらった。カラスたちは捕まえ手のお面を、およそ好意的とは思えないかたちで簡単に記憶に刻みつけた（面白いことに、別のお面は当時の副大統領ディック・チェイニーの顔で、これはキャンパスではカラスよりも学生から否定的な反応を引き出した）。捕まえられたことのないカラスたちも、「捕食者」のお面を認識しただけでなく、何年も過ぎてからでさえ、そのお面をつけている人を繰り返し攻撃した。彼らは仲間の憎しみに満ちた反応に気づいて、特定の人々に強い不信感を抱くようになったに違いない。マーズラフが言うように、「カラスに優しいタカがいたら驚きだが、人間に関しては個別に分類する必要がある。明らかに、カラスにはそれができる[9]」。

カラス科の鳥にはいつも感心させられるが、ヒツジはお互いの顔を覚えることにかけて、さらに一枚上手のようだ。キース・ケンドリックが率いるイギリスの研究者たちは、ヒツジにヒツジの顔を二五組見せ、どの組でもあらかじめ決めてあったほうの顔を選んだときに報酬を与え、顔の違いを覚えさせた。私たちの目にはどの顔も気味が悪いほどそっくりに見えるが、ヒツジたちは二五組の違いを学習し、最長二年にわたってその識別能力を維持した。そのとき彼らが使った脳領域と神経回路は人間が使うものと同じで、一部のニューロンは顔にだけ反応し、他の刺激には反応しなかった。これらのニューロンは、ヒツジが覚えた仲間の写真を見たときにだけ活性化した。そしてヒツジは、写真に写っている個体がそこにいるかのように写真に向かって現に声をかけた。これらの研究者は、「ヒツジはけっきょくそれほど愚かではなかった」という副題をつけてこの研究を発表し（私にはこの副題は受け容れられない。愚かな動物などいないと思っているからだ）、ヒツジの顔認識能力を霊長類のものと同等の水準に押し上げ、私たちには見分けのつかない集団に見えるヒツジの群れが、じつは一頭ずつ区別されていると推測した。これはまた、ときおり行なわれるように複数の群れを混ぜると、私たちが気づいている以上の苦しみを引き起こしかねないということを意味している。

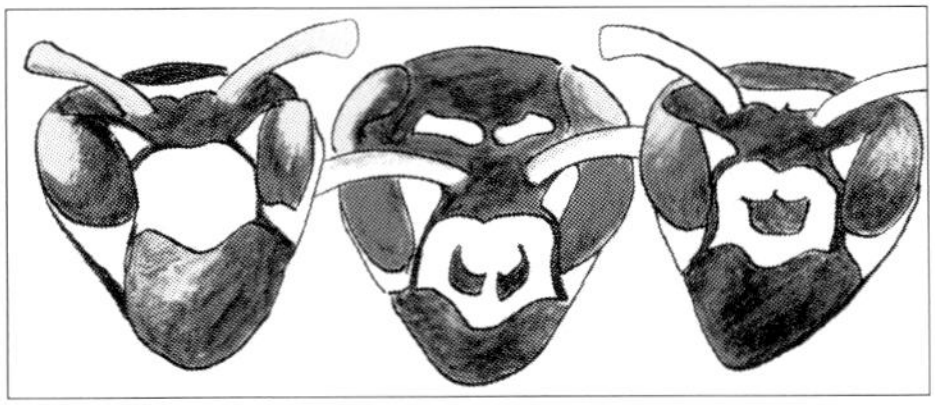

アシナガバチは小さな階層制のコロニーで暮らしており、そこでは全員を見分けられると有利だ。黒と黄色の顔の模様のおかげで、彼らはお互いを識別できる。アシナガバチほどの区別のない社会生活を営む近縁種のハチは、顔の認識ができない。ここから、認知がいかに生態に依存しているかが窺える。

科学界はこの研究で霊長類の偏愛主義者をヒツジのようにおどおどさせたあと、これでもかとばかりに、ハチの研究までお見舞いした。アメリカの中西部によく見られるアシナガバチの一種 *Polistes fuscatus* は、階層性の高度に組織化された社会を持っている。中心は、その社会の創設者たる女王バチたちで、彼女たちは働きバチ全員に君臨している。競争が激しいため、それぞれのハチは自分の身分をわきまえている必要がある。最上位のアルファ女王バチがいちばん多く卵を産み、次席のベータ女王バチがその次に多くの卵を産み……という具合になっている。小さいコロニーの成員は外部のハチや、実験者が顔の模様を変えたメスに対して攻撃的だ。どのメスの顔も、黄色と黒のパターンが著しく異なっており、それで互いを見分けている。アメリカの研究者のマイケル・シーハンとエリザベス・ティベッツがテストすると、ハチたちは霊長類やヒツジと同じぐらい個体認識が得意であることがわかった。これらのハチはほかの視覚的刺激よりも自分の種の顔をはるかにうまく区別する。また、単一の女王バチが作るコロニーで暮らす近縁のハチよりも成績が良かった。女王バチが一匹のハチには階層性がないに等しく、その顔は互いにはるかによく似ていた。これらのハチは、個体を認識する必要がないのだ。[10]

顔認識の能力が、動物界のこれほど異なる部分で孤立したかたちで進化したのなら、そうした能力の間にどのような結びつきがあるのかと首を傾げたくなる。ハチには霊長類やヒツジのもののような大きい脳はない。ほんのわずかな数の神経節があるだけだから、何か別の方法で認識しているに違いない。生物学者は「メカニズム」と「機能」の区別を飽くことなく強調する。違う動物が同じ目的（機能）を別の手段（メカニズム）で達成することは、非常によくあるからだ。それにもかかわらず、認知に関してはこの区別が忘れられてしまうことがある。脳の大きい動物の知的業績が、何か似たことをする「下等な」動物を指し示すことで疑問視されるときだ。動物の認知に懐疑的な人は、嬉々として尋ねる。「ハチにできるのなら、たいしたことはないではないか」と。この下向きの競争の産物が、小箱の上に飛び乗るように訓練された例のハトたちで、それは類人猿を使ったケーラーの実験を見くびり、霊長類以外にまで知能を拡げることをけなし、人間と他のヒト科の動物との心的連続性に疑いを投げかけるためだった。[11] その根底にあるのは、直線状の認知の尺度という考え方であり、私たちは「下等な」動物が複雑な認知能力を持っていると想定することは稀なので、「高等な」動物でそうする理由もないという主張だ。[12] 特定の結果に行き着くには、まるで一つの道しかないかのようではないか！

だが、これは間違っている。それを示す例は自然界に満ちあふれている。私が直に知っている例はディスカス（一雌一雄関係を形成するアマゾンのカワスズメ科の魚）で、この魚は哺乳動物が子供に授乳して育てるのに匹敵することを行なう。幼魚は卵黄を吸収し終えると両親の脇腹に群がり、体表の粘液をかじり取る。親魚はこのためにいつもより多くの粘液を分泌する。幼魚はひと月ほど栄養と保護を享受するが、その後、親に近づくたびにそっぽを向かれてしまうようになるので、「乳離れ」する。[13] この魚を使って哺乳動物の養育の複雑さあるいは単純さを論じる人などいない。両者のメカニズムが根本的に異なることは明らかだからだ。両者は子供に栄養を与えて育てる機能を共有しているにすぎない。メカニズムと機能は生物学における永遠の「陰」と「陽」であり、相互作用をしながら分かち難く結びついているものの、この二つを混同することほど大きな誤りはない。

系統樹の全体で進化が魔法のように働く様子を理解するために、「相同」と「相似」という一対の概念がしばしば持ち出される。相同とは、共通の祖先に由来する特性が共有されていることを指す。たとえば、人間の手はコウモリの翼と相同で、それは両者が共通の祖先の前肢に由来し、それを裏づけるかたちでまったく同じ数の骨を持っているからだ。一方、相似は遠縁の動物がそれぞれ独自に同じ方向へ進化する（これを「収斂《しゅうれん》進化」と言う）ときに生じる。ディスカスによる子供の養育は、哺乳動

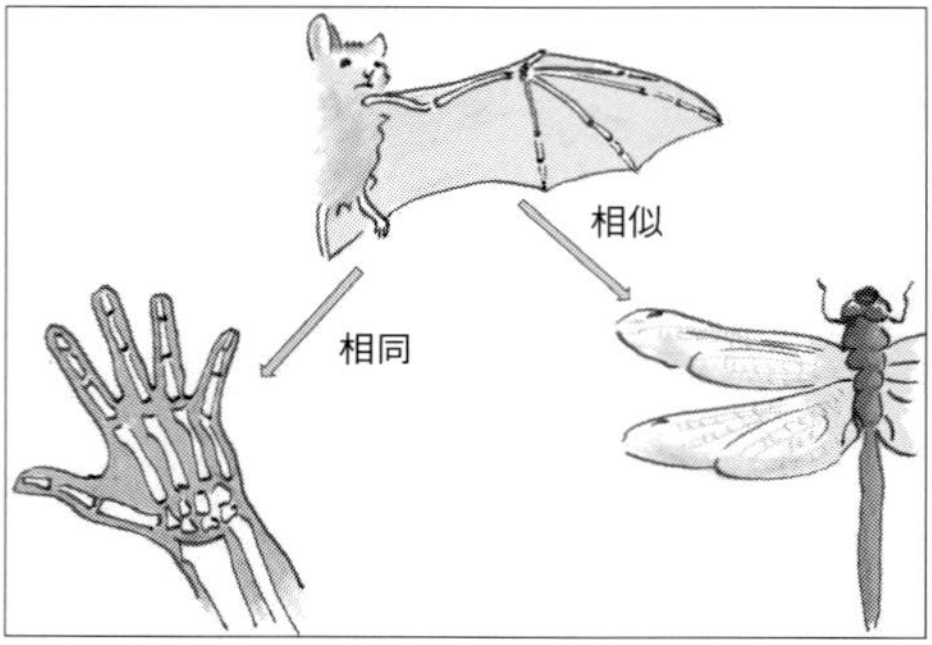

進化科学では、相同（2つの種が共通の祖先から引き継いでいる特性）と相似（2つの種で進化した類似の特性）を区別する。人間の手とコウモリの翼は、ともに脊椎動物の前肢に由来するので相同で、腕の骨と5本の指骨を共有していることからそれがわかる。一方、昆虫の翼はコウモリの翼と相似だ。両者は収斂進化の産物で、同じ機能を果たすが、由来は異なる。

物の子供の養育と似ているが、断じて同じではない。魚類と哺乳類は、同じような養育をする祖先を共有していないからだ。別の例としては、イルカとイクチオサウルス（絶滅した海生爬虫類）と魚類がみな、驚くほど似通った体形をしていることが挙げられる。これは、流線形の体とひれを備えていると速度が出るうえに動き易い環境のおかげだ。イルカとイクチオサウルスと魚類は水生の祖先を共有していないので、その体形は相似だ。これと同じ考え方は、行動にも当てはめることができる。顔に対するハチと霊長類の感受性は、集団の仲間を見分ける必要性に基づいて、著しく似たかたちでそれぞれ独自に発達したのだ。

収斂進化は信じられないほどの力を持っている。コウモリとクジラの両方に反響定位の能力を、昆虫と鳥の両方に翼を、霊長類とオポッサム（フクロネズミ）に他の指と向かい合わせにできる親指を与えた。鎧に覆われたアルマジロとセンザンコウ、針で身を守るハリネズミとヤマアラシ、捕食用の鋭い牙を生やしたフクロオオカミとコヨーテなど、遠く離れた地理領域に目を見張るほど類似した種も生み出した。E.T.のような顔をしたマダガスカルのアイアイは中指が極端に細長いが（木をコツコツ叩いて空洞を見つけ、甲虫などの幼虫を引っ張り出すため）、この特性はニューギニアの有袋《ゆうたい》動物ユビナガフクロシマリスも持っている。これらの種は遺伝的に遠くかけ離れているにもかかわらず、同じ機能的解決策を進化させた。したがって、時間や空間によって遠く隔てられた種に類似の認知的特性や行動的特性が見つかっても驚いてはならない。認知の波紋の拡がりがありふれているのは、それが系統樹に縛られていないからにほかならない。同じ能力は、それが必要とされる場所ならほとんどどこにでもひょっこり現れる。一部の人がしたように、これを認知の進化を否定する根拠と捉えることはない。むしろそれは共通の祖先を通して、あるいは類似の環境への適応を通して進化が作用する方法に、完璧に一致しているのだ。

そして、収斂進化の最たる例が道具の使用だ。

ヒトを再定義する

類人猿は、魅力的ではあるが手の届かない物を目にすると途端に、体の延長として使える道具を探し始める。動物園の島を囲む堀にリンゴが浮かんでいると、その類人猿はひと目見ただけで、適当な棒か石をいくつか、大急ぎで探し回りだす（石はリンゴの向こう側に投げ込んで波を起こし、リンゴが自分の方に漂ってくるようにするためだ）。彼は目的を達するために目的物から離れる。不合理な行動だが、その間、どんな道具が最適かという探索像を頭に抱き続けている。彼は急いでいる。早く戻らなければ誰かに先取りされてしまうだろう。だが、もし木に生えている青葉を食べることが目的ならば、必要な道具はまったく違ってくる。上に乗ることのできる頑丈なものだ。彼は島で唯一低い位置に枝の出ている木に向かって、動かすことのできる切り株を半時間もかけて引っ張ったり転がしたりしていくかもしれない（なぜ道具が必要かといえば、それは木の周りの電気柵を回避するためだ）。彼は実際にそれを試みる前に、切り株に乗ればその枝に手が届くことを見極めている。手を内側に曲げ、手首の外側の毛で木の周りの電気柵にほんのわずかに触れ、電気が流れているかどうかを類人猿たちが確かめているのを、私は目にしたことさえある。もし電気が流れていなければ道具は必要なく、青葉は楽々手に入る。

類人猿は特定の目的で道具を探すだけではなく、自ら作ることさえある。イギリスの人類学者ケネス・オークリーは一九五七年、道具を製作するのは人間だけであると主張する『石器時代の技術』（国分直一・木村伸義訳、ニュー・サイエンス社、一九七一年）を書いたとき、サルタンが棒をつなぎ合わせたというケーラーの観察結果は十分承知していた。だがオークリーは、これを道具製作と見なすことを拒んだ。将来を想像し、それに備えたのではなく、与えられた状況に反応してなされたものだったからだ。人間のテクノロジーは社会的役割の主要な部分であり、シンボルに依存しており、道具の製造や道具についての教育を特徴としている事実を強調することで、類人猿の道具を今日でもなお認めない学者がいる。チンパンジーが石で木の実を割っても、数に入らないというのだ。それなら、小枝を爪楊枝代わりにしている農夫も、道具を使っていないことになるのだろう。チンパンジーは彼らのいわゆる「道具」を必要としないから、人間の道具使用とは依然比べるべくもないとさえ感じた哲学者も一人いた。[14]

ここで、「汝の動物を知れ」という私の原則を再度持ち出したい。この原則に従えば、以下のような哲学者は、退けてもまったく問題ない。野生のチンパンジーが幾世代にもわたって、腰を下ろして

道具の使用のうちでも、硬い木の実を石で割るには非常に高度な技能を必要とする。野生のメスのチンパンジーが台になる石を選び、手の中に収まる大きさで、木の実を割るハンマーとなる石を見つける。その間、息子がそれをじっと眺めて学習する。彼は6歳になってやっと、大人と同じ技量に到達する。

石で硬い木の実を叩きに叩く（一個の中身を取り出して食べるまでに平均で三三回叩く）ことには、何一つ真っ当な理由がないなどと考えるような哲学者は。シロアリや木の実のシーズンには、一部のフィールド研究の現場のチンパンジーは、起きている時間の二割近くを、枝でシロアリを釣り出したり、木の実を割ったりして過ごす。彼らはこの活動によって、費やすエネルギーの九倍のカロリーを得ると推定されている。[15] そのうえ、日本の霊長類学者の山越言《やまこしげん》は、チンパンジーの主要な栄養源である季節の果物が乏しいときには、木の実が代用食の役割を果たすことを発見した。[16] 他の代用食としては、ヤシの幹の髄がある。これは、「杵《きね》突き行動」で手に入れる。高い木の上で、チンパンジーは樹冠《じゅかん》の縁に二本足で立ち、葉柄《ようへい》で幹のてっぺんを突く。こうすると、深い穴ができ、繊維と樹液が取れる。つまり、チンパンジーの生存は道具に大きく依存しているのだ。

道具使用の定義としては、ベンジャミン・ベックによるものが最もよく知られている。その短縮版は以下のようになる。「環境内の遊離物を身体外で利用し、別の物体の形状、位置、あるいは状態をより効率的に変えること」[17]。この定義は完璧ではないが、動物行動の分野で何十年にもわたって用をなしてきた。[18] これに基づけば、道具の製作は、遊離している物を積極的に改変し、改変者の目的との関連においてより効果的なものにすること、と定義できる。意図性が非常に重大であることに留意してほしい。道具は、目的を念頭に置きながら、離れた場所から運んできた物を改変することででき上がる。だから、偶然に利点を発見することを中心とする従来の学習の筋書きでは、道具の製作は説明するのが困難なのだ。チンパンジーがシロアリ釣りに適するように小枝から側枝《そくし》を剝ぎ取ったり、木の穴から水分を吸わせるために青葉をひとつかみ取って嚙み締め、スポンジのような塊にしたりするのを見たら、目的意識は見逃し難い。チンパンジーは原材料から適切な道具を作ることによって、かつては工作するヒト《ホモ・ファベル》の特徴とされていたまさにその行動を見せているのだ。だからイギリスの古生物学者ルイス・リーキー〔国籍はケニア〕は、グドールからそうした行動について初めて聞いたとき、次のような返事を書いたのだった。「私が思うに、この定義〔「道具を製作するのが人間」という定義〕を堅持する科学者は、三つの選択肢を突きつけられている。チンパンジーをヒトとして受け容れるか、ヒトを再定義するか、道具を再定義するか、だ[19]」

　飼育下でチンパンジーが道具を使うのが何度も観察されたあとでは、野生の世界でチンパンジーが道具を使うのを目にしても別に意外ではなかったかもしれないが、その発見はきわめて重大だった。それは、人間の影響のせいにできなかったからだ。そのうえ、野生のチンパンジーは道具を使ったり作ったりするだけでなく、互いに学び合うので、世代を経るうちに道具を改良することができる。その結果は、動物園のチンパンジーで見られるもののどれよりも高度だ。その好例が「道具セット」で、その複雑さを考えると、一気に発明されたとは思えない。典型的な道具セットは、アメリカの霊長類学者クリケット・ザンツによってコンゴ共和国のグアロウゴ三角地帯で発見された。そこでは、森の中のある開けた場所にチンパンジーが二種類の棒を持ってやって来ることがある。それはいつも同じ組み合わせで、一本は長さ一メートルぐらいの丈夫な若木、もう一本はしなやかな草の茎だ。チンパンジーは、人間がシャベルを使うときのように両手両足を使って一本目で地面を掘り始める。地面のずっと下にあるグンタイアリの巣に達するほど大きな穴ができると、棒を引き抜いて匂いを嗅ぎ、それから注意深く二本目の棒を差し込む。しなやかな茎に、アリたちが待っていましたとばかりに噛みつくと、チンパンジーは茎を引き出してアリを食べる。これをひたすら繰り返す。彼らは巣の防衛者に噛まれてひどい目に遭うのを避けるために、しばしば木に登って地面から避難する。ザンツはこの種の道具を一〇〇〇本以上収集した。穴を掘って差し込むという道具の組み合わせがどれほど一般的かが窺える。[20]

ガボン共和国では、チンパンジーが蜂蜜を採集するために、さらに手の込んだ道具セットを使うことが知られている。これも危険な活動で、チンパンジーは五つの道具から成るセットを使ってミツバチの巣を襲う。「大槌《おおづち》」（巣の入口を壊して拡げる頑丈な棒）、「穿孔《せんこう》器」（蜂蜜が蓄えてある部屋まで地面に穴を空ける棒）、「拡大器」（開口部を横向きの動きで拡大するもの）、「採集器」（蜂蜜に浸して、ついた蜂蜜を舐め取るために先をほぐした棒）、「スプーン」（蜂蜜を掬《すく》い取るための樹皮片）だ。[21] この道具使用は複雑だ。なにしろ、作業の大半が始まる前に準備して巣まで運んでおかなければならないし、攻撃的なハチのせいで中止に追い込まれるまでは手近に置いておく必要がある。このように道具を使うには、連続したステップをあらかじめ見通して計画を立てておくことが求められる。これは、私たち人間の祖先が行なっていたとして強調されることが多い種類の、行動の組立にほかならない。チンパンジーの道具使用は、棒と石に頼っているので原始的に見える一面があるとはいえ、非常に高度な側面も併せ持っている。[22] 森で手に入るものと言えば棒と石だけであり、ブッシュマン〔南アフリカの狩猟民族〕にとっても最もありふれた道具が掘り棒（アリ塚を壊して拡げたり、根を掘り起こしたりするための、先を尖らせた棒）であることも念頭に置いておくべきだろう。野生のチンパンジーの道具使用は、かつて可能と思われていた程度をはるかに凌いでいる。

チンパンジーは一コミュニティ当たり一五〜二五種類の道具を使い、その種類は文化や生態環境の状況によって変わってくる。たとえば、あるサバンナのコミュニティは先を尖らせた棒を使って狩りをする。これは衝撃的だった。狩猟用の武器を使うようになったのも、人間ならではの進歩と考えられていたからだ。チンパンジーは「槍」を木の洞《うろ》に突き込み、中で寝ているガラゴを殺す。ガラゴは小さなサルで、オスのようにサルを追いかけて捕まえられないメスの類人猿のタンパク質源になる。[23] 西アフリカのチンパンジーのコミュニティは、石で木の実を割ることも広く知られているが、この行動は東アフリカのコミュニティでは前代未聞だ。同じような硬い木の実を人間が割ろうとすると、慣れないうちは苦労する。一つには、大人のチンパンジーほどの筋力がないからだが、コツをつかむ必要があるからでもある。平らな表面の上に世界でも有数の硬さを誇る木の実を載せ、ハンマー代わりになる大きな石を見つけ、自分の指を叩かないようにしながら適切な勢いで木の実に振り下ろせるようになるには、何年もの練習を必要とする。

日本の霊長類学者の松沢哲郎は、「工場」（チンパンジーが台となる石の所に木の実を持ってきて、規則正しく叩く音でジャングルを満たす開けた場所）でチンパンジーがこの技能を発達させる様子を追った。子供たちは一生懸命作業をしている大人の周りに群れ集まり、ときおり母親から実の中身をくすねる。彼らはこうして木の実の味だけではなく、石とのつながりも覚える。彼らは手や足で木の実を叩いたり、あてもなく木の実と石をつつき回したりという具合に、何百回も無駄な試みを繰り返す。それでも彼らはこの技能を身につけるのだから、強化〔学習や条件付けを通じて反応を強めること〕が無関係であることが強く裏づけられる。なぜなら、子供たちは三歳頃にコツをつかみ始め、ときおり木の実が割れるようになるまでは、こうした試みが報われることはいっさいないからだ。六歳か七歳になったときにやっと、彼らの技能は大人の水準に達する。[24]

道具の使用というと、いつもきまってチンパンジーが脚光を浴びるが、ヒト科にはチンパンジーと私たち以外に、ボノボ、ゴリラ、オランウータンという大型類人猿三種がいる。それにテナガザルを加えてヒト上科と呼ぶ。尻尾のあるサルと混同してはいけない。ヒト上科に属するのは、大型で、尾のない、胸が平らな霊長類だ。この科のうちで、私たちはチンパンジーとボノボにいちばん近い。両者は私たちと遺伝的にほとんど同一だ。私たちと彼らの間の、一見取るに足りない一・二パーセントのDNAの違いがいったい何を意味するのかについては、当然ながら熱い議論が闘わされているが、私たちがみな近しい仲間であることには疑いの余地がない。飼育下のオランウータンは道具使用の達人で、器用ぶりを発揮してほどけた靴ひもを結んだり、器具を製作したりする。ある若いオランウータンは、三本の木の枝を用意し、まず両端を尖らせ、二本の筒に差し込み、枝＝筒＝枝＝筒＝枝という五段編成の長い棒を作り、吊り下げられていた食べ物を叩き落とすところが目撃された。[25] オランウータンは牢破りの名人として悪名が高く、何日も何週間もかけてこつこつと檻の解体に取り組むのだが、その間、外したねじやボルトを見えないように隠しておくので、飼育員が気づいたときには手遅れになっていることがある。それとは対照的に、最近まで野生のオランウータンについては、ときおり棒で尻を掻いたり、雨のときに葉の茂った枝を頭上にかざしたりすることぐらいしか知られていなかった。これほど才能ある種が、野生では道具使用の証拠をこれほどわずかしか示さないのは不自然ではないか？　この食い違いは一九九九年に解消した。スマトラの泥炭湿地でオランウータンの道具テクノロジーが明らかになったのだ。そこのオランウータンたちは、小枝を使ってミツバチの巣から蜂蜜を掻き出したり、短い棒を使ってニーシアという果物の刺毛《しもう》に包まれている種子をえぐり出したりする。(26)

他の類人猿の種も十分に道具が使えるし、テナガザルにはその能力がないという見解もすでに葬り去られた。(27)だが野生の世界からの報告は相変わらず非常に乏しいか皆無で、道具を使うのが得意なのはチンパンジーだけであることが示唆される場合もある。ゴリラが先手を打って密猟者の罠を解除したり（これには基本的な仕組みを把握していることが必要となる）、深い水を渡ったりするときに、彼らの道具使用能力が垣間見られる。コンゴ共和国の湿地の多い森でゾウが水飲み用の穴を新しく掘ったとき、ドイツの霊長類学者トマス・ブロイアーは、メスのゴリラのリーアが水のたまったその穴を歩いて渡ろうとしているのを目にした。だが、水が腰の深さまで来たときにリーアは立ち止まった。類人猿は泳ぐのが大嫌いだ。リーアは岸に戻り、水の深さを測るために長い枝を拾い上げた。その枝で探りながら、彼女は二足歩行で先ほどよりもずっと先まで進んだが、自分の赤ん坊が泣き叫び始めると、そちらへ戻っていった。この例のおかげで、ベックの古典的な定義の欠点がはっきりする。なぜなら、リーアの枝は環境の中の物を何一つ変えなかったし、彼女の自身の位置も変えなかったが、道具の役を果たしたからだ(28)。

人間を除けばチンパンジーは霊長類のうちで道具の使用に関して最も融通が利くと見なされているが、この広く喧伝されている立場に異議が申し立てられたことがあった。挑戦状を突きつけてきたのはヒト科の動物ではなく、南アメリカの小さなサルだった。フサオマキザルは何百年も前から手回しオルガン弾きとして知られていたし、その後は四肢麻痺患者の介助者としても訓練されてきた。彼らは手先が抜群に器用で、物を叩いたり打ちつけたりするという生来の傾向を利用した課題をとりわけ得意とする。私は何十年もオマキザルのコロニーを飼育してきたので、ほとんど何であれ(たとえばニンジンの切れ端やタマネギを)手渡せば床や壁に打ちつけてぐにゃぐにゃにしてしまうことを知っている。野生の世界では、牡蠣《かき》を長い時間叩き続け、とうとう牡蠣が筋肉を弛緩させたところをこじ開ける。秋には、アトランタで暮らす私たちのオマキザルは、近くに生えているクルミ科のヒッコリーが地面に落とした実を大量に集めるので、オマキザルの飼育場に隣り合う私たちのオフィスには、せわしなく叩く音が一日じゅう聞こえてきたものだ。それは楽しそうな音だった。オマキザルは何かしているときがいちばん気分が良いらしい。彼らは木の実を叩いて割ろうとするばかりではなく、割るために硬い物(プラスティックのおもちゃ、木のブロックなど)を使った。ある集団では、成員のおよそ半分が物を使って割ることを学習したが、別の集団は、同じ木の実と道具があったにもかかわらず、ついに割る技術を開発しなかった。こちらの集団のほうが、ありつけた木の実の数が少なかったことは言うまでもない。

オマキザルはひっきりなしに物を叩きつける性質を生まれつき持っているので、野生の世界では自然と木の実を割るようになる。五世紀前にスペインの博物学者が最初にその事例を報告しており、最近ではブラジルのチエテ生態公園などで研究者の国際チームが木の実を割る場所を何十か所も発見している。[29] ある場所ではオマキザルは大きな果物の果肉を食べ、そのあと種子を地面に落としておく。そして二日後に戻ってきて集める。その頃にはすっかり乾いて、昆虫の幼虫がついていることが多い。オマキザルはその幼虫が大好物だ。彼らは手や口、尾（物をつかむことができる）を使ってなるべく多くの種子を運びながら、大きな岩のような表面が硬い物を見つけ、それから種子を叩くための小ぶりの石を手に入れる。石はチンパンジーが使うものと同じぐらいの大きさだが、オマキザルは体が小さい猫ぐらいしかないので、彼らがハンマーとして使うこのような石は、体重の三分の一にも達する！　文字どおり重機オペレーターと化した彼らは、勢いをつけるために石を頭上高く持ち上げる。硬い種子が割れると、あとは中の幼虫を好きなようにつまみ出せばいい。[30]

オマキザルの木の実割りは、人間と類人猿を中心に編まれてきた進化の物語を完全に覆した。この物語によれば、私たちは石器時代を経験した唯一の生き物ではなく、人間に最も近い動物たちは依然として石器時代に暮らしていることになる。これを裏づけるかたちで、「打撃石器テクノロジー」遺跡（多数の石と砕かれた木の実の残骸を含む）がコートジヴォアールの熱帯林で発掘されている。そこではチンパンジーが少なくとも四〇〇〇年にわたって木の実を割ってきたに違いない。[31] こうした発見が、人間をその近縁たちと結びつける、うまく筋の通った人間と類人猿の石器文化物語につながった。だから、オマキザル（尾を持っており、それでぶら下がることができる！）のようにもっと遠縁の動物に同じような行動が発見されたのは意外であり、当初不満の声を招いたのだった。サルは先ほどの物語にふさわしくないというのだ。ところが、調べれば調べるほど、ブラジルのオマキザルによる木の実割りは、西アフリカのチンパンジーによる木の実割りに似てきた。だがオマキザルは新世界ザル〔中南米で独自の進化を遂げたサル〕に属しており、人間の遠縁である彼らは、三〇〇〇万〜四〇〇〇万年前に他の霊長類の動物から分かれている。ひょっとすると類似の道具使用は、収斂進化の例なのかもしれない。なぜなら、チンパンジーとオマキザルはともに抽出型の採集者だからだ。彼らは食べ物を得るために、木の実などを割って開けたり、外側の殻を壊したり、物を叩いて柔らかくしたりする。これを背景として高度な知能が進化したのかもしれない。その一方で、両者はともに両眼視をする、手先が器用で脳の大きい霊長類だから、進化上のつながりがあることは否定できない。相同と相似の区別は、いつも私たちが望んでいるほど明快とはかぎらないのだ。

オマキザルとチンパンジーによる道具の使用は、認知の点で同じ水準にはないかもしれないから、話はなおさらややこしくなる。私は両方の種を長年研究してきたので、彼らの物事への取り組み方に違いをはっきり感じるようになった。それをわかり易い言葉で説明しよう。チンパンジーは他のすべての類人猿と同様、考えてから行動する。最も計画的なのはオランウータンかもしれないが、興奮し易いとはいえチンパンジーやボノボも状況を判断し、自分の行動の結果を検討してから物事に取りかかる。試してみなくても、頭の中で解決策を見つけることが多い。両方を組み合わせるのが見られる場合もある。計画が完成する前に実行を始めるときがあるのだが、もちろんそれは人間にしても珍しいことではない。それとは対照的に、オマキザルは熱狂的な試行錯誤マシンだ。彼らは過剰なまでに活発で、何でも試してみずにはいられず、失敗を恐れるということを知らない。ありとあらゆる操作や可能性を試し、うまくいく方法を見つけると、たちまちそれを学習する。何度失敗しても気にせず、諦めることはめったにない。行動の裏にはほとんど思考というものがなく、行動あるのみだ。チンパンジーと同じ解決策に行き着くことが多いとしても、オマキザルはまったく異なる道筋でそこにたどり着くように見える。

これはすべてを単純化し過ぎかもしれないが、実験による裏付けがないわけではない。イタリアの霊長類学者のエリザベッタ・ヴィザルベルギは、ローマ動物園に隣接した自分の施設でフサオマキザルの道具使用の研究に一生を費やしてきた。彼女が行なった実験には目を開かれるものがある。ある実験では、中央に落花生が入っているのが見える透明の水平な筒をフサオマキザルに提示した。この プラスティックの筒は、落花生がサルの目の高さに来るように設置されていた。だが、筒は細くて長いので、サルは手で取ることができない。この落花生を取り出すために、最も適したもの（長い棒）から最も不適なもの（短い棒やふにゃふにゃのゴム）まで、多くの物が与えられた。するとサルは、筒を棒で叩いたり、片方の端から不適当なものを押し込んだり、筒を激しく揺らしたり、短い棒を両端から差し込んだりといった具合に、呆れるほどの数の失敗を重ねたが、落花生は少しも動かなかった。だが彼はやがて学習し、長い棒を選ぶようになった。

この時点でヴィザルベルギは、筒に穴を空けるという独創的な工夫を加えた。途端に、どちら側から落花生を押すかが重要になった。穴に向かって押すと、落花生は小さなプラスティック容器の中に落ち、フサオマキザルは取れなくなってしまう。サルは落とし穴を避ける必要性を理解するだろうか？　理解するとしたら、それは瞬時のことだろうか、それとも、何度も失敗したあとだろうか？

四頭のフサオマキザルに長い棒を与えて落とし穴付きの筒に取り組ませたところ、三頭はでたらめにやり、成功率は五〇パーセントだったが、それですっかり満足しているようだった。だが、ほっそりした若いメスのロベルタは、ひたすら試し続けた。筒の左から棒を差し込み、急いで反対側に回って、右からは棒と落花生がどう見えるか眺める。それから左右を変え、右から棒を差し込んだかと思うと、さっと反対側に移り、左側から覗き込む。こうして行ったり来たりを繰り返し、ときおり失敗し、ときおり成功していたが、ついには非常にうまくやれるようになった。

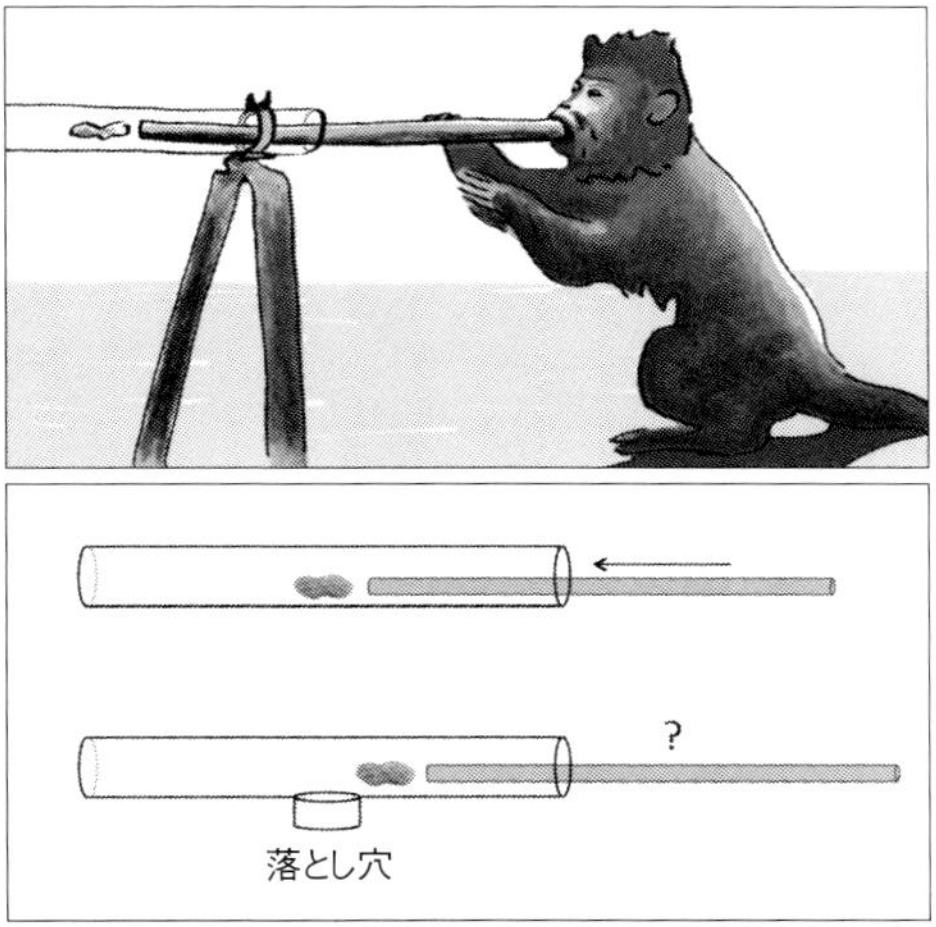

（上）フサオマキザルが長い棒を透明な筒に差し込み、落花生を押し出しているところ。普通の筒に入った落花生はどちらから押しても取り出せる。（下）対照的に、落とし穴付きの筒の場合には、押す方向を間違えると落花生は落とし穴に落ちて取れなくなってしまう。サルは何度も失敗を重ねたあと、落とし穴を避けることを学習するが、類人猿は因果関係を理解する能力を見せ、たちまち解決策に気づく。

ロベルタはこの問題をどうやって解決したのだろう？　彼女は単純な経験則に従ったのだろうとヴィザルベルギらは結論した。報酬（落花生）から遠いほうの筒の端から棒を差し込むというのが、その経験則だ。このやり方だと、落花生は落とし穴の上を通らないので押し出せる。ヴィザルベルギらはこの結論を何通りかの方法で検証した。その一つでは、落とし穴のない新しいプラスティックの筒をロベルタに与えた。これならどちらから棒で押しても落花生が手に入る。ところがロベルタは筒の両端をせかせかと行き来し、どちらの端のほうが落花生から遠いかを確かめ続け、それまで成功のカギだった経験則にあくまでこだわった。ロベルタはまるで落とし穴がまだそこにあるかのように振る舞ったので、落とし穴の仕組みに注意を払っていなかったことは明らかだった。フサオマキザルは本質を理解することなく落とし穴付き筒課題を解決できると、ヴィザルベルギは結論した。[32]

この課題は単純に思えるかもしれないが、見かけよりも難しいので、人間の子供も四歳以上にならないと確実には解決できない。同じ問題で五頭のチンパンジーをテストすると、二頭は因果関係を把握し、はっきり落とし穴を避けることを学習した。[33] ロベルタはどちらから棒で押せばうまくいくかを学習しただけだったのに対して、二頭のチンパンジーは落とし穴がどういう仕組みになっているかに気づいた。彼らは行動と道具と結果のつながりを頭の中で思い描いていたのだ。これは「表象による心的戦略」として知られており、それによって、行動する前に解決することが可能になる。フサオマキザルもチンパンジーも同じ問題を解決できたので、この戦略がとれるかどうかは些細な違いに見えかねないが、じつはそこには雲泥の差がある。類人猿は道具の目的を高い水準で理解しているので、信じられないほどの柔軟性を持ちうる。彼らは豊富なテクノロジーや道具セットを利用し、頻繁に道具を製作しており、それはすべて、高度な認知が助けになることを立証している。アメリカの霊長類の専門家ウィリアム・メイソンは一九七〇年代に、進化はヒト科の動物に他の霊長類と一線を画すような認知能力を与えたので、類人猿は考える生き物と評するのが最もふさわしいと結論した。

類人猿は自分が暮らす世界を構造化して環境に秩序と意味を与え、それが明らかに行動に反映されている。チンパンジーが腰を落ち着けて目前の問題を眺めつつ、どのように事を進めるかを「検討している」と述べても、事態の解明にあまり役立たないかもしれない。たしかに、そのような主張は新鮮味がないし、正確さも欠いている。だが、何かしらそのような過程が進行しており、それがその類人猿の振る舞いに重大な影響を及ぼしているという推測は避けようがない。はっきり間違っているよりは、漠然と正しいほうがましに思える。(34)

カラス参上！

私が「筒」課題に初めて出合ったのは、その土地原産の霊長類が暮らす生息環境のうち世界でも指折りの寒冷地である、日本の地獄谷野猿公苑だった。観光ガイドたちはこの課題を使ってサルの知能を実証する。周囲の山林からいわゆる「スノーモンキー（ニホンザル）」たちを惹き寄せる、川に隣接した採餌場《さいじば》で、水平の透明な筒にサツマイモのかけらが入れられる。棒を使うフサオマキザルとは違い、一頭のメスのスノーモンキーが自分の小さな赤ん坊を筒に押し込んだが、その間、赤ん坊の尻尾をしっかり握っていた。赤ん坊が這い進み、芋をつかむと、母親は素早く引き戻し、嫌がる赤ん坊の手をこじ開けて芋を取り上げた。別のメスは石を拾い集めて筒の一方の端から投げ込み、反対側から芋が出てくるようにした。

ニホンザルはマカク［マカカ属のサル］で、オマキザルよりも人間にずっと近い。マカクによる道具使用の最も目覚ましい証拠を集めたのが、アメリカの霊長類学者マイケル・ガマートだ。ガマートはタイ沖合のピアク・ナム・ヤイ島で、カニクイザルの全個体が石器を使用しているのを発見した。私はカニクイザルについて博士論文を書いたので、彼らにはとてもなじみがある。噂では、この賢いサルは長い尾を水の中に垂らし、カニを引き上げるという。私は彼らが尻尾をまるで棒のように使って食べ物を手に入れるのを見たことがある。彼らは南アメリカの霊長類のようには尻尾を自由に動かせない（マカクの尾は物をつかめない）ので、自分の尾を片手で握って動かし、檻の外にある食べ物を中へ引き寄せる。

自分の体の一部を操作するというのも、道具使用の定義を拡張するさらなる例だが、ガマートが発見したのが高度に発達したテクノロジーであることに疑問の余地はない。彼が海岸で観察したサルたちは、毎日二つの目的で石を集める。大きな石はハンマーの役割を果たし、彼らはそれで牡蠣の殻を力任せに叩いて割って開け、美味しい食べ物をたっぷり手に入れる。小さな石は斧のように使い、しっかり握って素早く動かし、貝を岩から剝がす。数時間の引き潮の間は、食物と道具の両方があり余るほどあるので、この海産食物テクノロジーの発明には理想的な状況だ。これは霊長類には一般化した知能があるという証になる。なぜなら霊長類は明らかに、果実や葉を食べながら樹上で進化したが、ここでは浜辺で生き延びていたからだ。こうして人間とチンパンジーとオマキザルに続いて、第四の霊長類が石器時代に入ったのだった。(35)

だが、霊長類以外にも道具を使う哺乳類や鳥類は多数いる。カリフォルニア州の海岸沿いに住む人なら、海藻の間に漂うテクノロジーを毎日眺めることができる。毛皮に包まれた人気者のラッコが仰向けで泳ぎながら、両の前脚を使い、胸に載せた石に貝を叩きつける。また、水に何度も潜って、アワビを大きな石で叩いて岩から引き剝がす。ラッコの近縁種のミツアナグマは、なおさら目覚ましい才能を持っているかもしれない。YouTubeでセンセーションを巻き起こした動画（動物界のチャック・ノリスとも呼ぶべきこの動物がどれほどのワルかを示す罵り言葉だらけの動画）の主役がこのミツアナグマだ。この種は、「ミツアナグマの知ったことか」と派手にプリントされてTシャツにもなっている。このいわゆる「アナグマ」（英語ではミツアナグマが「honey badger」、アナグマが「badger」）は小さな肉食動物で、じつはラッコと同じでイタチ科に属している。ミツアナグマの技能に関して公式の報告は一つも知らないものの、公共テレビ放送システムPBSの最近のドキュメンタリーは、ストッフェルという名の救出されたミツアナグマを特集した。彼は南アフリカのリハビリテーションセンターにある自分の放飼場から脱出する方法を何通りも考えつく。(36) その番組で目にしたものが訓練された芸ではないと仮定すると、ストッフェルは絶えず世話係の人間たちを出し抜き、ミツアナグマではなく類人猿のものと思えるような、脱出劇のための洞察力を示す。このドキュメンタリーはストッフェルが熊手を塀に立てかける様子を映し出し、一度など脱出するために塀際に大きな石を積み上げたと主張した。放飼場から石がすべて取り除かれると、同じ目的で泥玉をひと山作ったらしい。

これはみなたいしたものだし、さらに調査する価値がありそうだが、霊長類の優位性に対する最大の挑戦は、他の哺乳動物ではなく、道具を巡る議論の真っただ中に飛び降りてきた、ギャーギャー、カーカー鳴き声を上げる鳥の群れによってなされた。彼らはヒッチコック映画で見せるのと劣らぬほどの騒ぎを引き起こした。

私の祖父は自営のペット店が暇なときに、辛抱強くゴシキヒワを訓練してひもが引っ張れるようにした。フィンチの一種であるゴシキヒワは、オランダ語では「putterje」といい、これは泉から水を汲むことを指す名前だ。歌うことも水を汲むこともできるオスは良い値段で売れた。この色鮮やかな小鳥は何世紀にもわたって、脚に鎖をつけられて家庭で飼われていた。小さなカップでグラスの水を汲み上げて、自分の飲み水にすることができる。そのようなフィンチの一羽が、ドナ・タートの小説『ゴールドフィンチ』（全四巻、岡真知子訳、河出書房新社、二〇一六年）で重要な役割を果たす一七世紀のオランダ絵画に描かれている。もちろん、こうした鳥を（少なくとも、このような残酷なかたちでは）飼うことはもうないが、彼らの伝統的な芸は、二〇〇二年にベティというカラスが名を成すもとになった芸に酷似していた。

オックスフォード大学の鳥類飼育場で、ベティは透明な垂直の筒から小さなバケツを引っ張り出そうとしていた。バケツの中には小さな肉片が入っており、筒の隣にはベティが選べるように、二つの道具が置いてあった。真っ直ぐな針金と、先が鉤《かぎ》形に曲がった針金だ。ベティは後者を使ったときだけ、バケツの取っ手に引っかけられる。ところが鉤形のほうを仲間に取られてしまったあとは、不適切な道具で課題に取り組む羽目になった。それでもベティは挫けずに、嘴を使って真っ直ぐな針金の先を鉤形に曲げ、筒の中のバケツを引き上げられるようにした。この驚くべき偉業はただの逸話にすぎなかったが、やがて鋭敏な研究者たちが別の道具を使って体系的な研究を行なった。のちのテストではベティは真っ直ぐな針金だけを与えられたが、彼女はそれを曲げる非凡な能力を発揮し続けた。(37)ベティは、鳥たちが不当にも着せられていた「馬鹿《バードブレイン》」という汚名〔英語には「birdbrain」という単語があり、直訳すれば「鳥の脳」だが、「馬鹿」という意味になる」を晴らしたばかりか、霊長類以外による道具製作の、研究室における証拠の第一号を提供してくれた鳥として、たちまち有名になった。私が「研究室における」という言葉を添えたのは、南西太平洋に住むベティの仲間の野生種が、すでに道具を製作することが知られていたからだ。ニューカレドニアカラスは自発的に枝を加工して小さな木の鉤がついたものに変え、それで割れ目から甲虫の幼虫を釣り出す(38)。

古代ギリシアの寓話作家イソップは、『カラスと水差し』という寓話を書いたところをみると、こうした才能に薄々感づいていたのかもしれない。彼はこう書いている。「渇きで死にかけたカラスが水差しを見つけた」。だが、中の水が少なくて、カラスには飲めない。嘴を差し入れて飲もうとするのだが、水面が低過ぎて届かない。「そのとき、良い考えが浮かんだ」と、イソップは語る。「そして、小石を拾うと水差しの中に落とした」。それからいくつも小石を落としていると、水面が上がって水を飲むことができた。こんな芸当をやってのけるのはとても無理のように思えるが、今ではもう研究室で再現されている。最初はミヤマガラスを対象とした実験だった。このカラス科の鳥は、野生の世界ではまったく道具を使わない。ミヤマガラスたちは、コナムシ〔ゴミムシダマシ科の昆虫の幼虫〕がぎりぎりで届かない所に浮いている、水の入った垂直の筒を与えられた。ミヤマガラスがこのご馳走にありつくには、水面を上げなくてはならない。正真正銘の道具使用専門家として知られるニューカレドニアカラスたちにも同じ実験が行なわれた。必要は発明の母という金言に違わず、どちらのカラスの種も小石を使って筒の中の水面を上げることによって、水に浮かぶ虫の問題を首尾良く解決し、イソップの話の正しさを二〇〇〇年以上の月日を経てから証明した(39)。

イソップの寓話に着想を得た実験。水に浮かぶご馳走に嘴が届くように、カラスたちが水の入った筒に石を落とすかどうかを調べると、彼らはそうすることがわかった。

ただし、少し注意しておく必要がある。この解決法がどれほど洞察力あるものだったかは不明だからだ。まず、実験に使われた鳥はみな、わずかに異なる課題を使ってあらかじめ訓練されていた。石を筒の中に落とすことでたっぷり報酬をもらっていたのだ。そのうえ、彼らがコナムシの浮かぶ筒を目の前にしていたときには、石が都合良くすぐ隣に置かれていた。したがって、この実験設定は解決法を強く示唆していたわけだ。ケーラーがチンパンジーたちに箱を積み重ねることを教えていたらどうなったか、想像してほしい。チンパンジーには洞察力があるという主張は台無しになっていただろうから、私たちが彼の名前を耳にすることはけっしてなかったはずだ。小さい石より大きい石のほうが効果があり、おがくずがいっぱい入った筒に石を落としても意味がないのを、実験の間にカラスたちが学んだことは確かだ。だが彼らは、解決策に頭の中で行き着いたのではなく、素早く学習しただけなのかもしれない。ひょっとしたら、石を落とせばコナムシの幼虫が近づいてくるのに気づいて、それを繰り返した可能性がある。[40]

最近私たちが落花生を水に浮かばせた課題をチンパンジーに示すと、ライザという名前のメスは、プラスティックの筒に水を加えてたちまちこの課題を解決した。束の間、筒を強く蹴ったり揺すったりしたが無駄だったので、ライザは唐突に向きを変え、給水器の所に行って口いっぱいに水を含み、戻って筒の中に吐き出した。それから何度か給水器との間を往復し、上がってきた落花生をとうとう指でつまみ出した。この課題をこなせないチンパンジーもいたが、あるメスはなんと筒の中に排尿しようとした。発想は良かったのだが、実行はうまくいかなかった。私はライザが赤ん坊の頃から知っているので、この課題に取り組むのが初めてだったことは請け合える。

私たちが実験の着想を得たのは、大勢のオランウータンやチンパンジーを対象に行なわれた水に浮かぶ落花生の課題で、彼らの一部はひと目見ただけでこの課題を解決した[41]。これは注目に値する。なぜなら、カラスたちと違って、これらの類人猿はあらかじめ訓練を受けていなかったし、手近に道具は一つもなかったからだ。したがって、わざわざ離れた場所まで行って水を運んでくる前に、水が役立つことを頭の中で思いついていたに違いない。水は道具のように見えさえしないから、なお難しいはずだ。この課題がいかに困難かは、人間の子供を対象に行なったテストから明らかになった。どうしても解決できない子供が大勢いたのだ。解決できたのは、八歳児では五八パーセントだけ、四歳児ではわずか八パーセントにすぎなかった。ほとんどの子供は指で必死にご褒美をつまみ出そうとした挙句、諦めた[42]。

こうした研究から、霊長類を熱狂的に偏愛する人とカラス科の熱烈な愛好家の間に友好的な対抗意識が生まれた。私はときおりからかい半分に、「類人猿を嫉妬」しているとして後者を責める。彼らはどの刊行物でも必ず霊長類と引き比べ、カラス科のほうが優っている、あるいは少なくとも両者は肩を並べているると述べるからだ。彼らはカラスのことを「羽毛の生えた類人猿」と呼び、「これまでのところ、ヒト以外におけるテクノロジーの進化に関して唯一信頼できる証拠は、ニューカレドニアカラスに由来する」[43]などというとんでもない主張をする。一方、霊長類学者は、カラス科の道具の技能はどれだけ一般化されているか、そして「羽毛の生えたサル」のほうがカラスのあだ名としてふさわしくないかと考える。カラスは、貝を割るラッコやダチョウの卵に石をぶつけるエジプトハゲワシと同じで、一つの芸しかできないのか？　それとも、さまざまな問題に対応できるのか？[44]　この問題はまだ決着にはほど遠い。霊長類の知能は一世紀以上にわたって研究されてきたが、道具に関するカラス科の研究は、過去一〇年間に始まったばかりだからだ。

目を奪われるような新たな発見もある。ニューカレドニアカラスによる道具のための道具の使用で、それは次のような手順で確認された。まず、カラスに肉片を示す。それは長い棒を使わなければ取れないが、その棒は格子の向こう側にあり、格子は幅が狭いためにカラスは嘴は突き出せても頭は通せない。だからカラスはその道具（長い棒）に届かない。ただし、近くの箱には短い棒が入っており、それを使えば長い棒を引き寄せられる。この問題を解くには、短い棒を拾い上げ、それを使って長い棒を取り、それから長い棒を使って肉を取るというのが正しい手順だ。カラスは道具が食べ物以外にも使えることを理解し、正しい手順を踏む必要がある。アレックス・テイラーとその共同研究者たちは、メア島の野生のニューカレドニアカラスを一時的に鳥類飼育場に入れて使った。彼らは七羽をテストした。そのすべてが道具のための道具の使用をやってのけ、そのうち三羽は一回目に正しい順番でできた。[45]　現在テイラーは、さらに多くの手順を含む課題を試しており、カラスたちもそれについてきている。これはたいしたもので、サルをかなり上回る。サルは順を追って行なう課題が苦手なのだ。

霊長類とカラス科の鳥は進化上の溝に隔てられており、かつて両者の間には、道具を使わない哺乳類と鳥類の祖先種が多く存在したことを考えると、私たちは収斂進化の典型例に直面していることになる。この二つの分類学上のグループはそれぞれ独自に、環境の中にある物を複雑に操作する必要性に迫られたか、他の課題によって脳の発達が促されたかして、その結果驚くほど似通った認知的技能を進化させたのだ。[46] 認知の分野にカラス科が参入した事実から、心的作用の発見が動物界全体にどのように波紋を拡げているかがよくわかる。このプロセスを的確に要約したのが、私が認知の波紋則と呼ぶもので、「私たちが発見する認知能力はどれも、当初思われていたよりも古く、広く普及していることが判明する」という原則だ。これは進化認知学の教義のうちでも、とりわけ多くの支持を集めつつある。

この原則を裏づける恰好の例として、今や哺乳類と鳥類以外でも道具使用の証拠が見つかっていることが挙げられる。たしかに霊長類とカラス科が最も高度なかたちでテクノロジーを利用しているとはいえ、水に体を半分沈めたクロコダイルやアリゲーターが、うまくバランスをとりながら鼻先に小枝を載せているのはどうだろう？　ワニたちはとくに、鳥の営巣期に鳥の群生地に近い池や沼地でそうする。サギなどの渉禽《しょうきん》類の鳥が必死になって小枝を探し回る季節だ。その場面を想像できるだろう。水に浮かぶ丸太にサギが舞い降り、手頃な枝を持っていこうとすると、突然、丸太が動きだしてサギを捕まえる。ワニたちは最初、近くに枝が浮いていると自分の上に鳥たちが降り立つことを学習し、次にこの結びつきを発展させて、サギなどが巣作りをしているときには、必ず枝のそばにいるようになる可能性がある。そしてそこから、鳥を惹きつけるものを自分の体の上に載せるまでは、ほんの一歩でたどりつけるかもしれない。だが、この考え方には問題がある。じつは、周りに枝が浮かんでいることはほとんどないのだ。それほど枝には需要がある。だとすれば、ワニたち（「無気力で、愚かで、退屈」だと昔から思われてきたと、研究者たちは嘆く）が、鳥をおびき寄せるための枝を遠くから運んでくるということがありうるだろうか？　もしそれが確認されたら、これまた目覚ましい認知の波紋となり、計画的な道具使用を爬虫類にまで拡げることになる。[47]

最後にもう一つ、インドネシア周辺の海に棲むメジロダコの例を挙げよう。これも道具の定義を拡張しかねない。ここでの主役は、なんと無脊椎動物の一種、軟体動物なのだから！　このタコは、ココナッツの殻を集めているところが目撃されている。タコは多くの捕食者にとってお気に入りの食べ物なので、彼らが生きていくうえでカモフラージュは重要だ。もっとも、ココナッツの殻は最初は何の利益ももたらさない。運んでいかなければならないからで、そんなことをすれば、いらぬ注意を引くばかりだ。タコは腕を何本か伸ばしてしっかり海底に突き、残りの腕でココナッツの殻を持ちながら、爪先歩きするように進んでいく。ぎこちない歩行を続けて安全な場所にたどり着くと、ようやく殻を活用することができ、その陰に身を隠す。[48]どれほど単純なものであれ、軟体動物が将来の安全のために道具を集めるのだから、テクノロジーはヒトという種を定義する特徴だと考えられていた時代から、どれほどの道のりを私たちが歩んできたかがわかろうというものだ。

第4章
TALK TO ME

私に話しかけて

言葉を発せ。さすれば汝に洗礼を施そう！
チンパンジーに対するフランスの司教の言葉(1)（一七〇〇年代初期）

自然界の生息環境での研究と聞くと、人は犠牲や勇敢さを思い浮かべる。フィールドワーカーは、血を吸うヒルから捕食者やヘビまで、熱帯雨林の不快で危険な生き物たちと渡り合わなければならないからだ。それとは対照的に、飼育下の動物の研究者は楽だと思われている。だが、つい忘れてしまいがちだが、強固な反対意見に直面しながら自分の考えを擁護するには大変な勇気を要する。意見の対立はたいてい学者の間でだけ起こるので、不愉快ではあっても命にかかわることはないが、ナディア・コーツは致命的な危険と向かい合った。本名はナデジダ・ニコラエヴナ・ラディィジナ＝コーツで、彼女は二〇世紀初期にソヴィエト連邦政府の脅威にさらされながら暮らし、研究を行なった。遺伝学者を自称するトロフィム・ルイセンコの悪影響を受けたヨシフ・スターリンは、良からぬことを考えたとして、多くの優秀なロシアの生物学者を銃殺刑に処したり、強制労働収容所送りにしたりした。ルイセンコは、動植物は生存中に獲得した形質を子孫に伝えると考えた。彼に同意しない人々の名前は口にするのも憚《はばか》られるようになり、研究機関がいくつもまるごと閉鎖された。

かのイギリス人ブルジョア、チャールズ・ダーウィンが書いた『人及び動物の表情について』(浜中浜太郎訳、岩波文庫、一九九一年)に着想を得て、コーツが夫のアレクサンドル・フィオドロヴィッチ・コーツ(モスクワの国立ダーウィン博物館の創設時の館長)とともに類人猿の表情の研究に乗り出したのは、この過酷な情勢下でのことだった。ルイセンコはダーウィンの理論について、相反する感情を紛れもなく抱いており、その理論の一部には「反動的」というレッテルを貼っていた。コーツ夫妻にとって、厄介事に巻き込まれるのを避けることが一大課題となった。二人は文書やデータを、博物館の地下に収蔵された剝製動物たちの間に隠した。また賢明にも、フランスの生物学者ジャン＝バティスト・ラマルクの大きな像を博物館の玄関に置いた。ラマルクと言えば、獲得形質の遺伝説を提唱したことで有名だ。

ナディア・コーツはフランス語やドイツ語、そして何より母語のロシア語で研究結果を発表した。本を七冊著したが、そのうち一冊だけが、一九三五年に刊行されてからずっとのちに英語に翻訳されている。私が編集した『幼いチンパンジーと人間の子供』の英語版は、二〇〇二年に出版された。この本は、ヨニという幼いチンパンジーと幼い息子ルーディを、情動作用と知能の面で比較している。コーツはヨニが、チンパンジーと他の動物の写真や、鏡に映った自分の姿にどう反応するかを調べた。ヨニはおそらく幼過ぎて自分の鏡像を認識できなかったとはいえ、変な顔をしたり舌を突き出したりしながら、鏡に映る自分を前にして一人悦に入っていた様子をコーツは記している。(2)

一九一二年から一九二〇年にかけて先駆的な類人猿研究を行なったヴォルフガング・ケーラーに比

べると、コーツはほとんど知られていない。コーツは一九一三年から一九一六年にヨニが若死にするまで、モスクワで研究している間、ケーラーの研究について何を知っていたのだろう？　ケーラーは進化認知学の草分けとして広く認められているが、コーツの研究写真からは、彼女がケーラーとまったく同じ道筋をたどっていたことがはっきりと見て取れる。博物館のガラスケースの一つには、ヨニの剥製が、差し込んでつなげることのできる棒をはじめ、梯子や道具に囲まれて収められている。

ナディア・ラディジナ＝コーツは動物の認知研究の先駆者で、霊長類だけではなく、このコンゴウインコのようなオウム科の鳥も研究した。彼女はケーラーが研究を行なっていたのとほぼ同じ頃にモスクワで研究をしていたが、ケーラーと比べると今なお知名度はずっと低い。

コーツは女性だったために科学界から見過ごされたのか？　それともそれは、彼女の母語のせいだったのか？

私はロバート・ヤーキーズの著作を通してコーツのことを知った。ヤーキーズはモスクワにコーツを訪ね、通訳を介して彼女の研究について話し合った。ヤーキーズは著書の中で、コーツの研究をおおいに称讃しながら説明している。たとえば、現代の認知神経科学には必須の「見本合わせ（ＭＴＳ）」テストの枠組み《パラダイム》は、コーツが発明した可能性が十分にある。今ではＭＴＳは無数の研究室で人間にも動物にも使われている。コーツは何か一つの物をヨニに掲げて見せてから、それを他の物の入った袋に入れ、ヨニに手探りで見つけさせる。このテストには視覚と触覚という二つの様相がかかわっており、ヨニは前に目にした物の記憶に基づいて選択する必要がある。

私はコーツという無名の偉人の業績にすっかり魅了され、自らもモスクワに赴《おもむ》いた。そして、国立ダーウィン博物館の非公開の部分を案内してもらい、私的な写真アルバムに目を通した。コーツは祖国では非常に愛されていた（そして、今なお愛されている）。そして、実態に違わず、偉大な科学者として広く認められている。私がいちばん驚いたのは、彼女が大型のオウムを少なくとも三羽所有していたことだ。大きなバタンインコから物を受け取っているところや、コンゴウインコに器が三つ載ったトレイを差し出しているところが写った写真があった。物を識別する能力をテストしている最中で、これらのオウム科の鳥は彼女に向き合うかたちでテーブルの上に止まり、彼女は片手で小さな報酬の食べ物を持ちながら、もう一方の手に持った鉛筆で鳥の選択を記録している。私は、アメリカの心理学者で現代のオウム目《もく》専門家アイリーン・ペパーバーグに尋ねてみたが、コーツのオウム研究については聞いたことがないとのことだった。鳥類の認知能力も、広く知られるようになるはるか以前に旧ソ連で研究されていたなどと思う人は、誰もいないだろう。

オウムのアレックス

アイリーン・ペパーバーグが三〇年にわたって飼育・研究したヨウム〔アフリカ産の灰色のオウム〕のアレックスに私が初めて会ったのは、近くの大学から、彼女の所属する学科を訪れたときだった。アイリーンはこの鳥を一九七七年にペット店で購入し、人々の目を鳥類の心に対して開かせることになる野心的な研究を準備していた。やがてこの研究は、鳥類の知能を調べるその後のあらゆる研究のために道を切り開いた。なぜならそれまでは、鳥類の脳は高度な認知機能を断じて持ちえないというのが一般的な見解だったからだ。鳥類は哺乳類の大脳皮質に類すると思えるものをほとんど持たないので、本能にはたっぷり恵まれているものの学習は苦手で、思考など問題外だと見なされていた。鳥類の脳はかなりの大きさになりうる（ヨウムの脳はクルミの実ほどあり、そのうちのかなりの領域が大脳皮質のように機能する）し、彼らの自然な行動を見ていれば、低い評価を与えられていることが妥当か問うだけの理由がたっぷり得られるにもかかわらず、哺乳類とは脳の構造が異なることが、これまでずっと不利な材料となってきた。

私自身、コクマルガラス（これまた大きな脳を持つカラス科という科の鳥）を飼い、研究したことがあるので、彼らの行動には柔軟性があることを一度として疑ったためしがなかった。公園を散歩していると、私が飼っていたコクマルガラスたちは、犬たちの鼻先をかすめるように飛んでからかう。嚙みつこうとする犬の口はわずかに届かないので、飼い主たちは驚き悔しがる。屋内では、カラスたちは私と物を隠して遊ぶ。私がコルク栓のような小さな物を枕の下や植木鉢の陰に隠し、カラスたちがそれを見つけたり、逆にカラスたちが何か隠して私が見つけたりしたものだ。この遊びは、カラスやカケスが食べ物を隠して貯蔵するというよく知られた能力に基づいているが、それに加えて、物は視界から消えたあとにさえ存在し続けること（「対象の永続性」）を理解する能力も彼らにあることを示している。動物一般にも言えることだが、私のコクマルガラスたちはとても遊び好きだったから、高い知能を持っており、課題に胸をわくわくさせることが窺われた。したがってアイリーンを訪ねたとき、私は鳥に感心させられるだろうことは十分予想していたし、実際、アレックスはその期待を裏切らなかった。止まり木に気取って止まったアレックスは、鍵や三角形、四角形などの呼び名の学習をすでに始めており、それらを指差すと、そのたびに「鍵」「三角」「四角」などと答えた。

一見するとこれは言語学習のように思えるが、それが正しい解釈かどうかは私には疑問だ。アイリーンはアレックスが口を利いても、それが言語学的な意味での発話に該当するとは主張しなかった。だがもちろん、物に呼び名をつけるのは言語の重要な要素であり、かつて言語学者たちは言語を単に記号によるコミュニケーションと定義していたことを忘れてはならない。類人猿にはそうしたコミュニケーションが可能であることが証明されたときになって初めて、言語学者たちはハードルを上げる必要を感じ、言語には統語法や再帰性が欠かせないといった厳密さを加えたのだ。動物による言語の習得はおおいに話題になり、世間の非常な関心を集めた。動物の知能に関する疑問はすべて、一種のチューリングテスト〔数学者のチューリングが考案したテストで、コンピューターの応答と人間の応答を区別できるかどうかを判定することによって、コンピューターの知能の有無を判断する〕に煎じ詰められるかのようだった。すなわち、私たち人間は動物と意味のある会話を交わせるかどうか、だ。言語は人間性の重大な指標なので、一八世紀フランスのある司教は、類人猿も口が利けるのなら洗礼を施すつもりがあったようだ。科学界も一九六〇年代と七〇年代には、もっぱらその問題にしか興味がなかったようで、イルカと話したり、多数の霊長類に言語を教えたりする試みがなされた。ところが一九七九年、アメリカの心理学者ハーバート・テラスが、アメリカの言語学者ノーム・チョムスキーにちなんでニム・チンプスキーと名づけられたチンパンジーの手話能力について非常に懐疑的な論文を発表すると、人々の目には険しさが交じり始めた。(3)

テラスにしてみれば、ニムは話し手として退屈だった。彼の発言の大多数は、思考や意見、アイデアの表現ではなく、食べ物のような好ましい結果を得るための要望だった。だが、テラスがこれに驚いたこと自体が、かなりの驚きだった。なにしろ、彼はオペラント条件付けに頼っていたのだから。私たちはオペラント条件付けを使って子供に言語を教えたりはしないから、なぜ類人猿に使ったのか不思議に思える。手話を使って何千回も報酬を与えられてきたのだから、ニムが報酬を得るために手話を使うのは当然ではないか。彼は教えられたことをしたにすぎない。それにもかかわらず、テラスの研究のせいで、動物の言語能力の有無を論じる声が日に日に高まっていった。この不協和音の中に鳥の声まで入っていることに気づくと、多くの人がうろたえた。なぜなら、類人猿が口を利かないことは明らかなのに対して、アレックスは一語一語、丁寧に発音したからだ。表面的に見れば、彼の行動は他のどの動物の行動よりも言語の使用に似ていた――それがいったい何を意味するかについては、ほとんど意見の一致を見なかったにしても。

アイリーンがヨウムを選んだというのは、じつに面白い。子供向けのシリーズ本の主人公ドリトル先生は、ポリネシアというヨウムを飼っており、そのヨウムから動物の言葉を教わったからだ。アイリーンは昔からドリトル先生のシリーズに魅了されており、子供のときすでにペットのセキセイインコにボタンをたくさん与え、インコがそのボタンを並べる様子を眺めたそうだ。(4) アレックスを使った研究は、幼い頃に鳥たちや、色と形に関する鳥の好みに夢中になったことと一直線につながっていた。だが彼女の研究についてさらに説明する前に、動物の認知に取り組んでいる研究者がしばしば口にする願望、すなわち動物と話したいという願望について、もう少しだけ語らせてほしい。認知と言語との間にしばしば想定される、より深いつながりに関係があるからだ。

不思議な話だが、動物と話したいという願望は私を素通りしたに違いない。一度も感じことがないので。私は、動物の伝えるメッセージはそれほど啓発的なものではないという、ヴィトゲンシュタイン〔第1章で、「もしライオンが話せたとしても、私たちには理解できないだろう」という言葉が引用されている〕にかなり近い立場をとり、動物が自分たちについて何を語るかを、固唾《かたず》を呑んで待ち構えていたりはしない。同じ人間に関してさえ、私たちの頭の中で起こっていることを言語が語ってくれるかどうか、怪しいと思っている。私たちの種の成員に質問紙を渡して彼らを研究している同業者が私の周りには大勢いる。彼らは得られた回答を信頼し、自分たちにはその正確さを確認する方法があると私に請け合う。だが、人が自分について語ってくれることから本当の情動や動機付けが明らかになる保証などあるのだろうか？

道徳的解釈とは無縁のただの傾向（「どんな音楽が好きですか？」）なら本心がわかるかもしれないが、性生活や食習慣、他者の扱い（「誰もがあなたと気持ち良く働けますか？」）について人に尋ねても、ほとんど無意味に思える。人はいともたやすく、自分の行動にあとから理由をでっち上げたり、性的な習癖について口を閉ざしたり、飲み過ぎや食べ過ぎを控えめに語ったり、実際よりも称讃すべき人間であるかのような口を利いたりするものだ。誰も、人殺しを考えていることや、けちであること、嫌な人間であることを進んで認めたりはしない。人は四六時中、嘘をついているのだから、言うことをすべて書き留める心理学者の前で、急に正直になるはずがないではないか。ある研究で、女子学生は偽物の嘘発見器につながれたあとのほうが、つながれる前よりも、性的パートナーの数を多く報告し、最初は嘘をついていたことが発覚した[5]。じつのところ、口を利かない対象を研究する私は救われる思いだ。発言が真実かどうか頭を悩ませなくて済む。どれほど頻繁にセックスをするかを尋ねる代わりに、ただ数えればいい。私は自分が動物の観察者であることに、心底満足している。

あらためて考えてみると、言語に対する私の不信にはなおさら根深いものがある。思考の過程に言語が役割を果たしているというのも疑わしく思っているからだ。私は自分が言葉で考えているかどうかわからないし、内なる声などまったく聞こえないようだ。そのせいで、良心の進化についてのある会合で少しばかり恥ずかしい思いをしたことがある。同業の学者たちが、何が正しく何が間違っているかを教えてくれる内なる声にしきりに触れた。申し訳ありませんが、そんな声は聞いたことがありません、と私は言った。私は良心を持たない人間なのか、それとも、アメリカの動物の専門家テンプル・グランディンがかつて自分について言って有名になったように、絵で考えるのだろうか？　さらに言えば、私たちはどの言語について話しているのか？　私は自宅では二つの言語で話し、職場ではさらに別の言葉を使うのだから〔著者の母語はオランダ語、妻とはフランス語で会話し、職場では英語を使用〕、私の思考は恐ろしく混乱していることになる。だが、私はその混乱の影響を感じたことはついぞない。とはいえ、人間の思考の根底には言語があるという思い込みは広く世間にまかり通っている。アメリカの哲学者ノーマン・マルコムは一九七三年のアメリカ哲学会の会合で、「思考を持たない獣たち」というそのものずばりの題の会長演説を行ない、次のように述べた。「言語と思考の関係は緊密に違いないので、人が思考を持たないと推測するのはまったく無分別であり、また、動物が思考を持つかもしれないと推測するのも無分別である[6]」

私たちは日常的に考えや感情を言語で表現するので、言語に役割をあてがっても大目に見ていいかもしれないが、言葉が見つからなくて困ることがどれほど多いことか。自分が何を考えたり感じたりしているのかわからないわけではないが、それを言葉でどう表せばいいか、どうしてもわからないのだ。こんな苦労は当然ながら不要のはずだ——もし思考や感情がそもそも言語の産物であれば。もしそうなら、言葉が滝のようにあふれ出てくるはずだろう！　今では広く受け容れられているように、言語はカテゴリーや概念を提供して人間の思考を助けはするものの、思考の素材ではない。じつは私たちは、思考に言語を必要としない。認知機能の発達の研究におけるスイスの草分けであるジャン・ピアジェは、言語習得前の子供は思考できないなどとは、けっして認めなかった。だからこそ彼は、認知は言語から独立していると断言したのだ。動物についても、状況はよく似ている。現代的な心の概念の形成を主導したアメリカの哲学者ジェリー・フォーダーは、こう言っている。「自然言語は思考の媒体であるという主張の明白な（そして、十分な、とも考えるべきだった）反証となるのは、言語を持たずに思考する生き物の存在である」[7]

なんという皮肉だろう。言語の不在が人間以外の種における思考の存在を否定する論拠だった時代から、私たちははるかな道のりを歩んできて、言語に頼らない生き物が明らかに思考をしている事実が言語の重要性を否定する論拠となる所まで来たとは。私は事の成り行きに不平をこぼすつもりはないが、その成り行きは、アレックスのような動物を対象とする言語研究に負うところが大きい。そうした研究が動物の言語そのものの存在を立証したからではなく、私たちが簡単に理解できるかたちで動物の思考力を明るみに出すのを手伝ったからだ。私たちは、賢そうな鳥たちが、話しかけられれば応え、物の名前を非常な精度で発音するのを目にする。さまざまな色をした、羊毛でできた物、木でできた物、プラスティックでできた物がいっぱい載ったトレイがアレックスの前に置かれる。アレックスは一つひとつを嘴と舌で触るように促され、それから、全部をトレイに戻したあと、二つの角がある青い物は何でできているか訊かれる。「羊毛」と正答するとき、彼は色と形と材質の知識を、特定の物がどんな感触だったかという記憶と組み合わせている。あるいは、緑色のプラスティック製の鍵と金属製の鍵を見せられ、「何が違う？」と訊かれると、「色」と答える。「どちらの色のほうが大きい？」と訊かれると、「緑色」と答える[8]。

アレックスの研究の初期段階で私が目にしたように、アレックスが課題をこなすのをわが目で見た人はみな、肝を潰す。むろん、懐疑的な人々はアレックスの技能を丸暗記による学習の結果としようとしたが、使われる物も、与えられる質問も絶えず変わっていたので、手持ちの答えだけでこの水準の実績を残せたとはとうてい考えられない。すべての可能性を処理するには厖大な記憶が必要になっただろうから、アイリーンがしたように、アレックスが基本的な概念をいくつか習得し、それらを頭の中で組み合わせられたと考えるほうが、じつは単純だ。そのうえアレックスは、アイリーンがいなくても答えられたし、現物を目にする必要さえなかった。トウモロコシがなくても、トウモロコシは何色かと訊かれれば「黄色」と答えた。とくに感心させられるのが、「同じ」と「違う」を区別するアレックスの能力だ。この課題には、さまざまな面で物を比較することが求められた。名前を言ったり、比較したり、色や形や材質を判断したりといった、これらの能力はみな、アレックスが訓練を始めた頃には言語を必要とすると考えられていた。アレックスの技能がなかなか世の中に認めてもらえないので、アイリーンはいまいましい思いで悪戦苦闘を続けた。鳥類の能力に対する疑念は、私たちの近縁種である、人間以外の霊長類の能力に対する疑念よりもはるかに根深かったから、なおさらだ。だが、長年にわたって辛抱を続け、確固たるデータを積み重ねた結果、アイリーンはついにアレックスが有名になるところを目にして溜飲を下げることができた。二〇〇七年にアレックスが亡くなると、「ニューヨーク・タイムズ」と「エコノミスト」の両紙が訃報を載せて彼を讃《たた》えた。

この間、アレックスの親戚にも世間を感心させる者が出始めた。あるヨウムは、声を真似るだけではなく、それに合わせて体も動かした。飼い主をお手本にし、「じゃあまた《チャオ》」と言いながら、片方の足か翼を振って別れの挨拶をしたり、「僕の舌を見て」と言いながら、舌を突き出したりした。鳥が人間の体と自分の体との間で、そのような類似性をどうやって把握できたのかは謎のままだった[9]。そして、フィガロというシロビタイムジオウムの例もある。彼は自分が入れられた大きな檻の木の梁から細長い木片を折り取り、檻の外に置かれた木の実を取るのに使った。フィガロ以前には、道具を製作するオウム科の鳥の事例は一件も報告されたことがなかった[10]。このような事例に接すると、コーツも飼っていたヨウムやコンゴウインコで同じような実験を行なったことがなかっただろうかと考えてしまう。彼女は道具に強い関心を抱いていたし、未訳の本が六冊あるのだから、実験を行なっていたといつの日か聞いても、私は驚かないだろう。発見するべきことがまだたくさんあるのは明らかで、それはアレックスの計数能力のテストからも明らかになった。

アレックスの才能は、コウモリの反響定位の発見者ドナルド・グリフィンにちなんでグリフィンと名づけられたオウムを、アレックスと同じ部屋で研究者がテストしているときに偶然明らかになった。グリフィンが数と音を組み合わせられるかどうかを調べるために、研究者たちはクリック音を、たとえば二度立てる。その場合の正解は「二」だ。だがグリフィンが答えられなかったので、さらに二度、クリック音を立てると、部屋の向こうからアレックスが「四」と割り込んできた。そのあとさらに二度、音を出すと、アレックスは「六」と言い、その一方でグリフィンは黙ったままだった。[11] アレックスは数になじみがあり、緑の物もいくつか交じった、多くの物が載ったトレイを見せられたあとで、「緑の数は？」といった質問に正しく答えられた。だが、今度は足し算をしていたわけだ。そしてそれ以上のことも。なにしろ、視覚的な情報なしでやっていたのだから。かつては足し算も言語に依存していると考えられていたが、その考え方は数年前、チンパンジーが足し算に成功したときに、すでに揺らぎ始めていた。[12]

アイリーンはアレックスの能力をもっと体系的にテストすることにし、パスタの小片など大きさの違う物をいくつかカップの下に置いた。そして、アレックスの前でカップを数秒間持ち上げ、それからまた下ろした。そのあと、二つ目のカップでも同じことをし、さらに三つ目のカップでも同様にした。カップの下の物の数はわずかで、一つもない場合もたまにあった。それから、中身が見えず、三つのカップだけが見える状態で、「全部でいくつ？」と訊いた。一〇回のうち八回で、アレックスは正しい合計を答えた。間違えた二回では、もう一度質問されたときに正答した。[13] しかも、実物は目にできないのだから、すべて頭の中で計算したわけだ。

あいにく、この研究はアレックスが不慮の死を遂げたために中断した。だがそれまでに、灰色の羽毛をまとったこの小柄な数学の天才は、鳥の頭蓋骨の中ではそれまで誰も思ってみなかったほどの思考が行なわれている証拠をたっぷり残してくれた。アイリーンはこう結論した。「あまりにも長い間、動物全般、そしてとくに鳥類は侮《あなど》られ、知覚力のある生き物ではなく単に本能に動かされている生き物として扱われてきた(14)」

どこまでが本物の言語能力か?

アレックスが口にする言葉は、ときおり完璧に意味を成していた。たとえばあるとき、アイリーンが学科の会合のことで頭にきて腹立たしげな足取りで研究室に入ってくると、アレックスは彼女に向かって「落ち着いて!」と言った。アレックス自身が興奮し易いから、きっと以前に同じ言葉を向けられたのだろう。他にも有名な事例がある。手話を操るゴリラのココは、シマウマを見たときに、自然に「白」と「トラ」を意味する手話サインを組み合わせたし、この研究分野〔手話習得〕では先駆者のチンパンジーのワショーは、白鳥に「水の鳥」という呼び名をつけた。

私はこれを、より深い知識の手掛かりと解釈してもいいと思っているが、そうするのは今日得られているもの以上の証拠を手に入れてからだ。これまでに挙げた動物たちは、毎日何百という身振り手振りをしているし、何十年間も研究されてきたことに留意するといいだろう。記録された何千という発話のうち、当を得たものとそうでないものの比率について、もっと知る必要がある。そうした偶然の組み合わせは、たとえば、(「プルポ・パウル」というニックネームをつけられた)タコのポールの場合とどう違うのか〔スペイン語で「プルポ」は「タコ」、「パウル」は「ポール」の意〕? ポールというのは、二〇一〇年のサッカーのワールドカップのときに、次から次へと勝者の予想を的中させて有名になったタコだ。ポールがサッカーに詳しいなどと思う人はいない（彼はただの幸運な軟体動物にすぎない）。それと同じで、動物たちの驚くべき発話が偶然のものである確率を考える必要がある。未編集のビデオテープのような生データをまったく目にすることがなく、動物をこよなく愛する飼育者が選り好みして示す解釈だけしか耳にしなければ、私たちが言語的な技能を評価するのは難しい。また、動物が間違った答えをするたびに、それを解釈する人が、その動物にはユーモアのセンスがあると決めてかかり、「こら、冗談はやめにしなさい！」とか「おまえはおかしなゴリラだ！」と声を上げたりするか(15)ら、話がなおさらややこしくなる。

二〇一四年にロビン・ウィリアムズが亡くなり、世界でも屈指のひょうきんな人物の死を国中が嘆いているときに、ココも悲しんでいると言われた。ありうる話に思えた。なぜなら、カリフォルニア州のゴリラ財団は、ウィリアムズがココの「親友」の一人だったと言っているからだ。だが、そこには問題がある。二人は一三年前に一度会っただけだし、ココの「悲しげな」反応の唯一の証拠は、彼女がうなだれて目を閉じて座っている写真だけだったからだ。その姿は類人猿がうたた寝しているところとほとんど区別がつかなかった。ココが悲しんでいたという主張はひどい誇張だと思う。それは類人猿に感情があることや、嘆く能力があることを疑っているからではなく、目撃しなかった出来事に対する動物の反応を評価するのがほぼ不可能だからだ。周りの人にココの気分が影響を受けた可能性は十分あったが、これはココが、ヒトという種の、ろくに知らない一員に何が起こったかを把握することとは別物だ。

これまでに死や喪失に対して類人猿で観察された反応はみな、本当に親密な者（母親や子供、あるいは生涯の友）にかかわるもので、その類人猿の遺骸を目にしたり、それに触れたりできる場合に限られている。誰かの死が語られただけで嘆き悲しむには、私たちのほとんどが動物には想定していない水準の想像力と死の理解が必要とされる。まさに、類人猿にはそれができるという誇大な主張がなされたからこそ、長年の間に、類人猿の発話研究の分野全体が評判を落としたのであり、その種の研究が新たに開始されることがなくなったのだ。そして、今なお行なわれている研究も、資金を獲得するために、聞いて気分の良くなる話や世間をあっと言わせる派手な話題ばかり提供する傾向にある。そうした研究が多過ぎて、手堅い科学的研究が少な過ぎる。

こんなことはめったに言わないが、私は人間だけが言語を操る種だと思っている。人間という種以外に、私たちのものほど豊かで多機能の、記号によるコミュニケーションが存在するという証拠は、正直に言って皆無だ。それは私たちならではの「魔法の泉」であるらしく、私たちは並外れてそれに長けている。他の種も、情動や意図のような内的なプロセスを伝えたり、非言語的なシグナルで行動や計画を連携させたりすることが十分できるが、彼らのコミュニケーションは記号化されていないし、言語のように際限ない柔軟性を持っているわけでもない。一つには、「今、ここ」にほぼ全面的に制限されている。チンパンジーは、今展開している特定の状況への反応として他者が抱く情動を感知することはあっても、時間と空間を隔てた出来事については、ごく単純な情報でさえ伝えられない。もし私の目の周りが黒い痣《あざ》になっていたら、昨日、酔った人たちと酒場に入っていって……という具合に説明できる。ところがチンパンジーは、なぜ自分がけがをしたのかを事後に説明しようがない。後日たまたま襲撃者が通りかかり、その襲撃者に向かって吠えたり叫んだりしたら、他のチンパンジーはその行動とけがとのつながりを推定できるだろう（類人猿は賢いので、原因と結果を結びつけられる）が、これはあくまで襲撃者がその場にいたときにしかうまくいかない。相手が通りかからなかったら、そのような情報の伝達は起こらない。

　言語が私たちの種に与える恩恵を特定し、なぜ言語が生まれたかを説明しようとする理論は、これまでに数えきれないほど登場した。実際、もっぱらこのテーマに捧げられた隔年の国際会議さえあり、そこで講演者たちが想像を絶するほど多くの推論や進化の筋書きを発表する。[16]私自身の見方はいたって素朴で、言語の第一にして最大の利点は、「今、ここ」を超越する情報を伝達できる点にあるというものだ。そこにないものや、すでに起こった、あるいはこれから起ころうとしている出来事についてのコミュニケーションには、莫大な生存価がある。丘の向こう側にライオンがいるとか、近隣の人々が武器を手にしていたとかいったことを他者に知らせられる。だがこれは多くの考え方の一つにすぎず、現代の言語はあまりに複雑で精巧なので、そのような目的だけに限るわけにはいかないことも確かだ。現代の言語は非常に高度なので、それを使って思考や感情を表現し、知識を伝え、哲学を発達させ、詩や小説を書いたりできる。これはなんと信じ難いほど貴重な能力だろう。そして、それは完全に私たちの種だけのもののように見える。

　とはいえ、人間にまつわる大きな現象の多くがそうであるように、言語も細片《ピース》に分割すると、それらのうちには、他の種でも見つかるものがある。霊長類の政略や文化、さらには道徳性まで取り上げた数冊の一般向けの拙著で、私は自らこの手順を応用してみた。[17]権力の連合（政略）や習慣の拡がり（文化）、さらには共感や公平さ（道徳性）といった重要なピースは、私たちの種以外でも認められる。言語の根底にある能力にもこれは当てはまる。たとえばミツバチは、遠く離れた花蜜《かみつ》の在りかを巣の仲間に正確に合図できるし、サルは初歩的な統語法を思わせる予想可能な順序で異なる声を発することがある。最も興味を引かれる共通点は、「参照的合図（referential signaling）」かもしれない。ケニアの平原に暮らすサバンナモンキーは、ヒョウやワシ、ヘビのそれぞれに対して別の警告の声を上げる。特定の捕食者に対するこれらの声は、救命のためのコミュニケーション・システムを形成している。危険の種類が異なれば、異なる反応を示す必要があるからだ。たとえば、ヘビを警告する声に対する正しい反応は、背の高い草の間で直立してあたりを見回すことだが、ヒョウが草の中に潜んでいたら、それは自殺行為になる。[18] また、特化した声を出す代わりに、異なる状況下では同じ呼び声を異なるかたちで組み合わせるサルの種もいる。[19]

霊長類の研究に続いておなじみの波紋の拡がりが起こり、参照的合図をする動物に鳥類も加わった。たとえばシジュウカラは、ヘビに特化した独特の声を出す。ヘビは巣に滑るように入り込み、雛を呑み込んでしまうので、シジュウカラにとっては重大な脅威なのだ。[20] だが、この手の研究は動物のコミュニケーション能力の認知度を高めたものの、深刻な疑問も招き、人間の言語との類似性は「目くらまし」だと言われた。[21] 動物の呼び声は、私たちが思っているようなことを必ずしも意味してはいない。それがどのように機能するかに関して肝心の部分は、聞き手の解釈の仕方次第だ。[22] そのうえ、ほとんどの動物は、人間が単語を覚えるように呼び声を覚えたりしない点には留意するといいだろう。動物は生まれつきそうした呼び声を持っている。自然界における動物のコミュニケーションがどれほど高度であろうと、それは、人間の言語を際限なく融通の利くものにしている記号的な特性と無限の可能性を許容する統語法を欠いている。

むしろ、手振りのほうが人間の言語に近いかもしれない。類人猿の場合には、手振りは自主的な制御下にあり、学習されることが多いからだ。類人猿はコミュニケーションを行なっている間、絶えず手を動かしたり振ったりしており、何か物を乞うために手を広げて差し出したり、優越のしるしとして別の個体の頭上に腕全体をかざしたりという具合に、感心させられるほど多くの仕草のレパートリーを持っている。[23] 私たちはこのような動作を類人猿とだけ共有しており、サルはそのような仕草を事実上まったく見せない。[24] 類人猿の手振りは意図的で、非常に柔軟で、コミュニケーションのメッセージを洗練させるために使われる。チンパンジーが、餌を食べている友達に手を差し出したときには、分けてくれるよう求めているのだが、同じチンパンジーが攻撃されているときに、そばに居合わせた者に手を差し出せば、それは保護を求めているのだ。敵の方に腹立たしそうに平手打ちの仕草をして、その敵を指し示すことさえある。だが、仕草は他の合図よりも状況に依存する度合いが高く、コミュニケーションをおおいに豊かにするとはいえ、彼らの手振りが人間の言語に匹敵するなどというのは、拡大解釈が過ぎる。

それでは、動物のコミュニケーションに言語のような特質を見つけようとする試みは、アレックスやココ、ワショー、カンジ〔後述〕らを対象とした訓練プロジェクトのようなものも含め、すべて時間の無駄だったのか？　テラスの論文が出たあと、自分たちの領域から毛や羽毛に覆われた「侵入者」を締め出すことに熱心な言語学者は、動物研究の不毛さを念仏のように唱えるようになった。彼らは動物研究をあくまで軽蔑していたので、一九八〇年に開かれたある会議（その題には「賢いハンス」という言葉が含まれていた）で、動物に言語を教える試みはいかなるものもすべて公式に禁止することを求めた。[25] この動きは不首尾に終わったが、言語は獣と人間を隔てる唯一の障壁と考えていた一九世紀の反ダーウィン主義者のことを思い起こさせた。彼らの陣営にはパリ言語学会も属しており、この組織は一八六六年に言語の起源の研究を禁じた。[26] そのような措置は、好奇心ではなく知性にまつわる恐れを反映している。言語学者たちは何を怖がっているのか？　彼らは砂の中に突っ込んでいた頭を引き抜いて、現実を直視するべきだろう。なぜなら、どんな形質も、私たちが大好きな言語能力さえも、何もない所から現れたりはしないからだ。前段階なしに突如として進化するものなどない。新しい形質はどれも、既存の構造やプロセスを利用する。たとえば、ウェルニッケ野（人間の言語理解の中枢である脳の部位）は、大型類人猿で確認でき、私たちの場合と同じで、彼らの脳でも左半球でその部位が大きくなっている。[27] だとすれば、言語のために使われるようになる前は、この領域は私たちの祖先の脳の中で何をしていたのか、という疑問が当然出てくる。人間の明瞭な発話と、鳥が鳴くときの微妙な運動制御の両方に影響を与えるFoxP2遺伝子など、そうしたつながりは多数ある。[28] 鳴き鳥と人間は発声の学習にもっぱら関連した遺伝子を少なくとも五〇個共有しているので、科学界はしだいに、人間の発話と鳥のさえずりを収斂進化の産物と見なすようになっている。[29] 言語の進化について真剣に考えている人なら、動物との比較はけっして避けて通れない。

　そうこうしているうちに、言語をきっかけとした研究によって、動物の自然なコミュニケーションは純粋に情動的なものであるという概念が退けられた。コミュニケーションは相手に合わせたものであり、環境についての情報を提供し、合図を受け取る側の解釈に依存していることが、今でははるかによくわかっている。たとえ人間の言語とのつながりには依然として異論があるとしても、しきりに研究が行なわれたおかげで、動物のコミュニケーションについての理解はおおいに深まった。言語を教え込まれたひと握りの動物たちはと言えば、動物の心にどんな能力があるのかを示すうえで、彼らが計り知れぬほど貴重であることが判明した。彼らは私たちに理解し易いかたちで依頼や催促に応じるので、彼らの応答ぶりは人間の想像力に訴えかけ、動物の認知という分野を切り開くのを助けてくれた。アレックスはトレイの上の品々についての質問を聞くと、それらの品を念入りに点検し、尋ねられた品についてあれこれ言った。私たちはそうした質問と彼の答えの両方を理解できるので、難なく彼の立場に身を置くことができる。

キーボード上のシンボルを押してコミュニケーションを行なうボノボのカンジを研究していたスー・サベージ＝ランバウに、私はかつて、「あなたは自分が言語と知能のどちらを研究していると考えていますか？　あるいは、両者には違いがないのでしょうか？」と尋ねたことがある。すると彼女は次のように答えた。

両者は別物です。人間から言わせれば言語能力を持たないものの、迷路問題の解決のような認知的課題は非常にうまくこなせる類人猿がいるからです。ただし言語技能は、認知技能を高めたり洗練したりするのを助けることはできます。言語の訓練をした類人猿に対しては、その類人猿が知らないことを伝えられるからです。これによって、認知的課題をまったく異なる次元にまで進めることが可能になります。たとえば私たちのもとには、類人猿がパズルの三つのピースを組み合わせて、さまざまな肖像を作るコンピューターゲームがあります。このゲームができるようになった類人猿は、画面上で四つのピースを与えられます。四番目のピースは別の肖像のものです。カンジに最初にやらせたときには、彼はウサギの顔のピースを私の顔のピースとつなげようとしました。何度もやるのですが、もちろん、ぴったりはまりません。彼は話し言葉がとてもよく理解できるので、私は彼にこう告げることができました。「カンジ、私たちはウサギを作っているんじゃないの。スーの顔を組み立ててちょうだい」。カンジはこれを聞くとすぐに、ウサギを作るのをやめて、私の顔のピースだけをつなげ始めました。つまり、その指示はたちまち効果を発揮したのです。[30]

カンジは長年アトランタに住んでいたので、私は彼に何度も会い、彼が英語の話し言葉をじつに上手に理解できることにいつも舌を巻いた。私が感銘を受けたのは、彼が自ら行なう発話(かなり初歩的で、人間の三歳児より確実に低い水準だった)ではなく、周りの人に対する反応だった。ある録画の中のやりとりでは、クレバー・ハンス効果を防ぐために溶接マスクで顔を隠したスーが、「鍵を冷蔵庫に入れてちょうだい」とカンジに頼むと、カンジはキーホルダーにつけた鍵の束を手に取り、冷蔵庫を開け、鍵を中に収める。自分のワンちゃんに注射をするように頼まれると、プラスティックの注射器を取り上げておもちゃの縫いぐるみの犬に注射をする。カンジはとても多くの品物や単語を知っているので、それが言われたことを理解するうえで大変役立っている。彼の知識はテスト済みだ。テーブルに座らせ、録音した話し言葉をヘッドフォンを通して聞かせると、聞こえた物の写真を選ぶ。だが、単語の認識に秀でているからといって、それだけではカンジが文全体を理解できるらしいことの理由は説明できない。

文章の理解は、私も自分が研究している類人猿で経験している。彼らは言語の訓練をまったく受けていないのだが。ジョージアは悪戯なチンパンジーで、こっそり蛇口から水を口いっぱいに含み、無警戒の訪問者に浴びせることがよくあった。あるとき私は彼女に、指先を向けながら、見たぞ、とオランダ語で言った。すると彼女はたちまち口を開けて水が垂れるに任せた。私たちの隙を衝こうとしても無駄だと悟ったのだ。だが、彼女は私が言ったことをどうやって理解したのか？ 多くの類人猿は重要な単語をいくつか知っていて、私たちの声の調子やまなざし、仕草といった、言葉に伴う情報に非常に敏感なのではないかと思う。実際、ジョージアは口に水を含んだばかりだったし、私は彼女を指差したり名前で呼んだりして、さまざまな手掛かりを与えていた。私の言葉を厳密に追っていなくても、私がおそらく意味しているだろうことを汲み取るだけの認知的才能が彼女にはあったのだ。

類人猿がまんまと推測してのけると、こちらの言ったことを一つ残らず理解したに違いないとばかり私たちは強く思い込むが、彼らの理解はもっと断片的かもしれない。ロバート・ヤーキーズが印象的な例を挙げている。チンパンジータという幼いオスのチンパンジーとのやりとりのあとのことだ。

ある日、チンピタにブドウを与えていた。彼は種《たね》を呑み込んでいた。私は虫垂炎になるといけないと思ったので、種は私にくれなければだめだよと言うと、口の中の種を全部渡してくれ、それから唇と手を使って床に落ちていた種もいくつか拾った。とうとう、檻の壁とコンクリートの床との間の、唇でも指でもうまく取れない場所に二つ残るだけになった。私は言った。「チンピタ、私が行ってしまったら、おまえはあの種を食べるだろうね」。彼は、なぜそこまでうるさいのかとでも言うように私を見た。それからずっと私から目を離さずに、隣の檻に入って短い棒を取ってきて、隙間から種をほじくり出すと、私によこした。(31)

チンピタが文章全体を理解したに違いないと、つい思ってしまうが、だからこそ、驚いたヤーキーズはこう付け加えている。「そのような行動は、入念な科学的分析を必要とする」。だが、チンピタは私たちが普段やり慣れているよりもはるかに注意深くヤーキーズのボディランゲージを追っていた可能性のほうが高い。私は類人猿たちがすっかり私のことを見透かしているという不気味な印象を絶えず受ける。彼らは言語に気を逸らされたりしないからかもしれない。人間は他者の言い分に注意を向け、ボディランゲージは無視してしまうが、動物は違う。彼らにとっては、ボディランゲージこそが唯一の手掛かりだからだ。彼らはボディランゲージを読み取る技能を毎日使い、その技能を洗練させ、手に取るように私たちの心を読むようになる。失語症病棟の患者たちについてオリヴァー・サックスが語った話が思い出される。彼らはロナルド・レーガン大統領の演説のテレビ中継の最中に、身悶えしながら笑いだした。(32)失語症の人は言葉を言葉として理解できないので、表情とボディランゲージを通して話の内容を追う。彼らは非言語的な手掛かりに一心に注意を向けているので、嘘に騙されることがない。その場に居合わせた他の人には大統領の演説はごく普通に見えたが、大統領は人を欺く言葉と声の調子を狡猾に織り込んでいたので、脳に損傷を負った人たちだけはそれを見抜けたのだとサックスは結論した。

人間以外の種に言語を見つけようと懸命の努力がなされたが、その結果、私たちは皮肉にも、言語を操るのがどれほど特別な能力であるか、理解を深めることになった。言語能力は特別な学習メカニズムによって育まれる。そのメカニズムのおかげで、人間の幼児は訓練を受けた動物のどれよりも速く言語を習得できる。実際それは、私たちの種における、生物学的に準備された学習の好例だ。とはいえ、そうとわかったところで、動物の言語能力の研究で解明されたことが無効になるわけでは断じてない。それを退けるのは、貴重な品まで無用の品といっしょに捨てるようなものだ。その種の研究のおかげで、私たちはアレックスや〔手話のできる〕ワショー、カンジらの天才と出会い、動物の認知を広く世間に知ってもらうことができた。彼らのおかげで、懐疑的な研究者も一般大衆も、動物の行動には丸暗記をはるかに超えるものがあると納得した。オウムが頭の中で物の数を首尾良く数え上げるのを目の当たりにした人はもう、オウムはオウム返しが得意なだけだと信じているわけにはいかなくなる。

犬たちへ

アイリーン・ペパーバーグとナディア・コーツは、それぞれのやり方で危険な領域を進んでいった。誰もが偏見を持たず、客観的事実にだけ関心を抱いていたらなんとも素晴らしいのだが、科学も先入観や狂信と無縁ではない。言語の起源の研究を禁じる人は誰であれ、新しい考え方を恐れているに違いなく、メンデルの遺伝学に対する唯一の答えが国家による迫害であると言う人も同じだ。ガリレオの望遠鏡を覗くことを拒んだ同時代の天文学者たちもそうだが、人間とは奇妙な生き物だ。身の周りの世界を分析したり探究したりする力を持ちながら、期待に反しかねない証拠が出てきた途端にパニックを起こすのだから。

動物の認知に科学が真剣に取り組み始めたときにも、まさにそうした状況になった。この時期には、多くの人が心を掻き乱された。言語研究のおかげもあって、当時主流だった懐疑的な見方は葬り去られた——研究の当初の意図とは違う理由からだったかもしれないが。認知という魔法の精がいったん瓶から飛び出すと、二度と中へ押し込めることはできなかった。そして、科学は以前よりは言語の色合いの薄い眼鏡を通して動物を探究し始めた。私たちはコーツやヤーキーズ、ケーラーらの研究構想法に立ち返った。道具、環境の知識、社会的関係、洞察、先見の明などに注意を向ける人もいた。協力や食べ物の分かち合い、トークン（代用通貨）による交換の研究において今日人気のある多くの実験パラダイムは、一世紀前の研究にさかのぼる。(33) もちろん、類人猿のような制御の難しい生き物をどう扱い、どう動機づけるかという問題は残る。動物は、人間の周りで育たなかったときには、私たちの命令が何を意味するか見当もつかないし、こちらが望んでいるほど注意を向けてもくれない。本質的に野生のままで、注意を引くのが難しい。言語の訓練を受けた動物ははるかに扱い易いので、彼らなしでは途方に暮れることになる。

たいていの場合、彼らの代役を見つけることは不可能だから、野生の生き物や半野生の生き物をテストする方法を習得するしかないだろう。ただし、一つだけ例外がある。それは、私たちとうまくやっていけるように、人間という種が意図的に品種改良してきた動物、すなわち犬だ。少し前まで、動物の行動の研究者は、犬は家畜化された動物であり、したがって遺伝的に改変されていて人工的だからというまさにその理由で、犬から尻込みしていた。だが、科学界は知能の研究に犬を使う利点に気づいて、彼らに目を向け始めている。一つには、犬を研究するときには、安全についてあまり心配したり、研究の対象を檻に閉じ込めたりする必要がないからだ。こちらの都合の良い時間に飼い主に連れてきてもらえばいいので、餌をやったり飼ったりする必要もない。所属する大学の紋章で飾られた、その犬の才能を正式に認める証書をお礼代わりに進呈すれば、飼い主は鼻高々で満足してくれる。そして何より、研究者は他のほとんどの動物につきまとう動機付けの問題に直面しないで済む。犬は私たちに熱心に注意を払ってくれ、ろくに催促しなくても、提示された課題に取り組む。犬の認知研究が有望な分野であるのも当然だろう。[34] ところで、私たちは人間が動物をどう認識しているかについても、しだいにわかってきている。たとえば、犬を飼っている人の四人に一人が、自分の犬のほうがたいていの人よりも賢いと考えているのをご存じだっただろうか？[35] さらに、犬は非常に共感的で社会的な生き物なので、こうした研究は動物の情動という、ダーウィンが胸を躍らせた分野にも光を当てるというおまけがつく。ダーウィンはさまざまな種の間における情動の連続性を説明するために、しばしば犬を使った。

犬を対象とすれば、他のほとんどの動物では依然として手の届かない水準で神経科学が応用できることが見込まれる。私たち自身の種では、ｆＭＲＩ（機能的磁気共鳴画像法）で脳をスキャンし、私たちが何を恐れていたり、互いにどれほど愛し合っていたりするかを調べることが普通に行なわれる。こうした研究の結果はニュースで頻繁に取り上げられる。では、なぜ動物ではそうならないのか？

それは、人間なら巨大な磁石の中に長時間じっと横たわっていられるからだ。そうしないと、脳の鮮明な画像は得られない。実験の参加者には質問をしたり動画を見せたりし、安静状態のときと脳の活動を比べることができる。もっとも、結果は喧伝されているほど有益であるとはかぎらない。脳画像は、私が嘲って「神経地理学」と呼ぶ程度のものでしかないことが多いからだ。典型的な脳画像は、ある領域が黄色か赤に光っている。そこから、脳のどこが活動しているかはわかっても、何がどうして起こっているかについて説明がなされるのを私たちが耳にすることはめったにない[36]。

とはいえこの制約を別にすれば、科学界を悩ませてきた問題は、同じような情報をどうやって動物から集めるか、だった。鳥を使った試みがなされたが、鳥はスキャンの最中に目を覚ましていなかった。体は動かせないものの、目覚めているマーモセット〔マーモセット科マーモセット属の小型のサル〕の脳スキャンも行なわれた。モンゴルの赤ん坊のように布でしっかりくるまれたこの小さなサルたちがスキャナーに入れられ、さまざまなスキャンがなされた[37]。だが、チンパンジーのような大型の霊長類にそのような手順を踏ませたら（そんなことは現実には不可能なのだが、仮にできたとしても）、あまりに大きなストレスがかかるので、認知的課題に注意を向けてはいられないだろう。彼らに麻酔をかけるわけにもいかない。それでは検査する意味がない。完全に意識がある動物に自主的に参加してもらうのは、本当に難しいのだ。

その方法を考えるため、ある日私は自分が所属するエモリー大学の心理学科の地下に、人間用の新しい磁気共鳴装置を見に降りていった。同僚の一人、神経科学者のグレゴリー・バーンズが、じっと座っているように訓練できる唯一の動物を対象として飛躍的な前進を遂げるべく、この素晴らしい装置を活用し始めたところだった。待合室で待っていると、グレッグが、去勢されていない大きなオス犬のイーライと、それよりはずっと小さな、卵巣を除去したメスのキャリーを連れて入ってきた。キャリーはグレッグの話の主人公だった。なにしろグレッグ自身のペットであり、特別に設計した台に鼻面を載せて、じっと身を横たえているように訓練された最初の犬だったからだ。

私たちが待っている間、犬たちは部屋の中で仲良く遊んでいたが、やがて喧嘩になり、イーライが噛みついたので、私たちは両者を引き離さざるをえなかった。

磁気共鳴装置の中のキャリー。犬は訓練すればじっと座っていられるようになるので、fMRIのような脳画像装置を使って彼らの認知の研究をすることができる。

これはたしかに人間の待合室とは大違いだった。キャリーにとって、犬用のヘッドセットをつけるのはこれが八度目だった。それは、磁石が唸りを上げる音などの騒音を軽減するために犬の頭に被せる、発泡体《フォーム》の詰まった遮音装置だ。この研究にとって、犬たちに奇妙な騒音に慣れてもらうことが欠かせない。おかしな話だが、グレッグはウサマ・ビンラディンの潜伏先の邸宅を急襲するビデオを見てから、これでうまくいくだろうと確信した。アメリカ海軍特殊部隊のチーム6は、一頭の犬を訓練し、酸素マスクをつけ、兵士の胸にくくりつけられてヘリコプターから飛び降りられるようにした。訓練によって犬にこれだけのことをさせられるのなら、磁石の立てる音に慣れさせることができないはずはないとグレッグは考えたのだ。それに加えて、台に顔を載せる訓練をすることが、この研究の成功の秘訣だ。ソーセージの小片を幾度となく与えながら、犬たちを自宅で訓練し、磁気共鳴装置の中で顔を載せる台になじませ、自分に何が期待されているかを覚えさせた。[38]

頻繁に報酬を与えると問題が生じる。食べるときには顎を動かす必要があり、それが脳画像の撮影の邪魔になるからだ。キャリーは犬専用の梯子を駆け上がってスキャナーの中に入り、体勢を整えて撮影の開始を待った。だが、少し興奮し過ぎていた。尻尾をしきりに振っている。これまた体の動きを招いてしまう。私たちは尻尾を振るのと結びついた脳領域を探しているのだとグレッグは冗談を言ったが、それほど的外れではなかった。イーライは、もっと促してやらないとスキャナーに入らなかったが、おなじみの顔載せ台を目にすると納得した。飼い主によれば、台にはすっかり慣れていて、じつに楽しい時間と結びつけているので、自宅では顔を載せて寝ていることもあるそうだ。彼は三分間じっとしていたので、うまくスキャンできた。

スキャナーの中にいる犬には、事前に教え込んだ手による合図で、もうすぐご馳走がもらえるかどうかを伝える。これによってグレッグは犬の快楽中枢の活性化を調べる。彼の目標は現時点ではかなり控えめで、たとえば、人間でも犬でも、類似した認知的プロセスが類似した脳領域を稼働させるのを立証することなどだ。犬は食べ物がもらえそうだと、特別手当が支給されるのを見込んでいるビジネスマンの脳内で起こるのと同じように、脳の尾状核《びじょうかく》が活性化するという結果を得ている。[39] あらゆる哺乳動物の脳が本質的には同じように機能することは、他の領域でも確認されている。もちろんこうした類似性の背後には、もっとずっと深い意味合いが潜んでいる。スキナーとその信奉者たちがしたように、心的プロセスをブラックボックスとして扱う代わりに、私たちは今やその箱をこじ開けて、厖大な神経の相同を明らかにしようとしている。そうした相同は、心的プロセスには共有された進化の背景があることを示し、人間と動物とは別個のものという二元論を退ける強力な論拠を提供してくれる。

この研究はまだ揺籃期にあるが、組織や体を傷つけたり痛めたりしないで動物の認知と情動を神経科学的に調べる道を開いてくれそうだ。私は自分が新時代の入口に立っているかのように感じた。そこへイーライがスキャナーから小走りに出てきて、私の膝の上に頭を載せ、犬なりの深い溜め息をつき、万事うまくいったという安堵の思いを表した。

第5章
THE MEASURE OF ALL THINGS

あらゆるものの尺度

アユムは自分のコンピューターでの作業に余念がなく、私にかまっている暇などなかった。彼は京都大学霊長類研究所の屋外放飼場で仲間のチンパンジーたちと暮らしている。ここのチンパンジーは、コンピューターを備えた小さな電話ボックスのような仕切りのうちの一つに、いつでも駆け込むことができる。そして、いつでも好きなときにその仕切りをあとにすることができる。こうしておけば、コンピューターゲームをするかどうかは完全にチンパンジー次第になるので、動機付けの健全性が保証される。仕切りは透明で低いので、私は身を屈めて覗き込み、アユムの肩越しに彼の取り組みぶりを見ることができた。指導している学生が私の一〇倍も速くキーボードでタイプできるのに感心するのと同じように、私はアユムが驚異的な速さで意思決定を行なうのを見守った。

オスの子供のアユムは、二〇〇七年に人間の記憶力の面目を潰した。タッチスクリーンの使い方を教わったアユムは1から9までの数字を思い出し、順番にタッチすることができる。数字は画面のさまざまな場所にランダムに現れ、アユムがタッチし始めた途端にすべて白い四角に変わってしまうのに、だ。アユムは数字とその場所を覚え、白い四角を順番にタッチしていく。画面上に数字が映っている時間を短くしてもアユムには関係ないらしいが、人間の場合は時間が短くなるほど精度が落ちる。私もやってみたが、画面を何秒もじっくり見たあとでさえ、数字が五個を超えるとお手上げだった。一方アユムは、数字をわずか二一〇ミリ秒見ただけでやってのけられる。これは一秒の五分の一余りで、文字どおり一瞬、つまり瞬きを一度するほどの時間にすぎない。その後の研究で人間を訓練すると、数字五個まではなんとかアユムの水準まで達したが、アユムは最大九個までを八〇パーセントの精度で覚えておくことができ、今のところ、それに肩を並べる成績を挙げた人間は一人もいない。[1] トランプひと組分のカードをそっくり覚えられることで有名なイギリスの記憶チャンピオンの向こうを張って、アユムは「チンピオン」として名を上げたのだった。

アユムは写真のように精確な記憶力を持っているので、タッチスクリーン上の一連の数字を、それが一瞬のうちに消えてしまっても、正しい順番で素早くタッチできる。このチンパンジーの子供に人間が歯が立たないことを知って動揺する心理学者もいる。

　アユムが写真のように精確な記憶力を持っているのが明らかになったときに科学界が経験した苦悩は、半世紀前にDNAの研究で、人間は独自の属を形成するのもおこがましいほどボノボやチンパンジーと違いが少ないことが明らかになったときのものに匹敵する。分類学者たちがヒト属を私たちだけのものにさせ続けてくれているのは、歴史的理由からにすぎない。このＤＮＡ比較のせいで、各大学の人類学科では誰もが気を揉んだ。それまでは、頭蓋骨や体の骨が近縁関係の尺度として絶対的な地位を占めていたからだ。だが、頭蓋骨のどの特徴が重要かを特定するには人の判断を必要とするので、主観が入り込み、私たちの考え次第でさまざまな特性の軽重が歪められてしまいうる。たとえば、私たちは人間の二足歩行をやたらに高く評価するが、ニワトリから、ぴょんぴょん跳ねるカンガルーまで、二本足で動く多くの動物は無視している。サバンナでは場所によっては、ボノボは背の高い草の間を、人間のように堂々たる足取りでかなりの距離を直立歩行する。(2) じつは、二足歩行は以前言われていたほど特別ではないのだ。ＤＮＡが素晴らしいのは偏見とは無縁だからで、そのおかげでＤＮＡはより客観的な尺度となる。

だがアユムに関しては、うろたえるのは各大学の心理学科の番だった。現在アユムはずっと多くの数字を扱う訓練を受けており、彼の写真のように精確な記憶力はますます短い表示時間でテストされているので、彼の能力の限界はまだ不明だ。だがアユムは、知能テストは例外なく人間の優越性を裏づけるはずであるという見解をすでに覆してしまった。デイヴィッド・プレマックによれば、「人間はありとあらゆる認知能力を自在に操る。そしてそのすべてが領域一般的だが、それとは対照的に、動物が操る能力はごく少数で、そのすべてが単一の目的あるいは活動に限定された適応である」(3) はずだったのだが。言い換えれば人間は、自然界を覆う暗黒の知的天空における、唯一のまばゆい光というわけだ。他の種はそれぞれ区別する価値もないとばかりに、「動物」という言葉（「獣」や「人間以外のもの」といった表現ももちろん使われる）で安直にいっしょくたにされている。これは、「私たちvs彼ら」という構図にほかならない。「humaniqueness（人間のユニークさ）」という言葉を造ったアメリカの霊長類学者マーク・ハウザーは、かつてこう述べた。「思うに、人間と動物（チンパンジーさえも）との認知能力の格差は、チンパンジーと甲虫との格差よりも大きいことがいずれ判明するだろう[4]」

いや、あなたの読み間違いではない。肉眼では見えないほど小さな脳を持った昆虫が、小さいとはいえ細部に至るまで私たちのものと同じ中枢神経系を持った霊長類の動物と同等だというのだ。私たちの脳は、さまざまな領域や神経、神経伝達物質から脳室や血液供給に至るまで、類人猿の脳とほぼ完全に同じだ。進化の観点からは、ハウザーの主張は理解し難い。人間とチンパンジーと甲虫を比べたら、どれが仲間外れかは一目瞭然で、それはむろん、甲虫にほかならない。

進化は人間の頭の手前止まり

人間とそれ以外の動物は不連続であるという立場は、本質的には進化論が登場する以前のものなので、はっきりそう言わせてもらい、それを「新《ネオ》特殊創造説（Neo-Creationism）」と呼ぶことにする。ネオ特殊創造説は「インテリジェント・デザイン」と混同してはいけない。インテリジェント・デザインは古い特殊創造説の焼き直しにすぎない。ネオ特殊創造説は進化を受け容れる点でもっと巧妙だが、受け容れるといっても半分だけだ。その中心的教義によれば、私たちは体は類人猿を祖先とするが心は違うのだという。ネオ特殊創造説は、そうと明言はしないものの、進化は人間の頭の手前止まりだったと決めてかかっている。この考え方は、社会科学や哲学、人文科学の大半で相変わらず主流を占めている。それによると、私たちの心はあまりに独特なので、その例外的地位を確認する以外の目的では、他の動物の心と比較してもしかたがないという。私たちのすることと文字どおり比べ物にならないのなら、他の種ができることなどどうでもいいではないか、というわけだ。この跳躍進化説の見方が拠り所としているのは、私たちが類人猿と分かれたあとに何か重大なこと——過去数百万年間、あるいは、ことによるとさらに現在に近い時点における唐突な変化——が起こったに違いないという確信だ。この奇跡的な出来事は依然として謎に包まれているものの、「ヒト化」という専用の用語を贈られて称讃されており、この用語は、「輝き《スパーク》」「間隙《ギャップ》」「隔たり《キャズム》」などといった言葉といっしょに使われる。[5] むろん、現代の学者は「神性の輝き」はもとより、「特殊創造」などということは間違っても口にしないだろうが、この立場には宗教的背景があることは否定し難い。

　生物学の分野では、進化は人間の頭の手前止まりという概念は、「ウォレス問題」と呼ばれている。アルフレッド・ラッセル・ウォレスはチャールズ・ダーウィンと同時代に生きた偉大なイギリスの博物学者で、自然淘汰による進化という考え方をダーウィンと並んで思いついたとされている。事実この考え方は、「ダーウィン＝ウォレス説」としても知られている。ウォレスは進化という概念はまったく問題なく受け容れることができたが、人間の心に関しては一線を画していた。彼は自分が「人間の尊厳」と呼ぶものにすっかり感服していたので、類人猿との比較は我慢ならなかった。ダーウィンは、あらゆる形質は実用的であり、もっぱら生存に必要であるという点で価値があると考えていたのに対して、ウォレスはこの原則には一つだけ例外があるに違いないと感じていた。すなわち人間の心だ。素朴な暮らしをする人が、交響曲を作曲したり計算を行なったりできる脳を必要とするのはいったいなぜか? ウォレスはこう書いている。「自然淘汰は野蛮人に、類人猿のものよりもほんのわずかにましな脳を与えるだけで済ますこともできたはずだが、現実には野蛮人は、学識ある社会の平均的な成員のものにほとんど劣らぬ脳を持っていた(6)」。ウォレスは東南アジアを旅している間に、文字を持たない人々に対して深い敬意を抱くようになったので、彼らのことを「ほとんど劣らぬ」としたのは、当時支配的だった人種差別的な見方、すなわち彼らの知性は類人猿と西洋人の知性の中間という見方と比べると、大きな前進だった。ウォレスは信仰を持っていなかったが、人間の過剰な脳の力を「目に見えぬ霊の世界」のおかげと考えた。それ以外に人間の魂を説明できるものはありえなかった。驚くまでもないが、ダーウィンはこの立派な同輩研究者が、どれほど表面を取り繕ったかたちでにせよ、神の手を持ち出すのを見てひどく心を乱された。超自然的な説明などまったく必要ないと彼は感じていたからだ。それにもかかわらず、人間の心を生物学の「魔手」から何としても守ろうとする学界では、ウォレス問題は依然として大きな存在であり続けている。

私は最近、ある著名な哲学者の講演に出席した。彼は意識についての自説で聴衆を魅了していたが、あとからふと思いついたかのように、「明らかに」人間は他のどんな種よりもはるかに多くの意識を持っている、と付け加えた。私は頭を掻いた(霊長類における内面的葛藤の表れだ)。それまでその哲学者は進化の観点からの説明を探し求めているという印象を与えていたからだ。彼は脳内の厖大な相互接続に触れ、意識は神経結合の数と複雑さから生じるとすでに述べていた。私は同じような説明をロボットの専門家たちからも聞いたことがある。彼らは十分な数のマイクロチップがコンピューター内で結びつけば、必ずや意識が生じるはずだと思っている。私はそれを信じてもいいと思う。相互接続からどうやって意識が生まれるかはもちろん、意識とは厳密には何かさえ知っている人はいないようではあるが。

とはいえ、神経結合を重視するのであれば、私たちのおよそ一三五〇グラムという脳よりも大きな脳を持った動物はどうなのかと思わざるをえなくなる。一五〇〇グラムの脳を持つイルカはどうなのか？　四キログラムの脳を持つゾウは？　さらには、八キログラムの脳を持つマッコウクジラは？　これらの動物は、ひょっとしたら私たちよりももっと意識があるのだろうか？　それとも、それはニューロンの数次第なのか？　この点に関して、事はそれほど明確ではない。大きさとは無関係に、私たちの脳には他のどんな動物の脳よりも多くのニューロンがあると長い間考えられていたが、ゾウの脳には人間の脳の三倍（正確には二五七〇億個）ものニューロンがあることが今ではわかっている。ただし、これらのニューロンは分布の仕方が違っており、ゾウのニューロンは大半が小脳にある。ゾウの脳はこれほど巨大なので、特別のハイウェイ網のように、遠く離れた領域どうしを結ぶ多くの接続があって、さらに複雑さを増しているとも推測されている。[7] 私たち自身の脳では、前頭葉が合理性の座と讃えられて重要視される傾向にあるが、最新の解剖学の報告によると、前頭葉はそれほど特別ではないそうだ。人間の脳は「線形にスケールアップされた霊長類の脳」と呼ばれてきた。どの領域をとっても、不釣り合いに大きくはないということだ。[8] 全般的に見て、神経の違いだけをもって、必然的に人間は唯一無二であると結論するのは無理だと思われる。仮に意識の測定法が見つかったなら、さまざまな動物が意識を持っていることが判明する可能性がおおいにある。だがそれまでは、ダーウィンの考えの一部は少しばかり危険過ぎると見なされ続けられるだろう。

だからといって人間が特別であることを否定するわけではない。いくつかの点で、私たちは明らかに特別だ。だが、もしそれがありとあらゆる認知能力に関して普遍的前提になったら、私たちは科学の領域を離れて信仰の領域に入っていくことになる。私は心理学科で教える生物学者だから、さまざまな学問分野がこの問題に異なるかたちで取り組むことに慣れている。生物学と神経科学と医学では、連続性があらかじめ標準的仮定となっている。それ以外はありえない。なぜなら、すべての哺乳類の脳は似ているという前提がなかったら、人間の恐怖症を治療するためにラットの扁桃体における恐れを研究する人などいるだろうか？　これらの学問分野では、生物全般の連続性は当然視されており、人間はどれほど重要だろうと、自然という大きな構図の中では一片の塵《ちり》にすぎない。

心理学もしだいにそれと同じ方向に進んでいるが、他の社会科学と人文科学では、相変わらず不連続性がたいてい前提となっている。これらの分野の聴衆の前で講演するたびに、私はそれを思い知らされる。たとえ私はいつも人間に触れるわけではないにせよ、私の講演では必ず人間と他のヒト科の他の動物との類似性が浮き彫りになる。そのような講演のあとには、「でも、それならば人間であるとはどういうことなのでしょう？」ときまって質問される。最初の「でも」で相手の意図が透けて見える。このひと言で類似性をすべて脇に押しのけ、何が私たちを唯一無二の存在にしているかという肝心要の疑問に突き進もうとしているのだ。私はたいてい氷山のたとえを使って答える。私たちと霊長類の親戚たちとの間には、認知や情動や行動の厖大な類似性があるということだ。だが、数十の違いを含んだ氷山の一角もある。自然科学が氷山全体に取り組もうとするのに対して、学究の世界の残りはその一角だけを眺めて満足している。

西洋では、この一角に魅了された状態は昔からのもので、今後もずっと続くだろう。人間ならではの特性は、好ましく、気高くさえあるといつも評価される。褒められたものではない特性を見つけるのも難しくはないのだが。他の指と向かい合わせにできる親指や、協力、ユーモア、純粋な利他主義、性的オルガスム、言語、喉頭《こうとう》の解剖学的構造など、私たちはいつも決定的な違いを探し求めている。それはひょっとしたら、人間という種の最も簡潔な定義を巡るプラトンとディオゲネスの議論に端を発するのかもしれない。プラトンは、人間とは羽毛で覆われておらずしかも二足歩行する唯一の生き物である、という定義を示した。だが、この定義には難があることが判明した。ディオゲネスが羽をむしったニワトリを講義室に持ち込み、「ほら、プラトンの人間だ」と言って放したのだ。それ以後、その定義には「幅の広い爪のある」という言葉が付け足された。

一七八四年、ヨハン・ヴォルフガング・ゲーテは、人間の生物学的起源を発見したと勝ち誇ったように宣言した。すなわち、「顎間骨《がっかんこつ》」という名称で知られる、人間の上顎の中の小さな骨だ。この骨は、類人猿を含めた他の哺乳類にはあるが、それ以前には私たちの種では発見されておらず、したがって解剖学者に「原始的」というレッテルを貼られていた。それが人間にないのは誇るべきことと考えられていた。ゲーテは詩人であるとともに自然科学者でもあったので、私たちにもこの古来の骨があることを示し、人間という種を自然界の残りと結びつけることができて大喜びしたのだった。これはダーウィンよりも一世紀前なのだから、進化という考え方がどれほど以前から存在していたかがよくわかる。

連続性と例外論の間のそのような緊張は今なお根強く残っており、私たちがどう違うかという主張がなされては崩れることの繰り返しになっている。(9) 顎間骨の場合と同じで、私たちが唯一無二の存在であるという主張はたいてい四段階を経る。まず何度も繰り返され、続いて新たな発見によって正当性を問われ、やがて足を引きずるようにして引き揚げにかかり、ついには不名誉な墓場に捨てられるという流れだ。私は、そうした主張の勝手気ままさには毎回呆れる。唯一無二の存在であるという主張はどこからともなく現れ、盛んに注目されるが、その間誰もが、それまではそれがまったく問題にされていなかったことを忘れてしまうようだ。たとえば、英語（そして他のじつに多くの言語）では、行動の模倣は私たちの近縁種を指す言葉で表され、そこからは、物真似はたいしたことではなく、類人猿もやることと考えられていたのが窺われる。ところが、模倣が認知的に複雑なものとして再定義され、「真の模倣」と名づけられた途端、それができるのは私たちだけになってしまった。その結果、人間は猿真似をする唯一のサルである、というおかしな合意が生まれた。別の例を挙げよう。「心の理論〔他者の心的表象や行動を理解するための認知的枠組み〕」だ。じつは、この概念は霊長類の研究に由来する。それにもかかわらず、いつのまにか定義し直され、少なくともしばらくは、類人猿には無縁に見えた。こうした定義や再定義はみな、NBCテレビのお笑いバラエティ番組「サタデー・ナイト・ライブ」でジョン・ロヴィッツが演じた人物を思い出させる。その人物は、自分の行動を正当化するために、とんでもない屁理屈を思いつく。あれこれ頭をひねっているうちに、自分がでっち上げた理由を信じ込み、自己満足でにやにやしながら、「そうさ、まったくそのとおり！」と大声で言う。

道具を使う技能についても同じことが起こった。大昔の印刷物や絵画では、類人猿が杖などの道具を手にしている姿が当たり前のように描かれていたにもかかわらず、だ。なかでも最も印象的なのは、カール・リンネの一七三五年の作品、『自然の体系』だろう。当時、類人猿が道具を使うことは広く知られており、異論はまったくなかった。描き手たちは、より人間に似せるために類人猿の手に道具を持たせたのだろう。ところがそれとは正反対の理由から、二〇世紀の人類学者は道具を優れた知能の表れに祭り上げた。それ以降は、類人猿のテクノロジーは厳しい目にさらされ、疑われ、嘲られさえし、その一方で人間のテクノロジーは心的卓越性の証として持ち上げられた。こういう背景があったからこそ、野生の世界における類人猿の道具使用の発見（あるいは再発見）は衝撃的だったのだ。その重要性をなるべく低めようとした人類学者たちが、ひょっとするとチンパンジーは人間から道具の使い方を学習したのかもしれないと主張するのを、私は聞いたことがある。そのほうが、独自に道具を開発するよりも可能性がありそうだ、とでも言うようだった。この見解は明らかに、模倣が人間ならではのものだと宣言される以前までさかのぼる。これらの主張の間にまったく矛盾を生じさせずにおくのは難しい。ルイス・リーキーがチンパンジーをヒトとして受け容れるか、ヒトを再定義するか、道具を再定義するかしなければならないと述べたとき〔一〇六ページ参照〕、研究者たちは案の定、第二の選択肢を選んだ。人間を再定義するのがはやらなくなることは金輪際ないだろうし、新しい定義はいつも、「そうさ、まったくそのとおり！」という言葉に迎えられることだろう。

人間が胸を叩いて優位を誇示すること（これまた霊長類に共通のパターン）よりも目に余るのが、他の種を見下す傾向だ。いや、見下すのは他の種だけではない。なにしろ白人男性が他の誰よりも遺伝的に優れていると断言する、長い歴史があるのだから。自分の民族が最も優越しているという考え方は、人間以外の種にも適用される。ネアンデルタール人を愚鈍な野蛮人と嘲るときがそうだ。ところが今では知られているように、ネアンデルタール人の脳は私たちの脳より少しばかり大きかったし、彼らの遺伝子の一部は私たちのゲノムに取り込まれているし、彼らは火や手斧や楽器を使ったり埋葬を行なったりもしていた。ひょっとすると人間の兄弟たちも、いずれいくらか敬意を得るかもしれない。だが、類人猿はといえば、相変わらず軽蔑され続けている。二〇一三年にBBCのウェブサイトが「あなたはチンパンジーほど間抜けですか?」と問うたときに、私は彼らがどうやってチンパンジーの知能の水準を特定したのか知りたかった。だがそのウェブサイト（その後、削除された）は、類人猿とはまったく無関係の、世界の情勢についての人間の知識のテストを提供するだけだった。チンパンジーは私たちの種との違いを際立たせるために利用されたにすぎない。だが、こういうときになぜチンパンジーではなく、たとえばバッタや金魚に着目しないのか？　それはもちろん、誰もがそれらの動物より人間のほうが賢いと文句なく信じているものの、もっと人間に近い種に関しては、それほど自信がないからだ。ヒト科の他の動物との比較を私たちが好むのは、不安を抱いているせいであり、『われらはチンパンジーにあらず――ヒト遺伝子の探求』『私たちもまたただのサル？（*Just Another Ape?*）』といった腹立たしげな本[10]のタイトルにもそれが反映されている。

それと同じ不安が、アユムに対する反応にもはっきり表れていた。彼が課題をこなす姿をインターネットで見た人々は、いかさまに違いないと言って信じないか、「自分がチンパンジーより頭が悪かったなんて信じられない！」といったコメントを残すかのどちらかだった。この実験全体が、あまりに不快なものと受け止められたので、アメリカの研究者たちはチンパンジーを打ち負かすために特別な訓練を受けなくては、と感じた。アユムの研究を主導した日本の研究者の松沢哲郎は、この反応のことを最初に耳にしたときに頭を抱えた。ヴァージニア・モレルは、進化認知学の分野の舞台裏を覗いた魅力的な文章の中で、松沢の反応を詳しく記している。

まったく、信じられない。あなたも見たとおり、私たちはアユムを使って、ある一つのタイプの記憶テストでチンパンジーが人間に優ることを発見しました。チンパンジーはそれを瞬時にやってのけられます。この課題、このたった一つのことに関しては、彼らは人間に優っています。それに狼狽した人たちがいることは承知しています。そしてとうとう、チンパンジー並みになるために練習を重ねる研究者が出てきたとは。本当に理解できません。なぜあらゆる分野で私たちがいつも優位に立っている必要があるのでしょう。(11)

氷山の一角が何十年も前から解けてきているというのに、一部の人々の態度はほとんど変わらないように見える。彼らについてここでさらに取り上げたり、人間は唯一無二の存在であるという最新の主張を吟味したりする代わりに、今や引退間際の主張をいくつか検討することにしよう。そこから、知能テストの背後にある方法論が見えてくるからで、私たちが何を見出すかは、研究方法次第なのだ。チンパンジー（あるはゾウやタコや馬）のＩＱはどうやってテストすればいいか？　まるでジョークの出だしのように聞こえるかもしれないが、じつはこれは、科学が直面しているうちでもとびきり厄介な問題だ。人間のＩＱにも異論はあるかもしれない。とくに、文化的な集団や民族的な集団どうしを比較しているときにはそうだ。だが、それぞれの種となると、問題は桁違いに大きくなる。

猫の愛好家のほうが犬の愛好家よりも知能が高いという最近の研究結果を、私は受け容れてもいいと思っているが、この比較は、猫と犬そのものの比較に比べれば、いともたやすいものに見えてくる。猫という種と犬という種はあまりにも違うので、両者が同じように認識して取り組むような知能テストを考案するのは難しいだろう。だが問題（敬遠されている重大な問題）は、これら二つの動物種の優劣だけではなく、人間との優劣もどうやって判定するか、だ。そしてこの点では、精細な吟味がいっさい放棄されてしまうことが多い。動物の認知の分野で新たな発見がなされると、科学界は必ず批判するのだが、私たち自身の知能についての主張となると話は別で、多くの場合まったく批判されない。科学者たちはその手の主張を鵜呑みにしてしまう。アユムの偉業とは違って、その主張が、期待されている方向のものであればなおさらだ。一方、一般大衆は混乱してしまう。そのような主張は必ず、それに異議を唱える研究を促すからだ。異なる結果が出るのは、方法論の違いのせいであることが多い。退屈な話に思えるかもしれないが、方法論の問題は、動物の賢さがわかるほど人間は賢いのかどうかという疑問の核心に直結している。

科学は煎じ詰めれば方法論に尽きるので、私たちはそれに細心の注意を向ける。私たちのオマキザルがタッチスクリーンでの顔認識課題で成績が芳しくなかったときには、ひたすらデータを見直し、成績が非常に悪いのがいつも特定の曜日であることにとうとう気づいた。学生ボランティアの一人は、テストの間、決められた手順を忠実に守っていたが、彼女がサルたちの気を散らしていたことがわかった。この学生は神経質でそわそわしており、絶えず姿勢を変えたり髪を掻き上げたりしていたので、どうやらサルたちも神経質になってしまったらしい。この若い女性を研究から外した途端、成績は劇的に改善した。最近こんな発見もあった。女性ではなく男性の実験者たちがマウスに大きなストレスを生じさせるので、反応に影響が出るという。男性が着たTシャツを部屋に置いておくだけで同じ影響が見られるので、嗅覚がカギを握っているらしい。[12] 当然これは、男性が行なったマウスの研究は女性が行なった研究と結果が異なりうることを意味する。研究方法の詳細は、私たちが通常認めるよりもはるかに重大であり、それは異なる種を比較するときにはなおさら大きな意味を持ってくる。

他者が何を知っているかを知る

はるか彼方の銀河からエイリアンが地球に着陸し、一つだけ他の種とは違う種があるかどうか考えているところを想像してほしい。私は彼らが人間を選ぶとは思わないが、仮に人間を選んだとしよう。人間は他者が何を知っているかを知っているという事実に基づいて、エイリアンが私たちを選んだとあなたは思うだろうか？　私たちが持っているあらゆる技能と、私たちが発明したあらゆるテクノロジーのうち、私たちが互いをどのように認識するかという点に彼らは注目するだろうか？　もしそうしたなら、それはなんと奇妙で気まぐれな選択だろう！　だが、科学界は過去二〇年にわたって、まさにそれこそ注意を向ける対象として最も価値のある特性だと考えてきた。「心の理論」として知られるこの特性は、他者の心的状態を把握する能力だ。そして、なんとも皮肉なのだが、私たちが最初にそれに魅了されたときの対象は、私たち自身の種ではなかった。ある個体が、他者が何を知っているかについて何を知っているかを最初に考えたのはエミール・メンゼルだったが、彼の念頭にあったのは幼いチンパンジーたちだった。

一九六〇年代後期にメンゼルは幼いチンパンジーの手を取って、ルイジアナ州の草深い広大な放飼場に連れ出しては、隠しておいた食べ物や、おもちゃのヘビのような恐ろしいものを見せた。それから待ち受けている群れの所へそのチンパンジーを連れ戻し、全員を一斉に放つ。他のチンパンジーたちは、先ほどのチンパンジーが知っていることに気づくだろうか？　もし気づいたとしたら、どう反応するだろうか？　彼らには他者が食べ物を目にしたときとヘビを目にしたときの違いがわかるだろうか？　彼らには間違いなくわかった。食べ物の在りかを知っているチンパンジーならいそいそとあとについていき、隠れたヘビを目にしたばかりのチンパンジーとは行動を共にしたがらなかった。他者の意気込みや警戒を模倣したのだから、彼らは他者が知っていることに感づいていたのだ[13]。

食べ物を巡る場面はとりわけ多くを物語ってくれた。「知っている者」が「推測する者」より下位の場合には、前者は食べ物を横取りされないようにするために、自分の知っている情報を隠すのはしごく当然だ。私たちも最近、飼育しているチンパンジーを使ってこれらの実験を再現してみた。すると、メンゼルが報告していたのと同じごまかしを彼らがすることがわかった。ケイティ・ホールが屋外の放飼場から二頭のチンパンジーを連れ出し、一時的に建物の中に入れておく。地位の低いレネットが入れられた場所には小窓があり、そこから放飼場が見えるが、上位のジョージアの場所には窓はなかった。ケイティは歩き回って二種類の食べ物を隠す。一つはバナナまるごと一本、もう一つはキュウリまるごと一本だ。チンパンジーがどちらを好むかは想像がつくだろう。ケイティはゴムタイヤの下や地面の穴、草の茂み、上り棒の後ろなどにバナナやキュウリを隠す。その間ずっと、レネットは屋内からその様子を追い続けた。それから私たちはレネットとジョージアをいっしょに放す。その頃にはジョージアも私たちが食べ物を隠すだろうことを学習していたが、どこに隠したかは見当もつかない。ジョージアはまた、レネットをじっと見守ることも学習していた。レネットはできるかぎりさりげなく歩き回り、隠されたキュウリの方へ少しずつジョージアを誘導する。レネットがそばで座っている前で、ジョージアは目を輝かせてキュウリを掘り出す。ジョージアが夢中で掘っている隙に、レネットはバナナの方へ急行する。

だが実験を繰り返すうちに、ジョージアはこうしたごまかし戦術をしだいに見破るようになった。チンパンジーの間では、たとえ地位が低い者でもいったん食べ物を手にしたり口に入れたりすれば、それを自分のものにできるという暗黙の規則がある。ただしその瞬間までは、同じ食べ物に二頭のチンパンジーが近づいてきたときは上位のチンパンジーに優先権がある。したがってジョージアは、レネットがバナナに手を触れる前にバナナの所に行き着く必要がある。ケイティはさまざまな個体の組み合わせでテストを行なったあと、次のように結論した。上位のチンパンジーたちは他者の視線を注意深く監視し、彼らが見ている所に目を走らせることで他者の知識を利用する。一方、下位のチンパンジーは相手に行ってほしくない場所を見ないようにして、自分の知識を隠すために最善を尽くす。どちらのチンパンジーも、一方が他方に欠けている知識を持っていることに鋭敏に気づいているらしい。(14)

この騙し合いの状況から、体がどれほど重要かが明らかになる。自分についての私たちの知識の大半は体の内部に由来するし、他者について知っていることの多くも相手のボディランゲージを読むことで得られる。私たちは他者の姿勢や仕草、表情にとても敏感で、それはペットのような他の多くの動物も同様だ。だからメンゼルは、他の霊長類研究の結果、心の理論がおおいに話題になった途端に支配的になった「理論」うんぬんというのが気に入らなかったのだ。類人猿あるいは子供が他者の心について理論を持っているかどうかが中心的疑問になってしまった。[15] 私もこの言葉遣いには違和感を覚える。なぜなら、理論などと言うと、私たちはまるで、水がどのように凍るかとか、大陸どうしがどのように離れていくかとかいった、物理的なプロセスの解き明かし方とさして変わらない合理的な評価を通して他者を理解しているかのように聞こえてしまうからだ。これではあまりに大脳偏重で、体から切り離されてしまっているように思える。人間であれ、他のどんな動物であれ、他者の心的状態をそのような抽象的な次元で把握しているとは、私にはとうてい信じられない。

マジシャンによるテレパシーのペテン（「どのカードを思い浮かべているか、私が当ててみましょう」といった類）を連想させるような、「読心能力」について語る人さえいる。だがマジシャンはもっぱら、あなたがどのカードに視線を走らせるところを目にしたかといった視覚的な手掛かりに基づいて演技している。なぜなら、読心能力などというものは存在しないからだ。私たちにできるのは、他者が見たものや聞いたもの、匂いを嗅いだものを割り出して、他者の行動から次に何をしそうかを推定することぐらいのものだ。こうした情報を首尾良くまとめ上げるのは生易しいことではないし、それには厖大な経験が必要とされるが、それは読体能力であって、読心能力ではない。この能力のおかげで私たちは他者の視点から状況を眺めることができる。だから私は「視点取得」という言葉を好むのだ。私たちはこの能力を自分のために利用するが、誰かの苦しみに対応したり、他の人の必要を満たしてあげたりするときのように、他者のために使うこともある。明らかに、これは私たちを心の理論よりも共感能力へと近づけてくれる。

人間の共感能力は決定的に重要な能力であり、それが社会全体を束ね、愛する人や大切な人と私たちを結びつけている。私に言わせれば、他者が何を知っているかを知ることよりも、こちらのほうが生存にははるかに重要な土台だ。だが共感能力は氷山の巨大な水面下の部分（人間が他のすべての哺乳動物と共有する特性）に属するので、水面上の部分ほど敬意を集めない。そのうえ、共感というのは情緒的な響きがあるので、認知科学はこれを見下す傾向にある。他者が何を欲しがっているか、あるいは必要としているかや、他者を満足させたり助けたりするにはどうするのが最善かを知っていることが、本来の視点取得である可能性が高く、そこから他の種類の視点取得がすべて派生することなど、おかまいなしなのだ。本来の視点取得は生殖に欠かせない。哺乳動物の母親は、子供の情動的状態に敏感である必要があるからだ。母親は子供が寒いときや空腹のとき、危険にさらされているとき、それに気づかなくてはならない。共感能力は、哺乳動物が生きていくうえで絶対必要なのだ。[16]

経済学の父であるアダム・スミスによって、「想像力を働かせて、苦しんでいる者の立場になること」と定義された共感的な視点取得は、人間以外の種でも広く知られており、類人猿やゾウ、イルカが苦境に立たされたときに助け合う劇的な事例もそれに含まれている。[17] スウェーデンの動物園で、チンパンジーのアルファオスが幼いチンパンジーを助けた事例について考えてほしい。その幼いチンパンジーはロープに絡まってしまい、窒息しかけていた。アルファオスはその子を抱え上げ（それによって、ロープが締めつける力を緩め）、首の周りから注意深くロープをほどいた。こうして彼は、ロープが子供を窒息させる作用を理解していることと、それに対してどうしたらいいかを知っていることを実証した。彼が幼いチンパンジーかロープを引っ張っていたら、事態を悪化させていただけだろう。

私は「対象に合わせた援助」という言葉を使う。相手の正確な状況を十分に理解したうえでの援助のことだ。この種の援助が科学文献に報告されたうちでも最初期の例は、フロリダ州の沖で一九五四年に起こった出来事についてのものだ。公立水族館のための捕獲漁のとき、バンドウイルカの群れの近くの海面下でダイナマイトを爆発させた。気絶したイルカが一頭、体を大きく傾げたまま水面に浮かび上がった途端、二頭の別のイルカが助けにきた。「両側の水中から浮かび上がってきた二頭のイルカは、やられたイルカの胸びれの下あたりに頭の側面を当て、水面上に押し上げた。明らかに、まだなかば気絶した状態のイルカが呼吸できるようにするためだった」。二頭のイルカは水中に潜っていたから、救援に取り組んでいる間は呼吸できないということだ。群れ全体が近くにとどまり、仲間が回復するまで待っていた。それから見事な跳躍を見せながら一斉に逃げていった(18)。

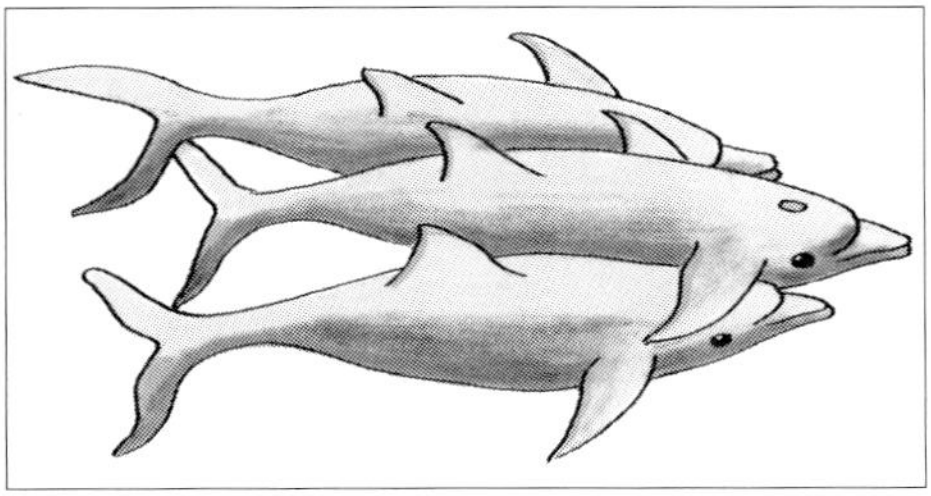

2頭のイルカが両側から別のイルカを支えているところ。2頭は気絶したイルカの体を持ち上げ、自分たちの噴気孔は水面下になってしまうにもかかわらず、仲間の噴気孔が水面から出るようにしていた。Siebenaler and Caldwell (1956) に基づく。

ある日、バーガース動物園でも「対象に合わせた援助」の例が見られた。飼育員たちは屋内ホールの掃除を終え、チンパンジーたちを放す前に、ホースで水をかけてゴムタイヤをすべて洗い、ジャングルジムから水平に突き出ている一本の丸太に一つずつかけた。クロムというメスのチンパンジーはタイヤを見ると、中に水が残っているタイヤを欲しがった。チンパンジーたちは水を飲む器としてタイヤをしばしば使う。あいにく、クロムが目をつけたタイヤは一番奥にあり、手前には重いタイヤがいくつもかかっていた。クロムがお目当てのタイヤをいくら引っ張っても動かすことができなかった。一〇分以上も取り組んでいたが、誰もが彼女を無視した。唯一の例外が七歳のジェイキーで、彼は幼い頃クロムに面倒を見てもらっていた。クロムが諦めて立ち去ると、すぐにジェイキーがタイヤに近づいた。分別のあるチンパンジーなら誰もがやるように、彼はためらうことなくタイヤを手前のものから順番に一つずつ丸太から外し始めた。最後のタイヤにたどり着くと、水を一滴もこぼさないように慎重に外し、脇目も振らずクロムの所に運んでいって、立てたまま彼女の前に置いた。クロムはとくに感謝するでもなくこの贈り物を受け取り、ジェイキーが去っていくときにはすでに手で水を掬い出していた[19]。

拙著『共感の時代へ』で洞察力に満ちた援助の多くの事例を取り上げたので[20]、今やようやく制御された実験が行なわれるようになったことを、私はとても嬉しく思っている。たとえば、アユムが暮らす霊長類研究所のある実験では、二頭のチンパンジーが隣り合わせに配置され、一方が美味しそうな食べ物を引き寄せるのに必要な道具を、もう一方が推測しなければならなかった。後者は、ジュースを吸い上げるためのストローや、食べ物を近くへと動かせる熊手など、さまざまな道具の選択肢を与えられたが、相棒の役に立つ道具は一つしかなかった。したがって、このチンパンジーは相棒の状況を見て取ってからでなければ、最適の道具を窓越しに渡すことができない。研究所のチンパンジーたちは、まさにそれをやってのけ、他者の特定の必要性を把握する能力を示した。[21]

次の疑問は、人間以外の霊長類も、空腹の相棒と満腹の相棒の違いといった、他者の心的状態を認識するか、だ。あなたなら、目の前でたっぷり食事をとったばかりの相手に、自分の貴重な食物を譲ったりするだろうか？　私たちが飼っているオマキザルのコロニーのサルたちに、日本人の霊長類学者の服部裕子がこの疑問をぶつけてみた。

オマキザルは大変な気前良さを見せることもあるし、食事に関してはとても社会的で、しばしば身を寄せ合って座り、いっしょに食べている。妊娠しているメスが床に降りて自分の食べ物を拾うのをためらっているときには（オマキザルは樹上性なので、木の上にいるほうが安心できる）、他のサルが必要以上に食べ物を取り、一部をそのメスに持っていってやるところを、私たちは何度も目にしてきた。服部の実験では、腕が入るほど目の粗い金網で二頭のオマキザルを隔て、一方にだけリンゴの薄切りを小さなバケツに入れて与えた。こういう状況では、食べ物を与えられたサルは何ももらえなかった相棒の所に食べ物を持っていくことがよくある。実験では、二頭は金網を挟んで隣どうしに座り、一方は相手が手を伸ばして自分の手や口からリンゴを取るのを許し、わざわざリンゴを相手のほうに押しやることもあった。これは注目に値する。なぜならこの状況下では、食べ物をもらったサルは金網から離れ、リンゴをまったく分け与えずに済ませることもできるからだ。ただし、この気前の良さにも一つ例外があることがわかった。相手が何かを食べたばかりのときには、サルたちはけちになったのだ。もちろんこれは、食欲を満たされた相棒の、食べ物への関心が薄れたせいなのかもしれないが、サルたちがけちになるのは相棒が食べるところを彼らが実際に目にしたときだけだった。見えない所で餌を与えられた相棒に対しては、他の相棒に対してと同様、気前が良かった。サルたちは相棒が食べるところを目にしたかどうかに基づいて、相手の必要性、あるいはその欠如を判断したのだと服部は結論した。[22]

人間の子供の場合、他者が何を知っているかに気づくようになる何年も前に、他者の必要性や欲望を理解し始める。彼らは心を読むよりもずっと前に「心情」を読むようになるのだ。抽象的な思考と、他者についての理論という観点からこうした事柄をすべて言い表すのは、見当違いであることがここから窺われる。たとえば、ウサギを探している子供はウサギが見つかれば喜ぶが、犬を探している子供はウサギには関心がないことを、人間はごく幼いうちから理解する。[23]彼らには、他者が何を望んでいるかがわかるのだ。だが、すべての人間がこの能力を活かすわけではない。だから、贈り物を贈る人は二種類に分けられる。あなたが気に入ってくれそうな贈り物を見つけるためにわざわざ手間暇かける人と、自分が好きなものを持って現れる人だ。後者に比べれば、鳥でさえもっと気が利いている。私たちの分野では典型的な「認知の波紋」の例として、カラス科の鳥が持っているとされる共感的な視点取得が挙げられる。オスのカケスは、求愛するときに相手に美味しい食べ物を与える。どのオスも相手を感心させたがっているという前提に基づき、実験でハチノスツヅリガの幼虫とコナムシという二種類の食べ物のどちらかを選ばせた。だが、相手にそれを持っていく機会をオスに与える前に、実験者たちは毎回メスに二種類のうちの一方を与えた。それを見たオスは選択を変えた。相手がハチノスツヅリガの幼虫をたっぷり食べたばかりだと、オスは相手のためにコナムシを選び、その逆のときにはハチノスツヅリガの幼虫を選んだ。だがそうしたのは、実験者が相手に食べ物を与えるのを目にしたときだけだった。このようにオスは、相手が何を食べたばかりかを考慮に入れ、相手が別のものを食べる気になっていると思ったのだろう。[24] カケスも他者の視点に立ち、相手の好みを推測しうるのだ。

ここまで読んだあなたは、視点取得が人間特有のものだなどと宣言されることがなぜありえたのかと、不思議に思うかもしれない。その疑問を晴らすには、一九九〇年代に行なわれた一連の巧妙な実験を見てみる必要がある。それらの実験ではチンパンジーが、隠された食べ物についての情報を得るために、隠すところを目撃した実験者と頭にバケツを被せられて隅に立たされていた実験者のどちらにもアクセスできるようになっていた。当然ながら、バケツを被せられた実験者は隠し場所を知るはずもないから無視し、隠すのを目撃していたほうの実験者の指示に従うべきだ。ところが、チンパンジーたちは両者をまったく区別しなかった。こういう実験もあった。目隠しをされ、手の届かない所に座っている実験者に、チンパンジーはクッキーをくれるように頼むことができた。チンパンジーは、自分の姿を見ることができない相手に手を広げて差し出しても無意味なことを理解できるだろうか？　手を変え品を変え、この種のテストを行なったあとに出された結論は、チンパンジーは他者が何を知っているかを理解できず、知るためには見る必要があることさえ認識していないというものだった。この研究の主導者自身が次のように語っていることを考えると、これは奇妙奇天烈な結論としか言いようがない。悪戯なチンパンジーたちがバケツや毛布を頭に被り、ぶつかり合うまで歩き回る。ところが、この研究者が頭に何かを被ると、彼の視界が遮られているのをいいことに、チンパンジーたちは彼をターゲットにしてふざけて攻撃するのだという。[25] チンパンジーたちは、この研究者には彼らが見えないことを知っていて、隙を衝こうとしていたのだ。

遠く離れた目標に命中させる驚くべき能力を発揮して、私たちに石をぶつけるのが大好きな幼いオスのチンパンジーが二頭いた。私がカメラを目に当て、彼らと直接視線を交わせなくなったときにはいつも、彼らは石を投げつけてきた。こうした行動だけからでも、類人猿が他者の視覚について何かしら知っており、したがって、目隠しを使った前述のようなテストには何か見落としがあったことがわかる。だが、実験主義者の間ではありがちなことで、実験室での行動のほうが、現実の世界で観察される行動よりも優先されてしまった。その結果、人間は例外であると声高に宣言された。[26]最も極端なのが、類人猿は「心の理論にわずかでも似ているものさえ」持っていないという結論だった。

この結論は歓迎され、今日もなお吹聴されているが、じつのところ精査によって間違いであることが判明している。私が本拠としているヤーキーズ国立霊長類研究センターで、ディヴィッド・レヴェンズとビル・ホプキンスがテストを行なった。彼らはチンパンジーの放飼場外の、人がよく通る場所にバナナを一本置いておいた。チンパンジーたちは人間の注意を引いて、そのバナナを取ってもらうだろうか？　彼らを目にできる人間と目にできない人間とを区別するだろうか？　もし区別したとすれば、彼らは他者の視覚的視点を把握していることが示唆される。チンパンジーたちは現に区別した。彼らの方を見遣った人には視覚的な合図を送ったが、相手が自分に気づかないときにはいつも、声を出したり、金属を叩いたりしたからだ。彼らは何を望んでいるかをはっきりさせるために、バナナを指し示しさえした。あるチンパンジーは誤解されることを恐れ、手でまずバナナを指し示し、それから指を自分の口に向けた。[27]

意図的に合図をするのは、飼育下の類人猿に限らない。研究者たちがヘビの偽物を野生のチンパンジーの通り道に置いたときに、それが明らかになった。ウガンダの森で野生のチンパンジーが発する警告の声を録音していた研究者たちは、発声は単に恐れを反映しているだけではないことを発見した。なぜなら、ヘビがそばにいるか、あるいは遠くにいるかにかかわらず、彼らは声を出すからだ。むしろ発声は他者を念頭に置いた警告なのだ。彼らは他者がいるとき、とくに、ヘビに気づいていない仲間がいるときには、より頻繁に声を上げる。声を上げるチンパンジーは、近くのチンパンジーたちと危険のもとに交互に目を遣り、すでに危険を承知している仲間よりも、危険に気づいていない仲間に向かって多く声を出す。声を出す側はこのように、知らない仲間にとくに知らせようとする。それはおそらく、知るためには見る必要があることに彼らが気づいているからである可能性が高い[28]。

このつながりを確認する決定的なテストは、当時ヤーキーズ国立霊長類研究センターで学んでいたブライアン・ヘアが行なった。ブライアンは、類人猿が他者の視覚的入力についての情報を利用するかどうか知りたかった。そこで、下位の個体をうまく誘導して上位の個体の前で食べ物を拾わせた。これはなかなかやりにくいことであり、下位の個体はそういう場面ではたいてい尻込みする。下位の個体は、実験者が隠すところを上位の個体が見ていた食べ物と、隠したことをその個体が知らない食べ物のどちらかを選ぶという選択肢を与えられた。上位の個体とは違い、下位の個体はどちらが隠されるところも目にしていた。復活祭の卵探しと同様、公開競争では、上位の個体がまったく知らない食べ物だけ選ぶのが、下位の個体にとっては最も安全な策となる。そして実際、彼らはまさにそうした。実験者が隠すところを上位の個体が目にしていなければ、それについて知るはずがないことを彼らが理解しているのが、こうして明らかになった。[29] ブライアンの研究のおかげで、動物に心の理論があるかどうかという問題は、完全に未解決の状態に戻った。ここで思いがけない展開があった。最近、京都大学のオマキザル一頭と、あるオランダの研究所のマカク数頭が、同じような課題を達成したのだ。[30] こういうわけで、視覚的視点取得は人間だけのものであるという概念は、今ではすっかりお払い箱となった。前述の実験のそれぞれは、単独では完璧とは言えないかもしれないが、全部合わせれば、他の種にも視点取得の能力があることを裏づけている。

私たちは食べ物やヘビを隠したり、推測する者と知っている者を対抗させたりし続けることで、メンゼルの先駆的な研究の正当性を立証している。この手法は、人間でも他の種でも、この種の能力を評価するための正統的なパラダイムであり続けている。それを最もよく物語るのは、エミール・メンゼルの息子のチャールズによる実験かもしれない。チャールズ・メンゼルは父親と同じで思慮深く、安直なテストや単純な答えには満足しない。彼はここアトランタの言語研究センターで、パンジーというメスのチンパンジーが見ている前で、屋外放飼場の周りの松の森に食べ物を隠した。チャールズは地面に小さな穴を掘っては、m&m'sのチョコの入った袋を入れたり、キャンディバーを茂みに置いたりした。パンジーはその様子を柵の中から見守った。彼女はチャールズのいる場所には行けないので、隠された食べ物をいずれ手に入れるためには人間の手助けが必要だった。チャールズは、他の人が全員帰ってしまってから食べ物を隠すこともあった。その場合、パンジーは翌朝になるまで、自分の知っていることを誰にも伝えられない。翌日出勤した飼育係たちは、実験のことは知らない。パンジーはまず彼らの注意を引き、それから彼女が「言わんとすること」について何一つ知らない人に情報を提供しなければならない。

　チャールズはパンジーの技能を示す公開実験の最中に、飼育係はたいてい典型的な哲学者や心理学者よりも、類人猿の心的能力を高く評価していることを私に教えてくれた。そのような高い評価は、彼の実験には絶対必要だという。パンジーは彼女と真摯に向き合う人を相手にすることになるからだ。パンジーに助けを求められた人はみな、最初彼女の行動に驚いたと言う。だが、何をしてもらいたがっているか、すぐに理解できたそうだ。彼女が指し示したり、手招きしたり、喘《あえ》いだり、声を出したりするのに従えば、森の中に隠されたキャンディを苦もなく見つけられた。彼女の指示がなければ、どこを探せばいいか見当もつかなかっただろう。パンジーは指し示す方向を間違えたり、以前に隠してあった場所を指し示したりすることは一度もなかった。その結果、現在パンジーの記憶にある過去の出来事について、それを知らない異なる種の成員へ伝えるコミュニケーションが成立した。もし援助を求められた人間が指示に正しく従って食べ物に近づくと、パンジーは（「そう、そう！」と言うように）盛んに頭を上下させて肯定し、食べ物がもっと先にあるときには私たちと同じように手を上に伸ばし、さらに高い場所を指し示すのだった。彼女は他者が知らないことを自分が知っているのを承知しており、喜んで言いなりになる人間たちを動員してお目当てのお菓子を手に入れるほど知能が高かったのだ。[31]

　この点でチンパンジーたちがどれほど独創的たりうるかを示すために、ヤーキーズ国立霊長類研究センターのフィールド・ステーションでの典型的な事例をここで紹介しよう。若いメスのチンパンジーが囲いのフェンス越しに私に向かって唸り声を上げ、輝く瞳（何かわくわくすることを知っているしるしだ）で私と私の足元近くの草むらとを交互に見つめ続けた。何を欲しがっているのか私がわからずにいると、彼女は唾を吐いた。唾が飛んだ方に目を遣ったら、小さな緑色のブドウが一粒落ちていた。それを取ってやると、彼女は別の場所に走っていってまた同じことをした。飼育係が落としたブドウの場所を覚えていた彼女は、狙った場所に巧みに唾を飛ばして、けっきょく三粒のブドウをせしめたのだった。

賢いハンスの逆

それではなぜ私たちは動物の視点取得について最初に誤った結論に至ったのか？　そしてなぜ、似たようなことをその前にもあとにも何度となく繰り返してきたのか？　動物は能力を欠いているという主張は多種多様で、人間以外の霊長類は他者の福利は気にしないとか、模倣しないとかいうものや、重力が理解できないというものさえある。地面よりもはるかに高い場所を動き回る、空を飛べない動物たちが、重力を理解していないなどということを想像できるだろうか？　私自身もこれまでに、人間以外の霊長類は喧嘩のあとに和解したり、苦しんでいる仲間を慰めたりするという考えに対する抵抗に遭ってきた。いや、少なくとも、彼らは本当にそうするわけではない（たとえば、「本当に模倣」したりしないとか、「本当に慰め」はしない）という反論を耳にしてきた。そのような反論は、慰めや模倣のように見えるものを、本当の慰めや模倣とどう区別するのかという議論をたちまち招くことになる。私は圧倒的な否定に出くわして腹が立ったことも、一度ならずある。たとえば、ある文献[32]は、他の種が実際にできることではなく、その認知能力の不足を嬉々として語ることに終始している。あなたは愚か過ぎてこれには向いていないしあれにも向いていない、などということばかり言い続けるキャリアアドバイザーをあてがわれたようなものだ。なんとうんざりする態度だろう！

こうした否定のすべてが抱える根本的な問題は、能力の不在は証明できない点にある。これは些細な問題ではない。他の種が特定の能力を持たないと誰かが主張し、したがってその能力は最近になって私たちの系統で生じたに違いないと推測したときには、データを点検するまでもなく、そのような主張の根拠が薄弱であることは見て取れる。ある程度の確かさを持って私たちが結論できるのは、私たちが調べた種には特定の技能が見出せなかったということだけだ。それ以上はほとんど先へ進むことはできないし、それをもって、その技能が存在しないなどとはけっして断言してはならない。それにもかかわらず、人間と動物の比較が絡んでくるときにはいつも、研究者たちはそう断言してばかりいる。人間を他の動物から隔てているものを見つけたいと思うあまりに、理に適った慎重な態度をとることがおろそかになってしまうのだ。

ネス湖の怪獣やヒマラヤの雪男についてでさえ、存在しないことを立証したという主張を耳にする日は来ないだろう。その主張は、たいていの人の思いと合致しているのだが。それに、各国政府はなぜ相変わらず何十億ドルもかけて地球外文明を探しているのか？　この試みを後押しするような証拠など微塵もないというのに。もういいかげん、地球外文明など存在しないと結論してもいいではないか。だが、その結論にはけっして至ることはできない。したがって、証拠の不在に関しては慎重な態度をとるべきであるという忠告を、評判の高い心理学者たちが無視するのは不可解としか言いようがない。彼らが類人猿と人間の子供を同じ方法（少なくとも彼らの頭の中では同じ方法）でテストし、異なる結果を得ていることが、その一因だ。類人猿と人間の子供に認知的課題を与え、類人猿が優るような結果を一つも得られないので、彼らはその違いが、人間が唯一無二の存在である証拠だと声高に主張する。もし人間が特別でないのなら、類人猿の成績がなぜもっと良くなかったのか、というわけだ。このロジックの欠陥を理解するには、数を数えられたという賢いハンスの話に戻る必要がある。だが、動物の能力がときおり過大評価される理由の説明としてハンスを使う代わりに、今回は人間の能力に与えられる不公平な特典に注目しよう。

類人猿と人間の子供を比較した結果そのものが、答えを示唆している。物を使って記憶や因果関係、道具の使用といった技能をテストすると、類人猿は二歳半の子供とほぼ同じ水準の成績を収めるが、他者から学習したり、他者の合図に従ったりといった社会的技能のテストでは、彼らは人間の子供にまったく歯が立たない(33)。だが、身体的な問題解決には実験者とのコミュニケーションは不要なのに対して、社会的な問題解決にはそれが必要とされる。そこで、この人間とのコミュニケーションがカギである可能性が出てくる。典型的な実験は、ほとんどなじみのない白衣の人間によって類人猿がテストされるという形式をとる。実験者は当たり障りのない中立的な態度をとることを求められるので、ご機嫌をうかがったり、かわいがったり、優しく接したりしない。これでは類人猿は気楽になれないし、実験者に心を開くこともできない。ところが、人間の子供たちはそうするように奨励される。そのうえ、子供たちだけが同じ種の成員と接しているのだから、彼らにはいっそう有利だ。それにもかかわらず、類人猿と人間の子供を比較する実験者は、実験の参加者を完全に同じように扱っていると言い張る。とはいえ、今では類人猿の傾向について前よりもよくわかっているので、このような方法に固有の偏見は無視しにくくなった。最近の視線追跡《アイトラッキング》研究（実験参加者がどこを見ているかを正確に測定した）は、類人猿は自分の種の成員を特別視するという、驚くまでもない結論に達した。彼らは人間の視線よりも仲間の類人猿の視線を注意深く追うのだった。[34] 人間が提示した社会的課題で類人猿の成績が振るわなかった理由は、これで十分説明がつくかもしれない。

類人猿の認知をテストする機関は一〇余りしかなく、私はその大半を訪れたことがある。人間が実験の参加者とほとんど接しない実験手順や、緊密な身体的接触を伴う実験手順があることに私は気づいた。後者は、自らその類人猿を育てた人か、少なくともその類人猿が幼い頃から知っている人でなければ安全に行なえない。類人猿は私たちよりもはるかに屈強で、人間を殺すことが知られているので、近くで自ら接する取り組み方は万人向けではない。それとは正反対の手順は、心理学の研究室での伝統的な取り組み方（できるかぎり接触を避けながらラットやハトを検査室に運び込む）に由来する。そこでの理想は「実験者の不在」、つまり実験者との接触がないことだ。一部の研究室では、類人猿は部屋に呼ばれてほんの数分だけ課題に取り組む時間を与えられ、そのあとすぐに部屋から出される。遊び戯れたり、親しみのこもった接触を持ったりすることは皆無で、軍隊の教練さながらだ。人間の子供がそのような状況下でテストされるところを想像してほしい。どんな成績を収めるだろう？

アトランタにある私たちの研究センターでは、チンパンジーは全員チンパンジーに育てられるので、人間よりもチンパンジーに対する志向性が強い。あまり社会的な背景を持たないチンパンジーや、人間に育てられたチンパンジーと比べると、彼らは私たちの用語を使えば「チンピー」だ（「チンパンジーらしい」）。私たちはけっして彼らとは同じ空間に入らないが、柵越しに彼らと接し、テストの前には必ずいっしょに遊んだり、グルーミングをしたりする。彼らに話しかけて安心させ、美味しい食べ物を与え、全体としてくつろいだ雰囲気を作ろうと努める。私たちが与える課題を、骨折りではなくゲームと見てもらいたいと思っているし、絶対にプレッシャーをかけたりはしない。群れの中で起こった出来事のため、あるいは、別のチンパンジーがドアを外から叩いたり、大声を上げたりしているために彼らが緊張していれば、誰もが落ち着くまで待ったり、テストの日程を変更したりする。準備のできていないチンパンジーにテストをしても意味がない。そのような手順を踏まないと、チンパンジーたちは目前の課題が理解できないかのように振る舞いかねないが、実際には強い不安を感じていたり、気が散っていたりしているだけだ。文献に紹介されている否定的な結果の多くは、これで説明がつくかもしれない。

科学論文の方法論の項から「舞台裏」が窺えることはめったにないが、その舞台裏がきわめて重要だと思う。私はいつも断固とした親しげな取り組みをするようにしてきた。断固としたというのは、一貫性を保ち、気まぐれな要求をしないけれど、動物たちに好き勝手にはさせないという意味で、彼らがふざけ回るだけで美味しい食べ物をただで手に入れるようなことはさせない。だが私たちは友好的でもあり、罰も与えなければ怒ることもないし、威圧しようともしない。罰や怒り、威圧は実験では依然としてあまりに多く見られるが、チンパンジーのような強情な動物が相手のときには逆効果だ。自分が敵視している人間の実験者の指示や催促に、どうして類人猿が従うだろう？　これまた否定的な結果の原因の候補だ。

私自身のチームはたいてい、研究パートナーの霊長類の動物たちをおだて、買収し、甘言で釣る。

私はときどき自分が、熱弁を振るってやる気を起こさせる専門家のような気がする。私たちが準備した課題を、ピオニーという研究センターの古株のメスが無視したときなどがそうだ。彼女は二〇分も隅のほうに寝そべっていた。私はすぐ隣に座り、一日じゅう待っているわけにはいかないから、始めてくれると助かるんだけれどと、穏やかな声で語りかけた。すると彼女はおもむろに立ち上がり、私に一瞥をくれると、ぶらぶらと隣の部屋に行き、課題に取り組むために腰を下ろした。ロバート・ヤーキーズにまつわる前章の話で述べたように、もちろん私の言葉の詳細までピオニーが把握していたとは思えない。彼女は私の声の調子に敏感で、何を望まれているのか、最初からわかっていたのだ。

類人猿とどれほど良好な関係にあっても、人間の子供とまったく同じように彼らをテストできると考えたならそれは幻想であり、プールに魚と猫をいっしょに放り込んでおいて、両者を同じように扱っていると思うようなものだ。子供たちは魚だと考えればいい。子供をテストしている間、心理学者はずっと笑みを浮かべて語りかけ、どちらを見るべきか、あるいは何をするべきか指示する。「このカエルちゃんを見てごらんなさい！」という言葉から子供が得る情報は、実験者の手に載った緑色のプラスティックの塊について類人猿が知りうることよりもはるかに多い。そのうえ子供たちは、たいてい保護者同伴でテストされ、親の膝に座っていることがよくある。彼らはあたりを駆け回ることを許され、実験者は自分と同じ人間なので、言葉による手掛かりも親の支援もなしに格子の向こうに座っている類人猿よりもずっと有利だ。

たしかに発達心理学者は、口を利いたり指し示したりしないよう親に指示することで彼らの影響を減らそうとするし、サングラスをしたり野球帽を被ったりして目を隠してもらうこともある。とはいえこうした措置は、わが子が成功するのを見たいという親の動機付けの力を悲しいほど過小評価していることを隠せない。かわいいわが子がかかわってくると、客観的事実を気にする人はほとんどいない。オスカル・プフングストが賢いハンスを調べているときに、それよりはるかに厳格な制限を課したことを、私たちは喜んでいいだろう。実際彼は、ハンスの飼い主が被っているつばの広い帽子にハンスがおおいに助けられていたことを発見した。帽子で飼い主の頭の動きが増幅されたからだ。自分が影響を与えていることが立証されたあとでさえ、飼い主はその影響を声高に否定したのとちょうど同じように、子供の親たちも、手掛かりを与えないようにしていると主張するときには心底そう思っているのかもしれない。だが大人たちは、かすかな体の動きや視線の方向、呼吸の中断、溜め息、くしゃみ、撫でること、励ましのささやきなどを通して、膝の上の子供の選択をあまりにも多くのかたちで図らずも導きうる。子供のテストに親を同席させるのは、自ら問題を招くようなものだ——動物をテストするときには避ける類の問題を。

アメリカ手話を類人猿に初めて教えたアメリカの霊長類学者アラン・ガードナーは、「ピュグマリオン誘導」という題の下で人間のバイアスについて述べている。古代の神話に登場するピュグマリオンはキプロス島の彫刻家で、自作の女性像に恋をした。この話は、教師が生徒に大きな期待をかけ、その期待のせいで彼らの成績が上がることのたとえとして使われてきた。教師は自分の予想に恋をし、それが自己成就的予言〔思い込みが現実化する現象〕の役割を果たすためだ。チャールズ・メンゼルは、類人猿を高く評価する人だけが、類人猿が伝えようとしていることを十分に理解すると感じてい

人間の子供と類人猿の認知能力は、見かけは類似したかたちでテストされる。だが、子供たちは金網などの中に閉じ込められることはない。また、実験者に話しかけられるし、親の膝に座っていることも多い。これらはみな、子供が実験者と心を通じ合わせたり、意図されていない手掛かりを受け取ったりする助けになる。とはいえ最大の違いは、類人猿だけが自分とは異なる種の成員に直面する点だ。このような比較のじつに多くが一方の実験参加者に不利なため、このままでは結論は出せない。

た。それを思い出してほしい。これは、期待を高めるようにという嘆願だ。残念ながら、類人猿はたいていそのような期待を寄せられていない。それとは対照的に、子供たちは才能を助長するようなかたちで扱われるので、見込まれている心的な優位性を必然的に裏書きすることになる。(35) 実験者は最初から子供たちを高く評価し、励まし、水を得た魚のような気にさせるが、類人猿は実験用のラットのように扱うことが多く、距離を置き、何も知らせず、人間の子供に対しては提供する励ましの言葉を与えない。

言うまでもないが、私は類人猿と子供の比較のほとんどには致命的な欠陥があると見ている。(36)

人間が何を知っているか、あるいは何を知らないかを類人猿に推測させ、彼らに心の理論があるかどうかをテストした実験を思い出してほしい。ここでの問題は、飼育されている類人猿は私たちが全能だと信じるに足る理由をたっぷり持っている点だ。私に助手から電話がかかってきて、アルファオスのソッコが喧嘩でけがをしたと知らされたとしよう。私はフィールド・ステーションに向かい、ソッコに歩み寄り、向きを変えるように頼む。彼は赤ん坊の頃から私を知っているから、言うことを聞いて、深い切り傷のできた尻を見せてくれる。今度はこの状況をソッコの視点から眺めてみてほしい。チンパンジーは賢い動物で、いつもその場の状況を理解しようとしている。当然ながらソッコは、なぜ私が傷のことを知っているのか不思議がり、私は全知の神に違いないと思うだろう。したがって、見ることと知ることのつながりを類人猿が理解しているかどうかを突き止めるためには、人間の実験者は絶対使ってはならない。そんなことをすれば、テストしているのは人間の心についての類人猿の理論になってしまうのがおちだ。卵探しの筋書きで類人猿と類人猿を競わせたときに、私たちが初めて大きな進歩を遂げたのは、けっして偶然ではない。

幸運にも種の障壁を免れた認知研究の領域がある。その一つは、人間とはあまりにもかけ離れているために人間を相棒とするのが不適切であることを誰もが理解しているような動物における、心の理論の研究だ。カラス科の鳥の研究がそれに該当する。筋金入りの動物観察者は、目が覚めている間はけっして観察をやめない。だからイギリスの動物行動学者ニコラ・クレイトンは、カリフォルニア大学デイヴィス校で昼食中に大発見ができたのだ。彼女は屋外のテラスに座っていたとき、アメリカカケスたちがあちこちのテーブルから食べ残しを盗んで飛び去るのを目にした。彼らはそれを隠すだけでなく、盗まれない工夫もした。食べ物を隠しているところを他のカケスに見られたら、その食べ物はいずれ消えてなくなる。多くのカケスはライバルたちがその場を離れたあとで戻ってきて、自分の宝物を埋め直すことにクレイトンは気づいた。彼女がケンブリッジ大学の研究室でネイサン・エメリーと行なった追跡調査では、カケスに他のカケスが見ている状況と見ていない状況のどちらかでコナムシを隠させた。機会を与えられれば、カケスは素早くコナムシを隠し直した。ただしそれは、他のカケスに見られていた場合だけだった。彼らは

アメリカカケスが、ガラスの向こうから別のカケスに見られながらコナムシを隠しているところ。別のカケスがいなくなると、このカケスはたちまち自分の宝物を隠し直す。先ほどのカケスが知り過ぎていることに気づいているかのようだ。

他の鳥たちが何の情報も持っていなければ、食べ物が安全なことを理解しているようだった。そのうえ、他のカケスの食べ物を盗んだことのあるカケスだけが、自分の食べ物を隠し直した。「蛇《じゃ》の道は蛇《へび》」ということわざを地で行くように、カケスたちは自分の犯罪歴に基づいて他の鳥が犯罪行為をすることを推測するようだった。[37]

この実験でもメンゼル流の設定が見られる。その設定は、視点取得をするワタリガラスの研究ではなおさらはっきりする。オーストリアの動物学者トーマス・バグニャールは、序列の低いあるオスのワタリガラスが、美味しい食べ物の入ったゴミの容器を開けるのが得意なことに気づいたが、この鳥はせっかくのご馳走を上位の横暴なオスによく横取りされた。だがこの下位のオスは、ライバルの注意を逸らす技を身につけた。夢中で空の容器を開け、中のものをついばむふりをするのだ。騙されたと知った上位のオスは「非常に腹を立て、あたりに物をまき散らし始めた」。バグニャールはさらに、ワタリガラスが隠された食べ物に近づくときには他のカラスが何を知っているかを計算に入れることを発見した。ライバルたちも食べ物の在りかを知っているときは一番乗りしようと急ぐ。ところが、他のカラスがその在りかを知らないときは呑気に構えるのだった。[38]

動物たちは総じて、他者が何を望んでいるか気づくことから、他者が何を知っているかを知ることまで、たっぷり視点取得を行なう。むろん、未開の領域もいくつか残っている。たとえば彼らは、他者が間違った知識を持っているときにそれに気づくだろうか？　人間では、研究者はいわゆる「誤信念」課題でこの点をテストする。だがそうした微妙な問題は言語なしでは評価が難しいので、動物のデータの不足に私たちは直面している。それでもなお、まだ残っている人間と動物の違いは有効だったにせよ、心の理論は人間ならではのものであるという包括的な主張が、もっと含みのある段階主義的な見方に降格されなくてはならないことには、ほとんど疑いの余地がない。[39] おそらく人間は互いの理解の程度が高いだろうが、他の動物との違いはそれほど明確ではないので、地球外生物は人間と他の動物とを分ける最大の指標として心の理論を選びはしないだろう。

この結論は繰り返し行なわれた実験の確固たるデータに基づいているが、この現象をまったく異なるかたちで捉えた逸話を付け加えさせてほしい。温暖なジョージア州の気候の中、草の生い茂る屋外の放飼場で類人猿たちが暮らしているヤーキーズ国立霊長類研究センターのフィールド・ステーションで、私はロリータという名の抜群に聡明なメスのチンパンジーと特別な絆を育んだ。ある日ロリータが赤ん坊を生んだので、私はその子をよく見てみたかった。だが、それはとても難しい。生まれたばかりのチンパンジーは母親の黒っぽいお腹に貼りついた小さな黒っぽい塊でしかないからだ。ジャングルジムの上で他のチンパンジーたちと群れ集まってグルーミングをしていたロリータを呼び、彼女が私の目の前に座るとすぐに、腹部を指差した。すると彼女は私を見ながら、右手で赤ん坊の右手を、左手で赤ん坊の左手を取った。何でもないことに思えるかもしれないが、赤ん坊は腹を合わせるかたちで母親にしがみついているので、ロリータは腕を交差させなければならなかった。ちょうど、人がTシャツを脱ごうとして、腕を交差させ、裾をつかむような動作だ。それからロリータは赤ん坊をゆっくりと持ち上げた。赤ん坊は体軸に沿って半回転し、前の部分が私の方を向いた。母親の手で宙吊りになった赤ん坊は今や、母親ではなく私と向き合っていた。赤ん坊が二、三度顔をしかめ、弱々しい鳴き声を上げると（赤ん坊は母親の温かい腹から離れることをひどく嫌う）、ロリータはその子を素早く腹の所に戻した。

ロリータは、私が赤ん坊の背面よりも前面に興味を示すだろうと気づいていたことを、この優雅な動作で示した。他者の視点を取得するというのは、社会的な進化における大きな飛躍を表している。

習慣を広める

何十年も前、賢い犬の品種を格付けする新聞記事を目にした友人たちが激怒した。たまたま彼らは、最下位に位置づけられたアフガンハウンドの飼い主だったのだ。もちろん首位はボーダーコリーだった。侮辱された友人たちは、アフガンハウンドがうすのろと見なされたのはひとえに、主体性が強く、頑固で、命令に従おうとしないからだと主張した。彼らに言わせれば、その新聞のリストは知能ではなく従順さに関するものだった。アフガンハウンドはどちらかというと猫に似ているのかもしれない。猫は誰にも借りはないという顔をしている。猫のほうが犬よりも知能が低いとする人がいるのも、きっとそのせいに違いない。だが、猫が人間に反応しないのは無知のせいでないことを私たちは知っている。最近の研究で、猫は飼い主の声を難なく認識することが明らかになった。もっと根源的な問題は、彼らが飼い主の声など気にかけない点にある。それを踏まえて、この研究の論文の執筆者たちはこう付け加えた。「飼い主が猫に愛着を抱く原因となる猫の行動的側面は、依然として不明である[40]」

犬の認知が話題になったとき、思わず頭に浮かんだ話がある。その話では、犬はオオカミや、ことによると類人猿よりも賢いように描かれていた。人間が指し示す仕草に、犬のほうがよく注意を払うからだ。二つのバケツの一方を人間が指し示すと、犬はいつも報酬を得ようとしてそのバケツを確認した。犬は家畜化されたため、祖先よりも高い知能を獲得したと、研究者たちは結論した。だが、オオカミが人間の指し示す動作に反応できないことに何の意味があるのか？　オオカミの脳は犬の脳の三分の四倍ほどあるので、この家畜化された仲間をいつでも打ち負かせるだろう。それにもかかわらず、私たちにどう反応するかだけを基準に判断するとは。それに、反応の違いは家畜化の結果で、生まれつきであり、指し示している種になじみがあるからではないと、どうして言えるだろう？　これは昔ながらの、「生まれ」か「育ち」かという問題だ。ある特性がどれだけ遺伝子によって決まり、どれだけ環境によって決まるかを特定する唯一の方法は、一方を維持したまま、もう一方を変え、どのような違いが出るかを確かめることだ。これは複雑な問題であり、けっして完全には解明されない。犬とオオカミの比較の場合には、人間の家庭でオオカミを犬のように育てることになる。それでも犬との違いが出れば、遺伝子が作用している可能性がある。

だが、オオカミの子供を家庭で育てるのはじつに大変だ。彼らは並外れて元気旺盛で、犬の子供ほど躾《しつけ》ができないので、目に入るものは何でも噛んでしまう。熱心な研究者たちが家庭でオオカミを育てたところ、「育ち」仮説に軍配が上がった。人間が育てたオオカミは、犬と同じぐらい上手に、人が手で指し示す仕草に反応したのだ。ただし、いくつか違いが残った。たとえば、オオカミは犬ほど人間の顔を見ないし、自己依存の度合いが強かった。犬は自分では解決できない問題に取り組んでいるとき、飼い主などを振り返り、励ましや手助けを得ようとするが、オオカミはけっしてそうはしない。オオカミはひたすら自力で試み続ける。この違いは家畜化のせいなのかもしれない。だがこれは知能ではなく気質や人間との関係の問題らしい。この奇妙な二足歩行のサルを、オオカミは恐れるように進化し、犬は喜ばせるように品種改良されたのだから[41]。たとえば、犬は人間としきりに目を合わせる。彼らは人間の脳の子育て回路を乗っ取ってしまったので、私たちは自分の子供を気遣うのとほとんど同じように犬たちを気遣う。飼い主は犬の目を覗き込むと、オキシトシン（愛着と絆作りにかかわるホルモン）が急激に増える。共感と信頼に満ちた視線を交わしながら、私たちは犬との特別な関係を楽しむ[42]。

認知には注意と動機付けが必要だが、認知はそのどちらかだけに還元することはできない。すでに見たとおり、類人猿と人間の子供の比較にも同じ問題がつきまとう。その問題は動物の文化を巡る論争でも浮上した。人類学者は、一九世紀には私たちの種以外にも文化が存在する可能性を認めていたのに対して、二〇世紀には文化こそ私たちを人間たらしめているものとして、文化を特別扱いし始めた。ジークムント・フロイトは、文化と文明は自然に対する勝利だと考え、アメリカの人類学者レスリー・ホワイトは皮肉にも『文化の進化（*The Evolution of Culture*）』と題する著書で、「人間と文化は同時に生じた。これは自明のことである[43]」と宣言した。芋を洗うマカクのものから、木の実を割るチンパンジーや泡の網で漁をするザトウクジラのものまで、動物の文化（他者から習慣を学習すること、というのがその文化の定義）についてなされた最初の報告は、当然ながら敵意に満ちた壁にぶち当たった。動物の文化という腹立たしい概念への対抗策の一つは、学習のメカニズムに焦点を絞るというものだった。人間の文化が独自のメカニズムに依存していることが立証できれば、文化は自分たちだけのものと主張できるという理屈だ。模倣がこの闘いにおける争点になった。

そのため、「ある行為がなされるのを目にして、それを行なう」という昔ながらの模倣の定義をもっと狭め、より高度なものにせざるをえなかった。「真の模倣」というカテゴリーが生まれ、これに該当するためには、ある個体が特定の目的を達成するために他者の特定の技術を意図的に真似することが必要になった。[44] 一羽の鳴き鳥が別の鳥の鳴き方を学習するような、単なるコピー行動はもはや不十分で、洞察と理解を伴ってなされる必要があった。古い定義による模倣は多くの動物で見られたが、「真の模倣」は稀だった。私たちがこの事実を学んだのは、類人猿と人間の子供が実験者を模倣するように促される実験からだった。彼らはお手本役の人間が問題箱《パズルボックス》を開けるところや、道具を使って食べ物を引き寄せるところを眺める。子供たちは、人間がとった行動をコピーしたが、類人猿たちにはそれができなかったので、人間以外の種は模倣能力を欠いており、文化は持ちようがないと結論された。それを知って一部の人々がほっとしたのは、私には不思議でならなかった。なぜならその結論は、動物の文化と人間の文化のどちらについても、根本的な疑問に一つとして答えていなかったからだ。その結論は砂地にすぐ消えてしまう線を一本引いただけにすぎなかった。

ここには、ある現象の再定義と、人間と動物を分けるものを知るための探求との間の相互作用が見て取れるが、それよりも深い、方法論の問題も見える。なぜなら類人猿が人間を模倣するかどうかなど、どうでもいいことだからだ。ある種における文化の発生にとって肝心なのは、その種の成員がお互いから習慣を身につけることだ。この点で、公平な比較を行なう方法は二つしかない（白衣を着た類人猿が類人猿と人間の子供の両方をテストするという第三の選択肢を無視するとすれば、だが）。一つは、オオカミの例に倣い、類人猿を人間の家庭で育て、人間の子供と同じぐらい、人間の実験者のそばで居心地良く感じられるようにすることだ。二つ目はいわゆる「同種アプローチ」で、ある種を、その種自体に属するお手本役を使ってテストする方法だ。

最初の方法からはただちに答えが得られた。人間に育てられた類人猿の何頭かが、人間の幼い子供と同じぐらい人間を模倣するのが上手であることが判明したからだ(45)。言い換えれば、人間の子供と同様、類人猿は生まれながらの模倣者で、育ててもらった種を好んで真似るということだ。たいていの状況では、その種は自分自身の種だが、別の種に育てられた場合、その種も真似ることができる。これらの類人猿は人間をお手本にし、歯を磨いたり、自転車に乗ったり、火をつけたり、ゴルフカートを運転したり、ナイフとフォークを使って食事をしたり、ジャガイモの皮を剝いたり、床にモップをかけたりすることを自然に覚える。これを聞くと、猫に育てられた犬たちについてインターネットで紹介されている示唆的な話が頭に浮かぶ。そうした犬は、箱の中に座ったり、狭い場所に潜り込んだり、脚を舐めてその脚で顔をきれいにしたり、前脚を体の下にたくし込んで座ったりといった、猫特有の行動を見せる。

重要な研究は他にもある。のちに私のチームの文化的学習の筆頭専門家となったスコットランドの霊長類学者ヴィクトリア・ホーナーによる研究もその一つだ。ヴィッキー（ヴィクトリア）はセント・アンドルーズ大学のアンドリュー・ホイッテンとともに、ウガンダのンガンバ島にある保護区で一〇頭余りのチンパンジーの孤児を研究した。彼女はそれらの幼いチンパンジーたちの母親兼飼育係として振る舞った。幼いチンパンジーたちはヴィッキーになついているので、テストの間、彼女の隣に座り、熱心に彼女をお手本にした。彼女の実験は波乱を起こした。アユムの場合と同じで、チンパンジーのほうが人間の子供よりも賢いことが判明したからだ。ヴィッキーが大きなプラスティックの箱のあちこちに空いた穴に棒を突っ込むと、やがてキャンディが転がり出てくる。だが、肝心の穴は、そのうちの一つだけだ。箱が黒いプラスティックでできていたら、残りの穴がいわば「囮《おとり》」にすぎないことはわからない。逆に、透明な箱なら、キャンディがどこから出てくるかがはっきりする。幼いチンパンジーは棒と箱を渡されると、少なくとも箱が透明なときは、必要な動きだけを真似た。一方、人間の子供たちは無駄な動きも含め、ヴィッキーがやってみせた動きをすべて真似た。箱が透明なときにさえそうした。目的志向の課題ではなく、魔法の儀式であるかのように問題に取り組んだのだった。(46)

この結果のせいで、模倣を再定義するという作戦は完全に裏目に出た。なにしろ、「真の模倣」という新しい定義には、類人猿のほうがよく当てはまったからだ。類人猿たちは、目的や方法に注意を向ける類の、「選択的模倣」の能力を示していた。もし模倣に理解が必要とされるなら、(もっと良い言葉がないのでこの言葉を使うが)馬鹿な物真似だけを行なった人間の子供ではなく類人猿の勝ちとせざるをえない。

今度はどう対処したらいいか？　子供が「愚か」に見えるようにさせるのはいともたやすいと、プレマックは不平を言った。まるで、それが実験の目的だったかのようではないか。実際には解釈の仕方に誤りがあったに違いないと彼は感じていた。(47)彼の苦悩は本物で、人間のうぬぼれが先入観のない科学のどれだけ大きな邪魔になるかを示していた。たちまちのうちに心理学者たちは、「過剰模倣」(人間の子供による見境のない模倣を指す新しい用語)は実際には素晴らしい偉業であるという物語に落ち着いた。それは私たちの種の、文化への依存と称されるものに適合している。なぜなら、そのおかげで私たちは、何に役立つかとは無関係に行動を模倣するからだ。各自が知識不足のまま決定を下すことなく、私たちはさまざまな習慣をそっくり伝える。大人のほうがすぐれた知識を持っていることを考えれば、子供にとって、何の疑問も差し挟むことなく真似るのが最善の策だ。盲目的に信じることこそが、唯一合理的な方策なのだ。以上のように結論され、多少の安堵が得られた。

なおさら驚くべき結果が得られたのは、ヴィッキーがアトランタにある私たちのフィールド・ステーションで行なった研究だ。私たちは同種アプローチに完全に的を絞り、ホイッテンと共同で一〇年に及ぶ研究プログラムを開始した。チンパンジーたちが互いを観察する機会を与えられると、信じられない模倣の才能が明らかになった。類人猿は本当に猿真似をするので、群れの中で行動を忠実に伝えることができる。(48) ケイティが母親のジョージアを模倣している様子を収めたビデオが恰好の例を提供してくれる。ジョージアは、ある箱についている小さな扉をぱっと開け、そこから棒を深々と差し込んでご馳走を取り出すことをすでに学習していた。ケイティは母親がそれを行なうのを五回観察し、彼女の動きを一つひとつ目で追い、彼女がご馳走を手に入れるたびに、口の匂いを嗅いだ。ジョージアが別室に連れ出されたあと、ケイティはようやく自分でその箱を扱う自由を得た。そして、私たちがまだご馳走を足してもいないうちに、彼女は片手で扉を開け、もう一方の手で棒を差し込んだ。ケイティはその恰好で座ったまま、窓の反対側にいる私たちを見上げ、唸り声を上げながら、急いでとでも言うように、じれったそうに窓をトントン叩いた。そして、私たちが箱にご馳走を押し込むやいなや、それを取り出した。ケイティは一度として報酬を与えられないうちに、ジョージアがやるのを観察した手順を完璧に再現したのだ。

報酬は二の次のことも多い。報酬抜きの模倣は、もちろん人間の文化でも一般的で、私たちは髪型やしゃべり方、ダンスのステップ、手振りなどを真似るが、人間以外の霊長類でもよく見られる。日本の嵐山《あらしやま》〔京都〕の頂上に住むマカクは、習慣的に小石を擦り合わせる。幼いマカクは、報酬がないのにそれを学習する。擦ってもせいぜい音がするぐらいなのだが。模倣には報酬が必要であるという一般的な概念を突き崩す事例があるとすれば、まさにこの奇妙な行動がそれにあたる。この行動を何十年も研究してきたアメリカ出身の霊長類学者マイケル・ハフマンは、こう書いている。「赤ん坊は最初、母親が石を擦り合わせているときに、胎内でこのカチカチという音を耳にし、それから誕生後、周りの物に目の焦点が合い始めたとき、真っ先に目にする活動の一つとして、それに視覚的にさらされる可能性が高い」(49)

動物に関連して「ファッション」という言葉を最初に使ったのはケーラーだった。彼の類人猿たちは、絶えず新しい遊びを思いついていた。彼らは一列に並んで柱の周りをぐるぐる回った——片方の足はドスンと踏み下ろし、もう片方の足はそっと下ろすという同じリズムで、頭もそれに合わせて振り動かし、まるで忘我の境地にあるように、全員完璧に調子を合わせて。私たちのチンパンジーは、「料理」と私たちが名づけた遊びを何か月もやった。彼らは地面に穴を掘り、蛇口の下にバケツを出して水を注ぎ、穴にその水を空ける。それから穴の周りに座って、スープでも掻き混ぜるように泥を棒でつっつき回す。ときには、同時に三、四か所でそれが行なわれ、群れの半数が作業をしていた。最初、あるザンビアのチンパンジーの保護区でも、別の習慣が広まるところを研究者たちが追った。最初、あるメスが草の茎を一本、耳に差し込み、茎が突き出たままの恰好で歩き回り、仲間のグルーミングをした。年月が過ぎるうちに、他のチンパンジーも彼女の例に倣い、この新しいファッションを取り入れた。[50]

人間の場合と同様、チンパンジーの間でもファッションにはやりすたりがあるが、一つの群れにしか見られない習慣もある。その典型が、一部の野生チンパンジーのコミュニティで行なわれる、手を握り合うグルーミングだ。二頭が片手をつないで頭の上に挙げ、もう一方の手で相手の脇の下をグルーミングする。[51] 習慣やファッションは報酬を伴わなくても広まることが多いので、社会的学習は文字どおり社会的だ。見返りの代わりに習慣に従うことがカギとなる。たとえば幼いオスのチンパンジーは、特定の金属のドアをいつも叩いて自分のパフォーマンスを引き立たせるアルファオスの突進のディスプレイを真似るかもしれない。突進のディスプレイ（危険な活動なので、その最中には母親は子供たちをそばに置いておく）をアルファオスが終えてから一〇分後、幼いオスは母親から放してもらえる。すると彼は全身の毛を逆立て、役割《ロール》モデルが叩いたのと同じドアを叩きにかかる。

私はその手の例を多数記録してきたので、「絆作りと同一化に基づく観察学習（ＢＩＯＬ）」という考えをまとめ上げた。煎じ詰めれば、霊長類の社会的学習は所属したいという衝動に由来する。ＢＩＯＬは、他者と同じように行動し、うまく溶け込みたいという欲求から生まれた体制順応主義を意味する。[52] 類人猿が平均的な人間よりも自分の仲間をはるかに上手に模倣する理由も、人間のなかでは近しく感じる人だけを模倣する理由も、これで説明できる。また、幼いチンパンジー、とくにメスのチンパンジー[53]が母親からあれほど多くを学び、高位の個体がお手本として好まれる理由も説明がつく。

このような好みは、私たち自身の社会でも知られている。人間社会では、広告の中で芸能界などの著名人が腕時計や香水、自動車を見せびらかす。私たちはデイヴィッド・ベッカムやカーダシアン一家、ジャスティン・ビーバー、アンジェリーナ・ジョリーらを大喜びで見習う。同じことが類人猿にも当てはまるだろうか？　ヴィッキーはある実験で、放飼場の周りに色鮮やかなプラスティックのチップをばらまいた。チンパンジーたちはそれを集めて容器の所まで持ってくると、ご褒美がもらえた。群れの高位のある個体は、チップをある容器に入れるように、そして、下位のある個体はチップを別の容器に入れるように訓練された。両者の入れ方を目にした群れの他の個体の大多数は、地位の高い個体に倣った。[54]

類人猿における模倣に関する証拠が積み重なるうちに、他の種も必然的にその列に伍《ご》し、同じような能力を示した。[55]今では、サル、犬、カラス、オウム、イルカの模倣についての説得力ある研究がある。そして、さらに視野を拡げれば、考慮に入れるべき種はなお増える。なぜなら、文化の伝播は広範に及ぶからだ。犬とオオカミに戻ると、最近、ある実験で同種アプローチがイヌ科の動物の模倣に応用された。犬とオオカミの両方が、人間の指示に従う代わりに、自分の種の個体がレバーを操作して、食べ物が隠された箱の蓋を開けるところを見た。続いて、自分で同じ箱を開ける試みをすることを許された。今回はオオカミが犬を大差で打ち負かした。[56]オオカミは人間が指し示して合図をしても従うのが苦手ではあるが、自分の仲間が与えてくれる手掛かりを感知することにかけては犬を凌ぐ。研究者たちはこの違いを認知能力ではなく注意力に帰する。犬が人間に頼って生きているのに対して、オオカミは群れに生存がかかっているので、犬よりも互いを注意深く観察することを、彼らは指摘する。

私たちはもういいかげん、動物を彼らの生物学的特質に即してテストし始め、人間中心的な取り組みから離れるべきだろう。実験者を主要なモデルあるいは相棒にする代わりに、背景に下がらせておいたほうがいい。類人猿で類人猿を、オオカミでオオカミを、人間の大人で人間の子供をテストして初めて、社会的な認知を本来の進化の文脈で評価できるのだ。唯一の例外は犬かもしれない。私たちは犬を家畜化し（あるいは、一部の人が信じているように、犬は自らを家畜化し）、犬は私たちと絆を結ぶようになったからだ。人間が犬の認知をテストするのは、じつは自然なことかもしれない。

モラトリアム

動物がただの「刺激に反応する機械」だった暗黒時代を抜け出した私たちは、動物の心的作用について自由に考えを巡らせることができる。それはグリフィンが一生懸命勝ち取ろうとした大躍進だ。だが動物の認知は、テーマとしてしだいに人気を集めてきているにもかかわらず、人間が持っているものに劣る代用品であるという考え方に、私たちは依然として直面する。動物の認知が真に深く、驚異的なものであるはずがないというのだ。多くの学者が長い職業人生の終わりに差しかかると、人間にはできて動物にはできないことを並べ立て、人間の才能に光を当てずにはいられない(57)。人間の観点からは、こうした推量は満足のいく読み物になるかもしれないが、私のように地球上の多様な認知に関心がある人なら誰にとっても、それはとんでもない時間の無駄としか思えない。自然界における自分の位置について唯一尋ねうる疑問が、「鏡よ鏡、壁の鏡よ、いちばん賢いのは誰？」であるとは、私たちはなんと奇妙な動物なのだろう。

古代ギリシアの不合理な尺度における好ましい位置に人間を保つために、私たちは意味や定義、再定義、さらには（正直に認めよう）ご都合主義に基づく条件の変更にも取り憑かれることになった。動物に関する低い期待を抱いて実験を行なうたびに、鏡のお気に入りの答えが聞こえてくる。バイアスのかかった比較が行なわれていれば、疑いを抱く一つの根拠となるが、認知が見つからないことを示す証拠が喧伝されていれば、これまた疑いを抱く根拠になる。私の引き出しには、認知が見つからなかったという結果が日の目を見ずに大量に収まっているが、そのような結果が何を意味するか、私は皆目見当がつかない。それらは調べた動物には特定の能力がないことを示しているのかもしれないが、ほとんどの場合、それも自発的な行動からはその能力の存在が窺われるときはとりわけ、自分が彼らを最善の方法でテストしたのか自信が持てない。私は動物たちを混乱させる状況を作り出したり、彼らが解く気にもなれないような不可解なかたちで問題を提示したりしてしまったのかもしれない。テナガザルは手の解剖学的構造を考慮に入れる前には、研究者から知能が低いと思われていたことや、小さ過ぎる鏡に対する反応に基づいてゾウには鏡で自己認識ができないという早まった結論が下されたことを思い出してほしい。否定的な結果が出たときには何通りも説明が考えられるので、実験対象の能力を疑う前に、自分の実験方法の妥当性を疑ってみるほうが無難だ。

進化認知学の中心的課題は、人間を他の動物と隔てているものを見つけることであると、書籍や論文にはよく書かれている。人間性の本質にもっぱら的を絞り、「私たちが人間たる所以《ゆえん》は？」と問う会合がこれまで何度も催されてきた。だが、これは私たちの分野で本当に最も根本的な疑問なのだろうか？　私はそうは思わない。この問いは本質的に、いわば知的行き止まりのように見える。バタンインコやシロイルカを他の動物と隔てているものが何かを知るよりも、なぜそれが重要なのか？ダーウィンの、ふと思いついたような言葉が思い出される。「ヒヒを理解する者は、ロックよりも形而上学に貢献するだろう」(58)。あらゆる種の認知機能が、私たちの認知機能を形作ったのと同じさまざまな影響力の産物である以上、どのような種であっても深遠な洞察を提供してくれるはずだ。仮にこの分野の中心的課題は人体のどこが独特かを突き止めることにあると、医学の教科書が宣言していたらどうだろう。私たちは呆れてしまうのではないか？　なぜなら、人体のどこが独特かという疑問は、そこそこ興味深くはあっても、医学は心臓や肝臓、細胞、神経シナプス、ホルモン、遺伝子などの機能に関する、はるかに基本的な問題に直面しているからだ。

科学は、ラットの肝臓あるいは人間の肝臓ではなく、肝臓そのものを理解しようと努めているのであり、この事実は動かし難い。あらゆる器官やプロセスは私たちの種よりもはるかに古く、厖大な歳月を重ねて進化し、それぞれの生き物に特有の改変が少しばかりなされてきた。進化とはそういうものだ。認知だけが例外のはずがないではないか。認知が一般にどのように働き、その機能にはどのような要素が必要で、それらの要素がそれぞれの種の感覚系や生態環境にどのように調和しているかを突き止めるのが、私たちの最初の任務となる。私たちは、自然界に見つかる多種多様な認知のすべてを網羅する統一理論が欲しい。統一理論を打ち立てるというこのプロジェクトを行なう余地を生み出すために、人間は唯一無二の存在であるという主張の凍結《モラトリアム》を私は推奨する。そうした主張の貧弱な実績を考えれば、今後数十年間、抑制すべき時期にきている。このモラトリアムを実施すれば、より包括的な枠組みを開発することができるだろう。ずっと後年、それが成った暁には、人間の心のどこが特別でどこがそうでないかを今よりもよく理解できる新しい概念を手に、私たち自身の種という特殊な例に戻ることができるだろう。

このモラトリアムの間に狙ってもいいことの一つは、過度に大脳を重視する取り組み方に代わるものの確立だ。すでに述べたとおり、視点取得はおそらく体と結びついているし、それは模倣にも当てはまる。つまるところ、模倣するには他者の体の動きを知覚して自分自身の体の動きに変換する必要がある。ミラーニューロン（大脳の運動皮質にある特別なニューロンで、他者の行動を脳内で自分自身の身体的表象と結びつける）が、このプロセスを媒介すると考えられることが多い。そして、このミラーニューロンが人間ではなくマカクで発見されたことは心に留めておくといい。厳密なつながりにはまだ議論の余地があるものの、模倣は社会的緊密さによって促進される身体的プロセスである可能性が高い。

この見方は、因果関係と目的を理解することにすべてがかかっているとする大脳重視の見方とは大きく異なる。イギリスの霊長類学者リディア・ホッパーの独創的な実験のおかげで、どちらの見方が正しいかがわかっている。ホッパーは、いわゆる「ゴーストボックス」をチンパンジーたちに提示した。ゴーストボックスは魔法のようにひとりでに開いたり閉まったりして（じつは釣り糸で操作している）、報酬が出てくる。もし技術的な洞察だけが重要なら、ゴーストボックスを観察するだけで十分なはずだ。報酬を得るのに必要な行動がすべて示唆されるからだ。だが実際にはゴーストボックスをチンパンジーに嫌というほど見せても、何一つ学習しなかった。生身のチンパンジーがその箱を操作するのを目にしてようやく、彼らは報酬を手に入れる方法を学習できた。[59] このように、模倣をするには、類人猿は体、それもできれば自分と同じ種の個体の体が動いているところを目にする必要がある。技術的な面を理解することは肝心ではないのだ。[60]

体が認知とどう相互作用するかを突き止めるにあたって、私たちには信じられないほど豊富な材料がある。そこに動物を加えれば、「身体化された認知」という有望な分野は、おおいに刺激されるだろう。この分野では、認知は体と周りの世界との相互作用を反映するという前提に立つ。この分野はこれまでは人間にばかり的を絞ってきたので、人間の体は多くの体の一つにすぎないという事実を活かしそこねていた。

たとえば、ゾウを考えてほしい。ゾウは人間とは非常に異なる体を知能と組み合わせて高度な認知を達成している。この地上最大の哺乳動物は、私たちの種の三倍も多いニューロンで何をしているのか？　体の大きさを考慮に入れて補正してやらなければならないと主張し、この数を軽視することもできるかもしれないが、そのような補正はニューロンの数よりも脳の重さに対して、よりふさわしい。事実、脳あるいは体の大きさとは関係なく、ニューロンの絶対数が種の知能を予想するうえで最善の手掛かりになると見る向きもある。[61]もしそれが正しければ、私たちをはるかに凌ぐ数のニューロンを持つ種には、細心の注意を払ったほうがいい。それらのニューロンの大半がゾウの小脳にあるので、それほど重要ではないと感じている人もいる。重要なのは前頭前皮質だけであるという前提に基づいているのだ。だが、なぜ私たちの脳の構成をあらゆるものの尺度とし、皮質下の領域を見下すのか？[62]　そもそも、ヒト科の動物が進化している間に、私たちの小脳は新皮質よりもなおさら拡大したことがわかっている。つまり、私たちの種にとっても、小脳は決定的に重要であるということだ。[63]だとすれば、ゾウの脳の驚くべき数のニューロンが知能にどう役立っているか、私たちは突き止める必要がある。

ゾウの鼻は並外れて敏感な嗅覚器官であり、つかむための器官であり、触覚器官でもあり、長い鼻の先端まで走る独特の神経によって連携する四万の筋肉を持つと言われている。鼻の先には二つの敏感な「指」があり、草の葉ほど小さな物を拾い上げられるが、そればかりでなくこの鼻は水を八リットルも吸い上げたり、疎《うと》ましいカバをひっくり返したりもできる。この器官と結びつけられた認知機能が特殊化していることは確かだが、私たち自身の認知機能も手のような体の特定部分とどれだけ結びついているか知れたものではない。手のようにこの上なく多芸多才な器官がなかったら、私たちは今持っているような技能や知能を進化させただろうか？　言語進化の理論のなかには、言語は手振りにだけでなく石や槍を投げるための神経構造にも由来すると仮定するものもある。[64] 人間が「手にまつわる」知能（私たちはそれを他の霊長類と共有している）を持っているのと同様に、ゾウは「鼻にまつわる」知能を持っているかもしれない。

「継続的進化」の問題もある。人間は進化を続けたが、私たちの近縁種は進化をしなくなった、という考え方が広く受け容れられているが、これは誤りだ。唯一進化を止めたのがいわゆる「失われた環（ミッシング・リンク）」、すなわち人類と類人猿の最後の共通祖先で、遠い昔に絶滅したためにそう名づけられた。このリンクは、化石を私たちがたまたま掘り出しでもしないかぎり、永遠に失われたままになるだろう。私は自分の研究所を、ミッシング・リンクに引っかけて「リヴィング・リンクス・センター」と名づけた。私たちは、過去への生き《リヴィング》たリンクとしてチンパンジーとボノボを研究しているからだ。この名前は人気を得たようで、今では他にもリヴィング・リンクス・センターが世界中にいくつかできている。三つの種（チンパンジーとボノボという、私たちに最も近い二つの種と私たち自身の種）のすべてに共有されている特性は、同じ進化的な起源を持っている可能性が高い。

だがこれら三つの種はみな共通点を持っているだけではなく、それぞれ別のかたちで進化してきた。停止した進化などというものはないのだから、これら三種はすべて大幅に変化したのだろう。そうした進化による変化のいくつかは、チンパンジーやボノボに有利に働いた。たとえば西アフリカのチンパンジーは、エイズの蔓延が人間に大打撃を与えるよりもずっと以前に、ＨＩＶ－１型ウイルスに対する抵抗力を進化させていた。[65] 人間の免疫は、めったなことではそれに追いつけないだろう。同様に、人間だけではなくこれら三種すべてには、特殊な認知機能を進化させる時間があった。私たちの種があらゆる面で秀でていなければならないとするような自然法則はない。だからこそ私たちは、アユムの瞬間的記憶能力や類人猿の選択的模倣の才能のようなものが、今後もさらに発見されることを覚悟しておくべきだ。オランダのある教育番組は最近、水に浮かんだ落花生の課題（第3章参照）に人間の子供が直面する広告を放送した。私たちの種の子供たちは、そう遠くない所に水の入ったボトルが置いてあったにもかかわらず、類人猿が同じ問題を解決するビデオを目にするまでは、解決策を思いつかなかった。類人猿のなかには、何をすべきかを示唆するようなボトルがそばにないときにさえ、自然に解決策を思いつく者もいる。彼らは水が得られるのがわかっている蛇口の所まで歩いていく。類人猿をインスピレーションのもととして使い、型にはまらない思考をするよう、学校は子供に教えるべきだというのがこの広告の趣旨だった。[66]

私たちが動物の認知について知れば知るほど、この種の例が多く明るみに出てくるかもしれない。日本の京都大学霊長類研究所の大学院生だったアメリカ人霊長類学者クリス・マーティンは、チンパンジーが得意なことをさらに一つ見つけた。彼はチンパンジーたちに別々のコンピューター画面で競争的なゲームをやらせた。そのゲームでは、チンパンジーたちは相手が何をするかを予想しなければならなかった。少しばかりじゃんけんに似ている。彼らはそれまでの相手の選択に基づいて、競争相手を出し抜けるだろうか？　マーティンは人間にもそのゲームをやらせた。するとチンパンジーのほうが人間に優り、人間よりも速く完全に、最高の結果を出すようになった。マーティンらは、チンパンジーのほうが、相手がすることや相手の対応策を素早く予想できるから優位に立てるのだと結論した。[67]

チンパンジーの政略や先制攻撃戦術について自分の知っていることと考え合わせると、これは私には納得のいくことだった。チンパンジーのオスは互いに支え合い、彼らの地位はこの連携関係に基づいている。群れに君臨するアルファオスは分割支配戦略によって自分の権力を守る。そして、ライバルが自分の支持者に取り入ろうとするのをひどく嫌う。彼らは敵対的な共謀がなされるのを未然に防ごうとする。そのうえ、大統領候補が報道陣による撮影が始まると途端に赤ん坊を高々と抱き上げるのに似て、オスのチンパンジーたちも、権力の座を巡って競い合っているときには急に赤ん坊に関心を抱くようになり、メスたちのご機嫌をとるために、赤ん坊を抱いたりくすぐったりする。[68]　メスの支持はオスの間の競争に多大な影響を与えうるので、メスに好感を持ってもらうことは重要だ。チンパンジーは抜け目ない駆け引きを行なうのだから、今やコンピューターゲームが彼らの目覚ましい技能をテストする役に立つようになったというのは、大きな進歩だ。

もっとも、チンパンジーにだけ注目する理由もない。彼らが出発点になることはよくあるが、「チンパンジー中心主義」も人間中心主義の延長にすぎないからだ。[69] 認知の特定の側面を探究するのに役立つのなら、他の動物にも目を向ければいいではないか。テストケースとして、少数の生き物に的を絞ることができる。医学や一般生物学ではすでにそうしている。遺伝学者はショウジョウバエやミノカサゴを利用するし、神経発達の研究者は線虫を研究しておおいに成果を挙げてきた。ところが、科学とはこのようにして進歩することに誰もが気づいているわけではない。だから、「フランスのパリでのショウジョウバエ研究」のような無用のプロジェクトに「冗談ではなく本当に[70]」税金が回されていると、元副大統領候補サラ・ペイリンが苦情を言ったとき、科学者たちは唖然となったのだ。そうした研究を馬鹿馬鹿しいと思う人もいるが、あのちっぽけなショウジョウバエは遺伝学の分野では長年主役を務め、染色体と遺伝子の関係の理解を深めてくれている。少数の動物から、人間も含めた他の多くの種にも当てはまる基礎知識が得られる。これは認知の研究についても言える。たとえば、ラットやハトによって記憶に関する私たちの見方が形作られてきた。将来私たちは、一般化が可能であるという前提に基づいて、さまざまな能力を特定の生き物で研究するようになるのではないかと私は想像する。私たちは、ニューカレドニアカラスやオマキザルの技能や、グッピーの従順さ、イヌ科の共感能力、オウムの対象分類能力などを研究することになるかもしれない。

とはいえこれらをすべて実現させるためには、傷つき易い人間の自尊心の影響を避け、認知を他のあらゆる生物学的現象と同じように扱う必要がある。もし認知の基本的特徴が漸進的な変化を伴う由来から派生するのなら、跳躍や飛躍、輝き《スパーク》といった概念は不適切になる。そして私たちは大きな溝ではなく、無数の波が絶えることなく打ち寄せてでき上がった、ゆったりした傾斜の浜辺に直面する。たとえ人間の知性がその浜辺の高い所にあるとしても、それは同じ海岸を連打する同じ力の作用によって形作られたことに違いはないのだ。

第6章
SOCIAL SKILLS

社会的技能

イェルーンは策士にふさわしい選択に直面していた。この老獪《ろうかい》なオスのチンパンジーは、競い合う二頭のオスに連日グルーミングされていた。二頭はともにイェルーンの後ろ盾を得たがっている。イェルーンは自分に向けられる敬意を楽しんでいるようだった。一年前に自分に取って代わった強力なアルファオスにグルーミングされると、心底くつろげる。誰もけっして邪魔しようなどとはしないからだ。だが、序列が第二位の若いオスにグルーミングされるときは油断がならない。このオスといっしょにいると、アルファオスがおおいに腹を立てる。彼は二頭が自分に盾突くために策を巡らせていると考え、水を差そうとする。全身の毛を逆立て、威嚇の声を上げながら示威行動をして回り、ドアを叩いたりメスを殴ったりし、イェルーンたちがおじけづいてグルーミングをやめ、その場を去るまでそれを続ける。二頭を隔てる以外にアルファオスを落ち着かせる方法はない。チンパンジーのオスはうまく立ち回って地位を高めようとすることをけっしてやめず、絶えず協定を結んだり反故《ほご》にしたりしているので、打算抜きのグルーミングなどというものは現実には存在しない。グルーミングは毎回、政治的な意味合いを帯びているのだ。

当時のアルファオスは大変な人気と支持を集めており、支援者のなかには、ママという高齢のアルファメスも含まれていた。もしイェルーンが気楽に暮らしたかったのならば、このアルファオスの相棒役を務めることを選んでいただろう。波風を立てることなどせず、その結果、自分の地位も安泰だったはずだ。一方、野心的なオスと手を組むのは危険に満ちている。いくら体が大きくて筋骨たくましいといっても、このオスは青年期を抜けきれていない。経験が浅く、権威などないに等しいから、上位のオスたちがやり慣れているようにメスの喧嘩をやめさせようとすれば、喧嘩をしているメスの両方の激怒を招きかねなかった。皮肉にも、そのときには現に争いを解消できるわけだが、自分がそのつけを支払う羽目になった。メスたちは互いに金切り声を浴びせ合うのをやめ、協力して自称仲裁者を追いかけ回す。とはいえメスたちは賢いので、いったん彼を追い詰めると、彼と組み討ちをしたりはしない。相手のスピードや強さ、犬歯の威力を知り尽くしているからだ。彼はすでに侮り難い存在となっていたのだった。

それに対してアルファオスは平和維持に非常に長け、仲裁にあたっては非常に公平で、弱い者をじつによく守るので、絶大な信望を得ていた。長い動乱のあと、彼は群れに平和と調和をもたらした。メスたちはいつも進んで彼にグルーミングをし、子供たちとも遊ばせた。彼の支配に刃向かおうとする者がいれば、メスたちは誰に対しても抵抗する可能性が高かった。

それにもかかわらずイェルーンは若い成り上がり者に肩入れして、わざわざアルファオスに楯突いたわけだ。地位の確立したリーダーをその座から引きずり下ろすために、二頭は長期戦を展開し、それが多くの緊張や負傷を招いた。若いオスがアルファオスからある程度の距離の所に身を置き、しだいに大きな威嚇の声を上げて挑発するときにはいつも、イェルーンはこの挑戦者のすぐ後ろに行って腰を下ろし、彼の胴に自分の両腕を回し、彼に合わせて静かに威嚇の声を発した。それを見れば、イェルーンが誰に忠誠を誓っているかは疑いようがなかった。ママやそのメスの仲間たちは現にこの反乱に抵抗し、ときおり二頭の厄介者たちを大挙して追い回す結果になったが、若いオスの筋力とイェルーンの頭脳にはかなわなかった。イェルーンが自らアルファオスの地位を取りにいかず、相棒にその厄介な仕事をやらせればいいと割り切っていることは最初から明らかだった。二頭はけっしてあとへは引かず、数か月にわたって連日対決を続けたあと、ついにその若者が新しいアルファオスになった。

二頭は何年にもわたって群れを支配し、イェルーンはディック・チェイニーかテッド・ケネディのような、王座の影の実力者という役割を果たした。彼はじつに大きな影響力を振るい続けたので、彼の支援が揺らぎ始めるとたちまち王座も不安定になった。これは、性的に魅力的なメスを巡る争いのあとにときおり起こった。新しいアルファオスは、イェルーンを味方につけておくためには特権を与える必要があることを早々に学んだ。イェルーンはたいてい、メスとつがうことを許された。これは若いアルファオスが他のどのオスにも認めないことだった。

イェルーンはなぜ既成権力に与《くみ》することなく、この成り上がり者を支援したのか？　人間の提携関係形成（人間の場合、協力を通して勝利を手にする）の研究を見たり、国家間の協定についての力の均衡理論を研究したりしてみると、教えられることが多い。ここでの基本原理は「強さは弱点である」というパラドックスで、それによると、最も強力なプレイヤーは政治的協力者としては最も魅力がない場合が多いことになる。なぜなら、強力なプレイヤーはとくに他者を必要としておらず、他者は自分を支持して当然と思い、取るに足りない存在として扱うからだ。イェルーンの事例では、権力を確立していたアルファオスはあまりに強力過ぎ、それが仇《あだ》になった。イェルーンは、彼に味方しても得るものはほとんどなかっただろう。アルファオスにしてみれば、イェルーンが敵に回りさえしなければよかったからだ。もっと賢い作戦は、イェルーンの助けなしでは勝てない相棒を選ぶことだ。イェルーンは自分の地位を利用してあの若いオスを支援してやることで、影の権力者になった。こうして彼は、声望と新たな交尾の機会の両方を取り戻したのだった。

マキアヴェリ的知性

一九七五年、バーガース動物園で世界最大のチンパンジーのコロニーの観察を始めたとき、私は一生にわたってこの種に取り組むことになろうとは夢にも思わなかった。そしてまた、樹木に覆われた島で木の椅子に座り、推定一万時間をチンパンジーの観察に費やしていたとき、そのような贅沢は二度と味わえないとは想像もつかなかった。自分が力関係に興味を抱くようになることにも気づいていなかった。当時、大学生は断固たる反体制派だったし、私はそれを裏づけるように肩まで髪を伸ばしていた。私たちは、野心は馬鹿げており、権力は邪悪だと考えていた。ところがチンパンジーを観察しているうちに、序列は単なる文化的制度で、社会化の産物であり、いつでも一掃できるという考えに疑問が湧いてきた。序列はもっと根深いものに見えた。いかにもヒッピーのものと思える組織にさえ、私は同じ序列化の傾向を苦もなく見つけることができた。そうした組織はたいてい、権威を嘲り平等主義を説く若い男性たちが運営していたが、彼らは何のためらいもなく他の全員にあれこれ指図し、同志のガールフレンドを横取りした。チンパンジーが異常なのではなく、人間が不正直なようだった。政治指導者は権力を獲得したいという動機を隠し、喜んで国家のために働き、経済を改善するつもりであるといったもっと高尚な願望を表明するのが習いになっている。イギリスの政治哲学者トマス・ホッブズが抑えようのない権力への衝動の存在を主張したとき、彼は人間と類人猿の両方に関して的を射ていたのだ。

私は、自分が観察していた社会的駆け引きを理解するうえで生物学の文献は役に立たないことがわかったので、ニッコロ・マキアヴェリに目を向けた。観察中、何事も起こっていない静かな時間に、四〇〇年以上前に出版されたマキアヴェリの本を読んだ。『君主論』(池田廉訳、中央公論新社、二〇〇二年、他)のおかげで、私は樹木で覆われたチンパンジーの島で自分が目にしているものを解釈するのにふさわしい物の見方ができるようになった。もっともこのフィレンツェ生まれの哲学者は、自分の著書がこんなふうに応用されるとは思いもしなかっただろうが。

チンパンジーの間では万事に序列が徹底している。私たちがメスを二頭、屋内に入れようとする(テストのために、しばしばそうする)と必ず、一頭はさっさと課題に取り組む気になるが、もう一頭は尻込みする。後者はほとんど報酬を取らないし、パズルボックスやコンピューターなど、何であれ私たちがテストに使っている物には触れようとしない。前者に劣らず、そうしたいのはやまやまなのかもしれないが、彼女は「上位者」に敬意を表して遠慮しているのだ。二頭の間には緊張も敵意もないし、外で群れの中にいるときには、二頭は親友かもしれない。それでも、一頭がもう一頭を完全に圧倒する。

それとは対照的に、オスの間では権力は誰もが手にしうる。権力は、年齢その他いかなる特性に基づいて与えられることもなく、闘って手に入れ、競争者から油断なく守るものなのだ。私はチンパンジーの社会的事情を長らく記録してからほどなく筆を執り、『チンパンジーの政治学――猿の権力と性』という本を書いた。わが目で見た権力闘争を一般向けに説明した作品だ[1]。私は始まったばかりの自分の学究的なキャリアを危険にさらしていた。知的な社会的駆け引きを動物がすると主張したからで、そのようなことは何があっても避けるようにと、私はそれまで教え込まれていた。競争相手や仲間、血縁者が大勢いる群れの中でうまくやっていくにはかなりの社会的技能を必要とするというのは、今では当たり前だと思われているが、当時、動物の社会的行動を知的なものと考えることはめったになかった。たとえば、二頭のボノボの間で序列が入れ替わるのが観察されたら、それは彼らがもたらしたものではなく彼らに起こったことであるかのように見なされた。一頭のヒヒが別のヒヒを追い回して挑発し、巨大な犬歯を誇示し、近くのオスたちに応援を頼みながら次から次へと衝突を引き起こすところには、観察者たちはけっして触れなかった。彼らがそれに気づかなかったからではなく、動物は目的や戦略を持つはずがないと考えられていたからで、彼らの報告にはそうした記述は含まれずじまいになっていた。

私の本はこの伝統とは故意に訣別し、おべっかを使ったりはかりごとを巡らせたりする権謀術数家としてチンパンジーを描写したので、おおいに注目され、さまざまな言語に翻訳された。ニュート・ギングリッチはアメリカの連邦議会の下院議長だったとき、この本を新人議員のための推薦図書リストに載せさえした。けっきょくこの本は、同輩の霊長類学者からのものも含め、私が恐れていたよりもはるかに小さな抵抗しか受けなかった。明らかに、一九八二年当時、動物の社会的行動に対して、認知を前より重視した取り組みを始める機が熟していたのだ。拙著が出たあとようやく知ったのだが、そのほんの数年前に、ドナルド・グリフィンの『動物に心があるか――心的体験の進化的連続性』も刊行されていた(2)。

私の研究は新しい時代精神の一部だったのであり、私には頼りになる先輩が数人いた。エミール・メンゼルはチンパンジーの協力とコミュニケーションを研究して、彼らが目的を持つことを主張するとともに、知的な問題解決を行なうことを示唆し、ハンス・クンマーは自分の飼育しているボノボの行動は何に駆り立てられているのかを飽くことなく探究した。たとえばクンマーは、ボノボがどのように移動経路を計画し、どこに行くかを誰が決めるのか――前のほうにいるボノボたちか、それとも後ろのほうにいる者たちかを知りたがった。彼は研究対象とする行動を識別可能な複数のメカニズムに分割し、社会的関係が長期的投資の役割を果たすことを強調した。正統的な動物行動学と社会的な認知にまつわる疑問とをクンマー以上に結びつけた人は、それまでいなかった(3)。

私は若いイギリスの霊長類学者ジェーン・グドールの著書『森の隣人――チンパンジーと私』(4)にも感銘を受けた。それを読んだ頃には、私はもうチンパンジーには十分なじみがあったので、タンザニアのゴンベ渓谷での暮らしについてグドールが書いていた具体的内容に驚くことはなかった。だが、彼女の語り口には本当に胸のすく思いがした。彼女は研究対象の認知を必ずしも詳細に説明しなかったが、マイク（空の灯油缶を打ち合わせて大きな音を立て、ライバルたちを感心させた売出し中のオス）や、フローという長老格のメスの性生活や家族関係を読むと、複雑な心理作用に気づかずにはいられなかった。グドールのチンパンジーたちには個性や情動、社会的な狙いがあった。彼女は彼らを不当に人間化したりはせず、彼らのすることを気取りのない文章で綴った。その文体はオフィスでの一日を描くのには打ってつけだっただろうが、動物に関しては異端だった。それは当時の状況からは大きな進歩だった。その頃は、精神作用を重視するような意味合いを避けるために、行動の記述を引用符や難解な専門用語の海に溺れさせる傾向があったからだ。動物の名前や性別の記述さえ避けることが多かった（どの個体も、「it」という代名詞で表された）。それとは対照的に、グドールのチンパンジーたちは名前も顔もある社会的行動主体だった。彼らは本能の奴隷ではなく、自分の運命の設計者として振る舞った。彼女の取り組み方は、チンパンジーの社会生活について形をとり始めていた私自身の理解の仕方と完璧に一致した。

若いアルファオスに対するイェルーンの忠誠は、その恰好の例だろう。私は彼がなぜ、どうやって決断を下したのかは解明できなかったし、それは、灯油缶がなければマイクの経歴が違っていたかどうかグドールには知りようがなかったのと同じだが、どちらの事例からも意図的な戦術が見て取れる。そのような行動の背景にある認知を特定するには、大量のデータを体系的に集めるのに加えて、今ではチンパンジーたちが非常に得意としていることがわかっている戦略的なコンピューターゲームを使った実験なども行なう必要がある。(5)

これらの問題にはどう挑めばいいかを示す例を二つ、ここで簡単に紹介させてほしい。一つ目はバーガース動物園そのもので行なわれた研究にまつわるものだ。コロニーでの衝突は、当事者の二頭の間だけにとどまることはめったになかった。チンパンジーには他者を争いに巻き込む傾向があるからだ。ときには一〇頭以上のチンパンジーが脅し合ったり追いかけ合ったりしながら駆け回り、一、二キロメートル離れた所でも聞こえるほどの甲高い叫び声を上げる。当然ながら、争っている者は誰もができるだけ多くの味方を得ようとした。ビデオ録画した（当時の新技術だった！）事例を何百件も分析すると、闘いで旗色が悪くなったチンパンジーは、手を広げて仲間の方に差し出し、助けを求めることがわかった。支援を得て形勢を逆転させようとしていたのだ。だが、敵の仲間に対しては、懐柔しようと懸命になり、彼らに腕を回して顔や肩にキスをした。助けを乞うのではなく、中立の立場をとってもらうのが狙いだった[6]。

誰が敵の仲間かを知るには経験がいる。個体Aは、自分とBやCとの関係だけではなく、BとCの関係も知っていなければならない。私はこれを「三者関係認識（triadic awareness）」と名づけた。AとBとCの三角関係全体を把握することを意味するからだ。私たちにしても同じで、誰が誰と結婚しているかや、誰が誰の息子かや、誰が誰の雇い主かを知っているときには、私たちにもこの三者関係認識がある。人間社会はこの三者関係認識がなければ機能しえない[7]。

二つ目の例は野生のチンパンジーにまつわるものだ。オスの序列と体の大きさの間には明確なつながりがないことはよく知られている。いちばん大きくていちばん利己的なオスが、自動的に頂点に立つわけではないのだ。体が小さくても仲間に恵まれればアルファの地位を狙える。だからこそオスのチンパンジーは連携関係作りに余念がない。長年ゴンベで集めたデータを分析すると、比較的小柄なアルファオスは、同じ地位にある大柄なオスよりもはるかに多くの時間を他者のグルーミングに費やすことがわかった。どうやら、自分の地位が第三者の支援に頼っている度合いが大きいオスほど、グルーミングのような外交活動にエネルギーを投入する必要があるらしい。[8] ゴンベからそう遠くないマハレ山塊での研究で、西田利貞の率いる日本の研究者チームは、一〇年以上という例外的な長期にわたってアルファの座を守り続けていたオスを観察した。このオスは「贈賄」システムを開発し、価値あるサルの肉を忠実な味方だけに分け与え、ライバルたちにはそのような恩恵を施さなかった。[9]

『チンパンジーの政治学』の出版後何年もしてから、私がほのめかした互恵関係に基づく取引が現に行なわれることを、こうした研究が裏づけてくれた。だが、私がまだその本を書いているときでさえ、そうした取引を支持するデータの収集が進んでいた。私は知らなかったが、西田はマハレでカルンデという名の年嵩《としかさ》のオスを追っていた。カルンデは、自分より若い競争心旺盛なオスたちを互いに競わせることで、重要な立場を占めるに至った。若いオスたちが支援を求めると、カルンデはかなり気まぐれにそれに応じ、彼らの誰が地位を上げるのにも自分が必要とされる状況を築いたのだった。アルファの地位を追われたカルンデは一種のカムバックを遂げたのだが、イェルーン同様、自らアルファの座には就かなかった。そして、黒幕として振る舞った。この状況は私が拙著に記した事例と不気味なまでに似ていたので、二〇年後にカルンデに直接会う機会が巡ってきたときには胸が躍った。トシ（今は亡き西田は友人たちの間でそう呼ばれていた）が私をフィールドワークに招いてくれたので、私は喜んでそれを受けた。彼は世界でも有数のチンパンジーの専門家で、彼につき従ってジャングルを歩くのは、またとない経験だった。

タンガニーカ湖近くの野営地で暮らしていると、電気や水道、トイレ、電話がはなはだ過大評価されていることに気づく。それらなしでも生き延びることは十分可能だ。日々の目的は、朝早く起きて素早く朝食を済ませ、日が昇る前に仕事に取りかかることだった。チンパンジーたちを見つけなくてはならないが、野営地には猟師が数人いて手助けしてくれる。幸い、チンパンジーは信じられないほどやかましいので、居場所を突き止めるのは易しい。彼らは全員が一団になって移動するのではなく、ほんの数頭ずつが「パーティ」を編成し、ばらばらに移動する。見通しが悪い環境では、はぐれないようにしきりに声を出す。たとえば大人のオスを追っていると、彼が立ち止まり、首を傾げ、離れた場所にいる仲間の声に聴き入る様子が絶えず見られる。そして、それにどう応じるか決めるところも見られる。自ら声を出して応えることもあれば、声がした方に静かに向かっていくこともあるし(大急ぎのときもあるので、絡まった蔓の間を苦労して抜けていく人間は、取り残される羽目になる)、また、耳にしたばかりの声がどうでもいいものだったかのように、きびきびと歩みを続けることもある。

その頃にはカルンデはオスのなかで最高齢になっており、全盛期の大人のオスと比べると、その半分ぐらいの大きさしかなかった。四〇歳前後の彼は、体が縮んでいたのだ。だが寄る年波をものともせず、彼は相変わらず政治的な駆け引きのただ中に身を置き、アルファオスが長時間群れを留守にしてから戻ってくるまで、しばしばアルファに次ぐ地位にあるベータオスに同行し、彼にグルーミングをしていた。アルファは交尾許容期のメスを帯同して、コミュニティの縄張りの外れまで行っていたのだ。高位のオスたちは競争を避けるために、メス一頭とともに一度に何週間も「サファリ」と呼ばれる旅に出る。私はトシに教えられてアルファオスが不意に戻ったことを知ったが、その日ずっと追いかけていたオスたちの激しい動揺ぶりには、私も気づいていた。彼らはそわそわし、丘を駆け上ったり駆け下りたりしてばかりいたので、私はすっかり疲れ果ててしまった。アルファオスの特徴的な「フーティング（フーフーと鳴く声）」と虚《うつ》ろな木を連打する音が彼の帰還を告げ、誰もが極度に神経質になっていた。翌日、カルンデの変わり身には目を見張らされた。今、帰ってきたアルファをグルーミングしていたと思えば、次の瞬間にはベータオスと連れ立っているという具合で、どちらにつこうか決めようとしているかのようだった。彼は、トシが「忠誠心の揺らぎ(10)（allegiance fickleness）」と名づけた戦術の恰好の例を提供してくれた。

彼と私の間で話題が尽きなかったことは想像してもらえるだろう。とくに、野生のチンパンジーと動物園のチンパンジーの比較に関しては。大きな違いがあることは明らかだが、それは一部の人、とりわけ、飼育下の動物などなぜ研究するのか訝《いぶか》しく思っている人が考えるほど単純ではない。これら二種類の研究の目的はまったく異なり、私たちはその両方を必要とする。どんな動物が対象であれ、フィールドワークは自然環境での社会生活を理解するうえで欠かせない。その動物の典型的な行動がなぜ、どのように進化したかを知りたい人なら誰にとっても、自然界の生息環境でその動物を観察する以外に道はない。私は多くのフィールド研究の現場を訪ね、コスタリカのオマキザルやブラジルのウーリークモザルからスマトラのオランウータンやケニアのヒヒ、中国のチベットマカクまで観察してきた。野生の霊長類の生態環境を目にし、同じ分野の研究者たちにどのような点に魅了されているかを聞くと、おおいに参考になる。今日のフィールドワークは非常に体系的で科学的だ。ノートにちょこちょこっと観察結果を殴り書きしていたような時代は過去のものとなった。データの収集は継続的かつ体系的で、手で持てる大きさのデジタル機器にデータを打ち込み、さらに糞や尿のサンプルを集めてそれを補足する（サンプルはDNA分析やホルモン分析に使われる）。こうした汗まみれの重労働のおかげで、野生動物の社会の理解が大幅に深まった。

とはいえ、行動の詳細とその背後にある認知に迫るには、フィールドワーク以外のものが必要だ。学校の運動場を友達と走り回る子供たちを眺めて、彼らの知能を測定しようとする人などいない。観察を重ねるだけでは、子供の心の中はろくに覗けないからだ。そこで代わりに、子供たちを部屋に入れ、色塗り課題やコンピューターゲームをやらせたり、木のブロックを積み重ねさせたり、質問をしたりする。私たちはこのようにして人間の認知を測定するのだし、類人猿がどれほど賢いかを突き止めるのにもそれが最善だ。フィールドワークからは手掛かりや示唆は得られても、揺るぎない結論が導き出されることはめったにない。たとえば、石で木の実を割る野生のチンパンジーたちに出くわしたとしても、彼らがどうやってその技術を発見したか、あるいはどうやって互いから学習するかは知りようがない。そのため、入念に制御した実験を企画し、木の実を割ったことのないチンパンジーに木の実と石を初めて与えてみる必要がある。

類人猿を先進的な飼育環境に置く（たとえば、かなりの大きさの集団を広い屋外飼育場で飼う）と、自然環境下に準じる行動を間近で観察するという、フィールドでは望めない特典も得られる。そういう状況では、森の中でよりもはるかに濃密に観察したりビデオ録画したりできる。森の中ではいよいよこれからというときに、動物たちは下草の中や林冠《りんかん》〔枝葉の広がる森林の最上層〕に姿を消してしまうことが多い。フィールドワーカーはしばしば、断片的な観察に基づいて出来事を再構築するしかない。それは一つの技巧であり、彼らはその達人だが、その成果も、飼育下で日常的に記録される行動の詳細には及ばない。たとえば表情を研究するときには、解像度の高いビデオカメラでズームインし、スローモーションで再生することが不可欠だ。そのような撮影に必要な明るさは、フィールドではめったに確保できない。

社会的行動と認知の研究が、飼育下の動物の研究とフィールドワークとの統合を促進してきたのも不思議ではない。両者は同じパズルの異なるピースに相当する。両者から得られる証拠を活用して認知に関する理論を支持するのが理想だ。しばしばフィールドでの観察がきっかけで研究室での実験が企画されてきた。逆に、飼育下での観察（たとえば、チンパンジーは喧嘩のあと仲直りするという発見）に刺激された研究者が、フィールドで同じ現象を観察することもある。その一方で、野生の世界に暮らす動物の行動についてわかっていることと実験結果が食い違ったら、新しい取り組み方を試すべきなのかもしれない。[11]

とくに、動物の文化についての疑問に関しては、今では飼育下の動物の研究とフィールドワークが組み合わされることが多い。動物学者は特定の種の行動における地理的多様性を記録しているので、その多様性から、行動は局地的に発生して伝わっていく可能性が窺われる。だが、それ以外の可能性（たとえば、個体群どうしの間での遺伝的変異）も排除できないことが多い。だから、ある個体が別の個体を観察することで習慣が広まりうるかを突き止めるために、実験が必要となる。その種は模倣ができるだろうか？　もしできるなら、フィールド研究の現場で文化的学習が行なわれるという説がおおいに有力になる。今日私たちは、これら両方の証拠の源泉の間を絶えず行き来している。

だが、こうした興味深い展開のいっさいが見られたのは、私がバーガース動物園で観察を行なったあとだった。当時の私はクンマーの例に倣い、観察される行動の根底にはどのような社会的メカニズムがあるかを明確に説明することを目指していた。そして、三者関係認識以外にも、分割支配戦略や上位のオスたちによる治安維持活動、互恵的取引、詐欺、喧嘩のあとの仲直り、苦しんでいる者を慰めることなどについても語った。じつに長大な企画のリストができ上がったので、まずは詳細な観察を通して、のちには実験も交えて、それらの企画を具体化することにその後のキャリアを捧げた。そうした企画は、策定するよりも実施して真偽を確かめるのにどれほど多くの時間がかかることか！

だが、検証は非常に有益になりうる。たとえば、私たちがオマキザルでしたように、ある個体が別の個体に恩恵を施すような実験を設定することができるが、それから、相手がお返しに恩恵を施せる条件を加えることもできる。そうすれば、二頭の当事者間で恩恵を施し合うことが可能になる。私たちが試してみると、一方だけではなく双方が恩恵を施す機会を与えられているほうが、サルたちははっきりわかるほど気前が良くなった。[12] 私はこの手の操作が大好きだ。なぜなら、互恵性についてどのような観察報告よりもはるかに強固な結論を導けるからだ。どうしても観察では実験のようにすっきりと決着をつけることはできない。[13]

『チンパンジーの政治学』は新たな研究課題を提示するとともに、マキアヴェリの思想を霊長類学に持ち込んだが、この分野が[14]「マキアヴェリ的知性」というレッテルで広く知られるようになったことには、ずっと不満だった。このレッテルは、人を出し抜くこととは無縁の厖大な量の社会的知識や理解を無視し、「目的は手段を正当化する」とばかりに他者を操ることを暗示する。たっぷり葉のついた枝を巡る二頭の幼いチンパンジーの争いを、大人のメスのチンパンジーが枝を二つに折り分けて双方に一つずつ与えることで解決するときや、傷ついて足をひきずっているメスのチンパンジーの代わりに、大人のオスが彼女の子供を抱き上げて運んでやるときには、「マキアヴェリ的」というレッテルには当てはまらない見事な社会的技能を私たちは目の当たりにしている。この冷笑的なレッテルは、数十年前、あらゆる動物（人間も含む）の生活は競争的で悪意に満ち、利己的だとされるのが常だった頃には理に適っていたが、時を経るうちに、私自身の関心はいつしか逆方向へと向かっていた。そして私は、自分の研究の大半を、共感と協力の探究に捧げてきた。他者を「社会的な道具」として使う、彼らの利己的な利用は今なお大切なテーマで、霊長類の社会性の否定し難い一面なのだが、社会的な認知という分野全体の対象としては、あまりに範囲が狭過ぎる。思いやりに満ちた関係や、絆の維持、平和を保とうとする試みにもまた、同じように注意を向ける価値があるのだ。

社会的なネットワークに効果的に対処するのには知能が必要とされるために、霊長類は脳の驚くべき拡大を経験したのかもしれない。霊長類は例外的に大きな脳を持っている。イギリスの動物学者ロビン・ダンバーが「社会脳仮説」と名づけた説によれば、社会性と脳とのつながりは、霊長類の脳の大きさと、霊長類の典型的な集団の大きさとの関係によって裏づけられているという。大きい集団で暮らす霊長類ほど、一般に脳が大きい。もっとも私は、社会的知能と技術的知能とを切り離すのは難しいと常々感じている。脳の大きい種の多くは、その両方の領域で優れているからだ。ミヤマガラスやボノボなど、野生の世界ではほとんど道具を扱わない種でさえも、飼育下では道具の使用に非常に長けている場合がある。ただし、認知機能の進化についての議論では社会的な課題がこれまであまりに長い間顧みられず、環境との相互作用に焦点が絞られがちだったことは否めない。私たちの研究対象の生活において社会的問題解決がどれほど重要かを考えれば、霊長類学者がこの見方を改めたのは正しかったわけだ[15]。

三者関係認識

テナガザル科の成員である大型で色黒のフクロテナガザルは、アジアのジャングルの高い木々の上のほうを枝にぶら下がって移動する。そして毎朝オスとメスが、息を呑むような二重唱を披露する。その鳴き声はたいてい数回の大きな叫びで始まり、しだいに大きな、より手の込んだ反復的旋律になる。ヒヒのものに似た喉袋で増幅されたその鳴き声は、遠く広く響き渡る。私がそれを耳にしたのはインドネシアで、森全体に彼らの鳴き声がこだましていた。フクロテナガザルは歌う合間に互いに耳を傾け合う。縄張りを持っている動物の大半は、縄張りの境界線がどこを走っており、隣人たちがどれほど強くて健康かさえ知っていればいいが、フクロテナガザルの場合には、縄張りをつがいが協力して守る分、話が複雑になる。これはつまり、つがいの絆が重要であることを意味する。問題を多く抱えているつがいは防御力が弱いが、しっかりと結ばれたつがいは防御力が強い。つがいの歌声は両者の結婚生活を反映しているから、二頭の歌が美しいほど、隣人たちも手を出してはならないことを強く認識する。ぴったり息の合ったデュエットからは、「近寄るな!」という警告だけではなく、「私たちは一つ」というメッセージも伝わってくるのだ。逆に、デュエットがぎくしゃくしていて、音程

のずれた声を出して互いに邪魔し合っていると、隣人たちは侵入してつがいの問題含みの関係につけ込む機会を聞き取る。(16)

他者どうしの関係の良し悪しを理解するのは基本的な社会的技能で、集団で生活する動物にとってはなおさら重要になる。彼らはフクロテナガザルよりもはるかに多くの個体を相手にする。たとえばヒヒやマカクの群れでは、メスの序列はそのメスの出身家族次第でほぼ完全に決まる。メスは友人や血縁者の緊密なネットワークのせいで、母系の序列にまつわる規則からけっして逃れられず、高位のメスの娘は高位になり、低位のメスの娘は低位に収まる。あるメスが別のメスを攻撃すると、たちまち他のサルたちが介入し、既存の血縁者のシステムを強化するためにどちらか一方を守る。高位の家族の幼い子供たちも、それは十分承知している。いわば銀のスプーンを口にして生まれた〔出産祝いに銀のスプーンを贈られた、つまり裕福な家に生まれた、ということ〕彼らは、周りの者を誰彼かまわず挑発して喧嘩をする。低位の家族のメスはどれだけ大きくどれだけ意地が悪くても分不相応な真似は許されないことを、高位の子供たちは知っているからだ。子供たちが叫び声を上げると、強い母親や姉たちが駆けつける。じつは、サルがどんな種類の相手と対決しているかで、叫び声が変わることが立証されている。その違いのおかげで、騒々しい喧嘩が既存の序列に沿ったものなのか、違反するものなのかが、群れ全体にたちまち知れ渡る。(17)

野生のサルたちの社会的知識は、幼いサルの姿が見えないときに、茂みの中に隠したスピーカーからそのサルが助けを求める叫び声の録音を流してテストした。その声を聞いた近くの大人たちは、スピーカーの方を見るだけではなく、その子の母親も盗み見た。彼らはそれが誰の声かを聞き分け、それを母親と結びつけるようだ。窮地に立たされたその子のために母親がどうするだろうと思っているのかもしれない[18]。同じ種類の社会的知識が自発的に発揮されることもある。たとえば、よちよち歩き回っている赤ん坊をメスの幼い子供が抱き上げ、母親の所に戻すときだ。これは、その子はそれが誰の赤ん坊か知っていることを意味する。

アメリカの人類学者スーザン・ペリーは、ノドジロオマキザルが喧嘩のときにどのように連合を形成するかを分析した。スーザンは異常なまでに活発なノドジロオマキザルたちを二〇年以上追い続けてきており、一頭ずつ名前をつけ、経歴を把握していた。私はコスタリカにある彼女のフィールド研究の現場を訪ねたとき、彼らに特有の連合姿勢をわが目で見ることができた。それは「オーバーロード（overlord）」〔英語の「overlord」には「領主」や「大君主」「専制的に支配する」という意味がある〕として知られ、二頭のサルが第三のサルを脅すときに見られる。一頭がもう一頭にのしかかるようにし、二頭が揃って相手をにらみつけ、口を大きく開く。相手は、二頭が一体化し、顔を積み重ねて脅迫する威嚇のディスプレイに直面することになる。スーザンはこのような連合を、すでに知られている社会的な結びつきと比較し、ノドジロオマキザルは相手よりも優勢な仲間を好んで味方にすることを突き止めた。そのような連合はそれ自体理に適っているが、さらに、サルたちは親友に助けを求める代わりに、相手よりも自分と近しい関係にあるサルを選んで味方につけようとすることも、彼女は発見した。サルたちは、相手の仲間に呼びかけても無駄であることに気づいているようだ。この戦術も、三者関係認識を必要とする[19]。

オマキザルは、支援者の候補と敵とに交互にぐいぐい首を向け、助力を乞う。「首振り合図《ヘッド・フラッギング》

(headflagging)」という動作で、これはヘビのような危険なものに対しても使われる。じつのところオマキザルは、気に入らないものなら何でも威嚇する。この傾向は他者の注意を操作するのに使われることもある。スーザンはかつて、次のような欺きの手順を観察している。

自分よりも序列が上の三頭の連合に追われていたグアポは突然立ち止まり、地面を見つめながら、狂乱したようにヘビの存在を警告する声を上げ始めた。私はそばに立っていたので、そこには剝き出しの地面以外に何もないのがはっきり見て取れた。グアポはカーマジェン〔敵の一頭〕に向かってヘッド・フラッギングをし、架空のヘビと戦うための支援を求めた。グアポの追っ手たちも不意に立ち止まり、ヘビがいるかどうかを見るために後ろ脚で立ち上がった。念入りに調べたあと、三頭は再びグアポを脅し始めた。するとグアポは作戦を変え、飛んできたサンジャク（無害な鳥）を見上げ、立て続けに三度、鳥の襲来を警告する声を上げた。普段は大型の猛禽類にだけ使う声だ。敵たちは空を見上げ、それが危険な鳥でないことを知り、またしてもグアポを脅し始めた。グアポはヘビの存在を警

2頭のノドジロオマキザルが「オーバーロード」の姿勢をとっているところ。敵は、2つの威嚇的な顔と2組の歯に直面することになる。

告する声を上げる作戦に戻り、剝き出しの地面を猛烈に跳ね回り、その「ヘビ」を自分の声で脅した。カーマジェンはしばらくグアポをにらみ続けたが、残る二頭は彼を威嚇するのをやめたので、グアポは昆虫を探し回るのを再開でき、ときどきカーマジェンの方にこっそり視線を投げながら、彼に向かってゆっくり無頓着に近づいていった。(20)

このような観察は、高度な知能の存在を示唆してはいても証明はできない。ただ野生の霊長類の認知に関する情報はすぐにでも必要とされており、フィールドワーカーたちは、そうした情報を収集するための独創的な方法を次々に見つけている。たとえばウガンダのブドンゴの森では、ケイティ・スロコームとクラウス・ズベルビューラーが、脅威や攻撃にさらされたチンパンジーの悲鳴を録音しにかかった。大きな発声は援助を募るものだったので、二人は「聴衆」次第でその発声の仕方が変わるかどうかを調べた。野生のチンパンジーは分散して暮らしているので、叫んでいる被害者に救いの手を差し伸べてくれそうなのは、声の届く範囲にいる個体（「聴衆」）に限られる。二人は、声の大きさが攻撃の激しさを反映していることを発見したのに加えて、声には微妙なごまかしが織り込まれていることにも気づいた。どうやら被害者のチンパンジーは大げさな悲鳴を上げる（攻撃が実際よりも激しいものであるという印象を与える）が、それは攻撃者よりも上位の個体が聴衆に含まれるときだけだった。言い換えれば、偉いボスが近くにいるときにはいつも、被害者のチンパンジーは大声でわめくのだ。彼らが真実を歪めるかたちで発声することから、彼らは他者に対する攻撃者の相対的地位を正確に知っていることが見て取れる。(21)

類人猿が互いの関係を把握していることは、誰がどの家族に属するかに基づいて彼らが他者を分類することからも裏づけられる。彼らが攻撃行動の矛先を「向け直す」傾向を調べた研究がいくつかある。攻撃された個体は、しばしば自ら攻撃の相手を探し求める。職場で叱られた人が家に帰って配偶者や子供にあたるのと同じようなものだ。マカクは序列が厳格なので、その恰好の例を提供してくれる。マカクが別のマカクに脅されたり追われたりすると、たちまちそのマカクはさらに別のマカクを脅したり追いかけたりする。相手は与し易いマカクと決まっている。こうして敵意は序列の下へ下へと順に伝わっていく。これは特筆に値するが、矛先を向け直すマカクは、もともと攻撃的な行為を見せたマカクの家族を狙うことを好む。高位の個体に攻撃されたマカクは、攻撃者の家族のなかでも年少で力の弱い者を探し回り、そのかわいそうなマカクを襲って憂さを晴らす。この点で、矛先の向け直しは復讐に似ている。攻撃の発端となったマカクの家族がそのつけを払わされるからだ。[22]

家族関係についての知識は、もっと建設的な目的にも使われる。違う家族のマカクどうしが喧嘩したあと、両家族の他の成員によって緊張が解消されるときがそうだ。たとえば、二頭の幼いマカクの遊びが金切り声を上げながらの喧嘩に変わると、母親たちが顔を合わせて、子供たちの代わりに和解する。これは巧妙なシステムだが、この場合にも、どのマカクも他のすべてのマカクがそれぞれどの家族の者かを知っている必要がある。[23]

他者を家族に分類するのは、アメリカの海洋哺乳類専門家、故ロナルド・シュスターマンが唱えた「刺激等価性」の一例かもしれない。ロナルドは私がこれまで足を踏み入れたもののうちで最も奇妙で最も愉快な動物研究室を運営していた。なにしろその研究室は、陽光の満ちあふれたカリフォルニア州サンタクルーズの屋外プール以外にはほとんど何もなかったのだ。それは海生動物を扱う究極の研究室だった。プールの脇には数枚の木のパネルがあり、飼っているアシカたちのためにそれに記号を貼りつけるようになっている。アシカたちはプールの中を泳ぎ回り、人間にはとてもかなわないほど速度を上げ、ほんの数秒間、水から跳ね出て濡れた鼻先で記号に触れる。ロナルドの研究室の優等生は、リオという名の、彼のお気に入りのアシカだ。リオは正しい記号を選ぶと、魚を一匹投げ与えられ、すぐまたプールの中に飛び込む。彼女はこれをすべて切れ目ない滑らかな動きでやってのけ、魚をキャッチしながら水の中に滑り込み、実験者と実験対象との間の完璧な協調を示してくれた。ロナルドによれば、たいていのテストはリオには易し過ぎるので、彼女は飽きてしまい、集中力を失うのだそうだ。そして答えを間違えた挙句、十分魚をくれないとばかりにロナルドに腹を立て、いまいましそうに自分のプラスティック製のおもちゃを全部プールから放り出す。

リオは任意の記号を関連づけることを学んだ。まず、AがBと同類で、次にBがCと同類で……というふうに学ぶ。うまく関連づけられたら報酬を与え、そのあとロナルドは、AとCのような新しい組み合わせを不意に示す。もしAとBが等価で、BとCも等価ならば、AとCも等価に違いない。リオはそれまでの関連づけから推測して、AとBとCをひとまとめにするだろうか？　彼女はそうした。このロジックをそれまでに出合ったことのない組み合わせに当てはめたのだ。ロナルドはこれを、動物が頭の中で家族や仲間集団などに個体を分類する方法の原型かもしれないと考えた(24)。人間も同じことをする。もしあなたが私をまず私の兄弟の一人と関連づけ、次に別の兄弟と関連づければ(私には兄弟が五人もいる!)、その二人がいっしょにいるところに出くわしたことがなくても、あなたは二人を同じ家族に分類するはずだ。等価性の学習は迅速で効率的な分類を助ける。

　ロナルドはさらに一歩進み、他の目に見えないつながりについて考えた。たとえばチンパンジーのオスは、ライバルのオスたちが縄張りの境界にある木の上に残した空の寝床を、腹立たしそうに攻撃して破壊することが以前から知られている。敵自体を攻撃できないときに、どうやら次善の標的は彼らが作った寝床らしい。この話を聞くと、オランダでの出来事が思い出される。スズキ製の黒いスイフトの持ち主たちがひどい目に遭った一件だ。彼らは人々から意地の悪い言葉を投げかけられたばかりか、悪くすると愛車を故意に傷づけられもした。そのような事態になったのは、殺人の意図を持った人がスズキ製の黒いスイフトを運転して、女王の日を祝う群衆の中に突っ込み、八人を殺すという事件のあとだった。その自動車自体のせいでないのは言うまでもなかったが、人間というのは、たちまち物事を結びつけてしまうものだ。憎むべき行動のせいで、特定の自動車のブランドが憎悪の対象にされてしまったのだ。これも煎じ詰めれば、刺激等価性ということになる。

　三者関係認識が自発的に利用されることがわかったのだから、次の疑問は、その認識をどうやって得るか、だ。それを解明するためには実験が必要になる。動物は他者を眺めるだけでその認識を得られるのか？　フランスの心理学者ダリラ・ボヴェはある研究で、ジョージア州立大学のアカゲザルがビデオの中で上位のサルを特定できたら報酬を与えた。観察する側のサルは、自分が目にしているサルたちを知らなかったので、純粋に行動だけに基づいて彼らの関係を判断しなければならなかった。たとえば、ビデオの中の一頭が別のサルを追いかけ、そのあとで観察していたサルは上位のサル（追いかけたサル）を、その場面の静止画像上で選ぶように訓練された。それができるようになると、追跡には見えないものの、それでも上下関係が表れている行動への一般化を行なった。たとえば、下位のアカゲザルは上位のアカゲザルに向かって大きく口を開けて歯を見せ、自分の地位を伝える。ボヴェはこの合図が交わされているビデオを見せた。観察するサルにとっては目新しい場面だったにもかかわらず、彼らは上位のサルを正しく選んだ。そこで、彼らは序列という概念を持っており、未知の個体が他者とどう接するかをもとに、その個体の地位を素早く評価するという結論が導かれた。[25]

ワタリガラスも同じような理解を示すことがある。スピーカーで再生された発声に対する彼らの反応によって、それが裏づけられている。ワタリガラスは互いの声を聞き分け、それが上位のカラスの声か下位のカラスの声かに注意を払う。だが、再生用の音声は操作されており、上位の個体が服従的になったかのように聞こえる。権力の座からの追放が企てられている証拠を耳にしたカラスたちは、していたことをやめ、非常に心配な様子を見せながら、じっと聴き入った。彼らは自分の群れの、同性の成員の間で起こる序列の逆転に最も動揺したが、隣の鳥類飼育場のワタリガラスの間で起こる地位の逆転にも反応を示した。ワタリガラスは自分の立場についてだけにとどまらない、地位の概念を持っていると、研究者たちは結論した。彼らは他者が普通はどのように互いに接するか知っており、そのパターンからの逸脱には警戒心を抱くのだ。[26]

これと関連しているのだが、飼育されているチンパンジーは周囲の人間の間に存在する地位の違いを評価するのではないかと私は前々から思っている。私がかつて動物行動の研究を行なった動物園の園長は口うるさく、ときどき現場を訪れては、みんなにあれこれ指図し、ここは掃除する必要がある、それは移動させなくてはいけないなどと問題を指摘したものだ。彼は典型的なアルファオスの振る舞いを見せ、誰にも気を抜かせなかった。良い園長なら当然するべきことだ。チンパンジーたちはめったに彼と接することはなかった（彼はけっしてチンパンジーに餌をやったり、彼らに話しかけたりしなかった）が、彼の行動には気づいていた。チンパンジーたちは園長を最大の敬意をもって遇し、遠く離れた所から従順な唸り声で挨拶した（そのような挨拶は、他の誰にもしなかった）。まるで状況を察しているかのようで、「ほら、ボスが来たぞ。ここの誰もがびくびくしている人が」とでも言いそうだった。

チンパンジーがそのような判断を下すのは、序列に関してだけではない。彼らの三者関係認識をじつに雄弁に物語る例が、仲裁による争いの解決だ。オスどうしの喧嘩のあと、第三者が仲直りを促すことがある。面白いことに、仲裁にあたるのは決まってメスで、それも高位のメスたちに限られる。二頭のライバルのオスが仲直りできずにいると、メスが間に入る。ライバルのオスたちは近くに座っていながら、目を合わせるのを避け、どちらからも打開に向けた動きがとれない、あるいはとる気が出ないことがある。たとえ仲直りさせるためであっても別のオスが近づくと、喧嘩に関与しにきたと見なされる。オスのチンパンジーはひっきりなしに連携関係を結ぶので、中立ということはまずありえないからだ。

そこで年長のメスの出番となる。バーガース動物園の長老格のメスであるママは仲裁の名手だ。どんなオスも彼女を無視したり、彼女の怒りを買いかねない喧嘩を不用意に始めたりしない。彼女は一方のオスに近づいてしばらくグルーミングしてやり、それからそのオスを従えながら彼のライバルの方へおもむろに歩いていく。何度も振り返って最初のオスの様子を確認し、嫌がっているようなら、戻って腕を引っ張る。そのあと、もう一方のオスの隣に腰を下ろし、両方のオスにそれぞれの側からグルーミングしてもらう。最後にそっとその場を離れると、オスたちは前にも増して大きな音を立てながら、喘ぐような声を出したり、舌を鳴らしたり、唇を打ち合わせたりする。グルーミングに熱中していることを示す音だ。だがもちろん、このときにはもう二頭はお互いをグルーミングしている。

他のチンパンジーのコロニーでも年嵩のメスがオスたちの緊張を和らげるのを、私は見たことがある。それは危険な行為で（オスたちが不機嫌なのは明らかだ）、だからもっと若いメスは自ら仲裁に入らずに、他者にそうするよう促す。彼女らは仲直りをするのを拒んでいるオスたちを振り返りながら、最上位のメスに近づく。こうして、自分では安全に達成できないことを始まらせようと試みるのだ。このような行動は、チンパンジーが他者の社会的関係（たとえば、ライバルのオスどうしの間に何があったかや、仲直りさせるには何が必要か、その任務を遂行するのには誰が最適か）についてどれほど多くを知っているかを立証してくれる。それは私たちが自分の種に関しては当然と思っている知識ではあるが、それなしでは動物の社会生活は、現在知られているほどの複雑さに到達しえなかっただろう。

論より証拠

ヤーキーズ国立霊長類研究センターで古い書庫を片づけていたとき、忘れ去られていた貴重な品が出てきた。一つはロバート・ヤーキーズの古びた木製机で、それは今、私が自分の机として愛用している。そしてもう一つは、おそらくここ半世紀は人目に触れることがなかったと思われる一本のフィルムだ。フィルムを映すための映写機を見つけ出すまでにかなり手間がかかったが、それだけの価値があった。無声のそのフィルムには、画質の悪い白黒映像の間に字幕による説明が差し挟まれていた。そこに記録されていたのは、いっしょに課題に取り組む二頭のチンパンジーの子供の姿だった。粗い画面にうってつけのドタバタ喜劇そのものといった風情で、一頭のチンパンジーは、相棒のやる気が萎《な》えるたびに背中を軽く叩いて促すのだった。私はこのフィルムをデジタル化してあちこちで披露してきた。すると、人間さながらの催促の仕方に、人々の間でどっと笑いが起こった。彼らはこの映像の核心をたちどころに見て取ったのだ。すなわち、類人猿は協力の利点をはっきりと理解している、と。

この実験は一九三〇年代に、ヤーキーズの教え子メレディス・クロフォードが行なった[27]。実験映像には、二頭のチンパンジーの子供、ブラとビンバが、檻の外の重い箱につながったロープを引く姿が映っている。箱は上に食べ物が載っているが、重過ぎて一頭だけでは引き寄せられない。ブラとビンバがタイミングを合わせて引く様子には、思わず目を見張る。二頭は四、五回ぐいっと引くのだが、あまりに見事に息が合っているので、数を数えながら、「一、二の三、引け！」と言っているのではないかと思うほどだ。だがもちろん、そんなことはしていない。次の場面では、ブラは餌をたっぷり与えられたあとで、やる気が失せて、動作も緩慢になっている。ビンバはときおりブラをつついたり、その手をロープのほうに押しやったりして誘う。二頭で手の届く所までうまく箱を引き寄せても、ブラは食べ物にほとんど手を伸ばさず、残りを全部ビンバにやってしまう。見返りにおよそ興味のないブラが、これほど懸命に取り組むのはなぜだろう？　その答えは互恵性である可能性が高い。二頭のチンパンジーは互いを知っており、おそらくいっしょに暮らしているのだろう。そのため、相手に手を貸せば、その恩はたいてい報われる。二頭は相棒であり、相棒は助け合うものだ。

この先駆的な研究には、のちにより厳密な研究によって詳細が補足されることになる要素がすべて含まれていた。「協同ひも引きパラダイム（cooperative pulling paradigm）」として知られるこの実験の枠組みは、サルやハイエナ、オウム、ミヤマガラス、ゾウなどにも適用されてきた。相手の姿が見えない場合にはうまく引き寄せられない確率が高まることから、成功は本当の意味での協調ができるかどうかにかかっていると言える。二頭が手当たり次第に引っ張って、運良くタイミングが合うのとはわけが違う。(28) さらに霊長類は、熱心に協力してお目当ての品を分かち合う気前の良さを持っている相棒を好む。(29) そして、相棒の働きには報いる必要があることも理解している。たとえば、オマキザルは互いの頑張りを認め合っているようで、食べ物を得るために手を貸してくれた相手とは、手を借りる必要がなかった相手とよりも多くの食べ物を分かち合う。(30) これだけの証拠がありながら、社会科学が近年、人間の協力行動を自然界の「大いなる例外」であることの象徴だとする奇妙な見解に落ち着いたのはなんとも不可思議だ。(31)

協力の仕組みを本当に理解でき、競争やただ乗りへの対応策を知っているのは人間だけであるという主張が、いたるところでなされるようになった。動物の協力はおもに血縁関係に基づくと、あたかも哺乳類が社会的昆虫であるかのように説明される。だがこの説は、フィールドワーカーたちが野生のチンパンジーの糞から抽出したＤＮＡを分析したところ、誤りであることがたちどころに立証された。分析結果から遺伝的関係を判定できたのだ。彼らは、森の中で行なわれる助け合いの大部分は血縁関係のない類人猿間で生じていると結論した。(32) 飼育下での研究では、見知らぬ霊長類どうし――引き合わされるまでは互いに知らなかった個体どうし――でさえも、食べ物を分け合ったり恩恵を施し合ったりするように誘導できることが判明している。[33]

こうした発見にもかかわらず、人間は唯一無二の存在であるという情報は執拗に増殖を続けている。この説の提唱者たちは、じつに多様で大規模な協力行動の数々が自然界で広範に見受けられることに気づいていないのだろうか？　私は先だって、「集団行動――細胞から社会まで」と題する会合に出席した。そこでは個々の細胞や生物、さらには種全体までもが共同で目的を達する驚くべき方法が議論された。[34] 協力行動の進化に関する優れた理論はみな、動物の行動の研究に由来する。エドワード・O・ウィルソンは一九七五年の著書『社会生物学』でそうした理論を概括し、人間の行動に対する進化的な取り組みが始まるのを助けた。[35]

バーガース動物園では青々と茂った木々を電気柵で囲っていたが、チンパンジーたちはそれでも柵を乗り越えていく。枯れた木から長い枝を折り取り、生い茂った木のもとへ運んでくると、1頭がその枝をしっかり支え、もう1頭がそれをよじ登る。

だが、ウィルソンによるこの大規模な統合に対する興奮は冷めてしまったようだ。人間だけを切り離して考えるさまざまな学問分野にとっては、あまりに広範で包括的過ぎたのかもしれない。とりわけチンパンジーは昨今、攻撃的で競争心が強いため真の意味での協力はしえない動物として描かれることが多い。もし人類に最も近い類縁にさえこの見方が当てはまるのならば、動物界のそれ以外の者たちのことは当然、考慮するまでもないという理屈だ。この立場の支持者として著名なアメリカの心理学者マイケル・トマセロは、人間の子供と類人猿を多岐にわたって比較した結果、共通の目的を目指す意図を共有できるのは私たちの種だけであると結論するに至った。彼はかつて、自分の見解を次のような印象的な言葉で要約した。「二頭のチンパンジーが一本の丸太をいっしょに運ぶところを目にする日が来るとはとうてい思えない[36]」

エミール・メンゼルが撮影した写真や映像に照らすと、これはずいぶんな言いぐさだ。そこには、幼い類人猿が互いに誘い合って、放飼場の壁に重いポールを立てかけて、脱出を図る様子が記録されていたのだから[37]。私自身、チンパンジーが長い棒を梯子代わりにして、ブナの木を囲んでいる電気柵を越える様子を繰り返し目撃している。一頭が棒を支えている間に、別のチンパンジーがそれによじ登れば、電気ショックを受けずに新鮮な葉に手が届くのだ。私たちはさらに、二頭の若いメスのチンパンジーがたびたび、ヤーキーズ国立霊長類研究センターのフィールド・ステーションのチンパンジー放飼場を見下ろす私のオフィスの窓に触れようと手を差し伸べる様子を、ビデオで記録した。二頭のチンパンジーは手振りを交わし合いながら、円筒形の頑丈なプラスティック容器を窓のすぐ下まで移動する。一頭が容器の上に跳び乗ると、続いてもう一頭が相棒の上によじ登り、肩に乗って立ち上がる。それから二頭のメスは、息を合わせて巨大なバネのように上下に伸び縮みした。上に乗っているほうは、窓に近づくたびに手を差し伸べてつかまろうとした。ぴったりと息を合わせ、紛れもなく心を一つにした二頭のメスは、役割を入れ替えながら何度もこの遊びを楽しんでいた。実際に窓に手が届くことは一度もなかったのだから、二頭の共通の目的はおおむね想像の産物と言える。

文字どおり一本の丸太をいっしょに運ぶという行為は、以上のような試みには含まれていないもの の、アジアゾウは常にそうした運搬の訓練を受けてきた。東南アジアの林業では近年まで、荷役のた めにゾウを利用していたからだ。ゾウをこの目的で使用することはもうめったにないが、今ではその 特技を観光客に披露している。タイのチェンマイ近郊にあるゾウ保護センターでは、二頭の大きな若 いオスのゾウが長い丸太の両端に立ち、それを難なく牙で掬い上げる。このとき鼻で上から押さえ、 丸太が転がり落ちないようにする。続いて二頭のゾウは丸太の両端を支えながら、互いに数メートル の距離を置いたまま完璧に歩調を合わせて進んでいく。その間、首筋に座った二人のマハウト〔ゾウ 一頭ごとに専属でつく世話係兼調教師〕は、談笑したり周囲を見回したりしている。マハウトがすべての 動作を逐一指示しているわけでは断じてない。

もちろん、これは訓練したからこその光景なのだが、どんな動物もここまで協調した動きをとれる ほど訓練できるわけではない。イルカたちを訓練して同時にジャンプさせることは可能だが、それは イルカが野生の世界でも同じようにジャンプするからであり、馬たちを調教して同じ速度で走らせる ことができるのは、野生の馬も同じことをするからだ。調教師は天賦の才を伸ばす。丸太を運んでい るときに、一頭のゾウが他方より少しでも速く歩いたり、丸太を支える高さが異なっていたりすれ ば、当然のことながらこの作業はたちまち台無しになってしまう。この仕事では、ゾウ自身が動作や リズムを一つひとつ合わせることが求められる。この二頭のゾウは、「私」というアイデンティティ〔私 はこの仕事を行なう〕から、「私たち」というアイデンティティ〔私たちはこれをいっしょに行なう〕へと移 行している。これは集団行動の特徴だ。ゾウたちは最後に息を合わせて牙から鼻に丸太を移し、ゆっくりと地面に降ろして作業を終える。二頭は申し分なく協調して、丸太の山の上にどれほど重い丸太も音一つ立てずに置くのだ。

ジョシュア・プロトニックは協同ひも引きパラダイムをゾウでテストしたときに、動きを合わせる必要性をゾウたちがしっかり理解していることに気づいた[38]。チームワークは、ザトウクジラのように集団で狩りをする動物ではさらに顕著だ。ザトウクジラは魚の群れの周囲で大量の泡を吐き、その泡の柱が網のように魚を包み込む。クジラは動きを合わせて泡の柱の網をだんだんと狭めていき、ついには数頭が大きく口を開けて中央部から水面に浮上しながら獲物を一気に呑み込むのだ。シャチの集団行動はザトウクジラをも凌ぎ、その驚くべき協調性に肩を並べられるのは、人間の他ごくわずかな種だけだろう。南極半島沿岸に生息するシャチは、アザラシが浮氷塊の上にいるのを見つけると、その氷塊を別の場所に移動させる。これには大変な労力が必要だが、開けた水域まで氷塊を厭《いと》うことなく押していく。続いて四、五頭が並んで隊列を組み、一頭の巨大なシャチのように振る舞う。一糸乱れぬ動きで氷塊に向かって素早く泳いで巨大な波を起こし、その不運なアザラシを氷塊から洗い流す。シャチたちがどのような了解の下に隊列を組み、動きを同調させているのかは定かでないが、動きだす前に何らかの意思疎通をしているに違いない。このような行動をとる理由は、はっきりとはわからない。というのも、シャチたちはその後アザラシを突いたり、口にくわえたり、背中に載せたりして回りはするものの、けっきょくは逃がしてやることが多いからだ。別の浮氷塊の上に戻してもらい、生き延びたアザラシもいる[39]。

陸上に目を転じると、ライオンやオオカミ、ディンゴやドールといった野生の犬、ハリスホーク

（ロンドンのトラファルガー広場でハトを追い散らしている鳥の群れだ）、オマキザルなども、緊密なチームワークをたっぷり見せてくれる。スイスの霊長類学者クリストフ・ボッシュは、コートジヴォアールでチンパンジーがコロブス〔オナガザル科コロブス属のサル〕を狩る様子を記している。数頭のオスがコロブスの群れを追う役目を担い、残りの者は距離を置いて樹上高くに陣取り、コロブスが林冠を自分たちの方へ逃げてくるのを待ち伏せる。このような狩りはタイ国立公園の密林の中で行なわれ、チンパンジーもコロブスも分散しているので、三次元の空間で何が起こっているのかを特定するのは難しいが、どうやら役割分担と獲物の動きの予測がなされているようだ。待ち伏せていた一頭が獲物を捕らえると、彼はその肉を持ってこっそり逃げることもできなくはないが、実際には正反対の行動をとる。チンパンジーたちは狩りの間は声を立てないが、コロブスを捕まえた途端、突如としてフーティングや叫び声の大合唱を始め、その声に群れの全員が呼び寄せられて、大人も子供も、少しでも有利な場所を占めようと押し合いへし合いしながら大集団を形成する。私は以前、（別の森の）木の下で同じ場面に遭遇したのだが、耳をつんざくような頭上の騒ぎを聞けば、チンパンジーにとって獲物の肉がいかに貴重であるかについては、まず疑問の余地はなかった。獲物の分配は、遅れて来た者

動物界で最も高い水準で意思を共有しているのはシャチかもしれない。海面に頭部を出すスパイ・ホッピング（偵察浮上）で浮氷塊の上のアザラシをしっかり確認すると、数頭が列を成し、一糸乱れぬ動きで氷塊に向かって高速で泳ぐ。この動きで巨大な波が起こり、アザラシは氷塊から洗い流されて、待ち構えていたシャチたちの口の中へまっしぐらとなる。

より狩りに貢献した者に有利になされるようだ――アルファオスでさえ、狩りに参加しそこなえば手ぶらで引き下がるほかない場合もある。チンパンジーたちは、狩りの成功に対する貢献度を認識しているようだ。狩りのあとに群れで分かち合うご馳走は、この種の協力を維持する唯一の方策と言える。報酬をみなで分かち合える見込みがなければ、このような共同活動に労を惜しまない者などいるはずがないからだ。(40)

こうした観察結果は、チンパンジーをはじめとする動物たちが共通の意図に基づいて共同で行動することはないとする説と明らかに矛盾する。ボッシュとトマセロのようにまるで正反対の見解を持つ二人の学者が角突き合わせることになるのは、容易に想像できる。しかも、二人は同じ建物内にオフィスがあるのだから。彼らをともにライプツィヒのマックス・プランク研究所のディレクターに任命したのは、意見の相違に直面した場合に人間がいかに協力できるかを調べる実験なのだろうか？二人の見解にこれほどの違いがあるのだから、トマセロが人間は唯一無二の存在であると主張するに至った実験を振り返ってみよう。トマセロは、協同ひも引きの課題を与えて人間の子供と類人猿の両方をテストしたのち、意図の共有を示すのは人間の子供だけだと結論した。

とはいえ、そもそも比較可能かどうかという問題は以前にも浮上しており、幸いなことに、それぞれの実験状況を記録した写真が残されている。(41)そのうちの一枚に写っていたのは、別々の檻に入れられた二頭の類人猿で、どちらも目の前に小さなプラスティック製のテーブルが置かれ、ロープで引き寄せられるようになっている。奇妙なことに、クローフォードの古典的な研究とは異なり、類人猿は同じ空間を共有してはいない。そのうえ、二頭の入った檻は隣り合わせに置かれてさえいない。二頭は引き離されて、二枚の金網に隔てられている。ようするに、視界とコミュニケーションを妨げられた状況下にあるのだ。類人猿はそれぞれ手元のロープの端に意識を集中していて、相手が何をしようとしているのか気づいていないようだ。それとは対照的に、人間の子供を撮った写真では、子供たちは広い部屋の絨毯《じゅうたん》の上に座っていて、二人を隔てるものは何もない。彼らもまた、引き寄せる道具を使っているが、互いの姿が完全に見えるようなかたちで隣り合わせに座っており、動き回るのも、相手に触れるのも、話をするのも自由だ。このような実験条件の相違は、人間が共通の目的意識を示し、類人猿が示さなかった理由を説明するうえで大きな意味を持つ。

これが、たとえばラットとマウスのように別の二つの種の比較だったなら、これほどの実験状況の相違は許容されなかっただろう。共同作業の課題を与える際に、ラットは隣り合わせに並べ、マウスは遠く離して実験が行なわれたとしたら、ラットはマウスより賢いとか協力的だとかいう結論を、真っ当な科学者ならば認めないだろう。私たちは同一の実験手順を求めるはずだ。ところが、人間の子供と類人猿の比較については、異例の裁量の自由が認められている。そのせいで、幾多の研究が認知能力の相違を示し続ける事態を招いている。私には、その相違は実験方法の相違と分けて考えることはできないと思われるのだが。

論争が今なお続いていることを勘案し、私たちは（別々であれ、いっしょであれ）ペアを用いた実験から離れ、もっと自然に即したやり方を考案することにした。私はときおり、そうしたやり方を「論より証拠」実験と呼ぶ。チンパンジーがどれだけ巧みに利害の対立に対処できるのかを、この実験ではっきり示すことを目指していたからだ。すなわち、競争に直面した場合に協力はどうなるのかを調べるのだ。競争と協力のどちらの性向が優勢か確かめるには、チンパンジーがどちらも同時に示すような状況を用意するしかない。

私が指導していたマリーニ・サチャックが、ヤーキーズ国立霊長類研究センターのフィールド・ステーションで暮らす一五頭から成るチンパンジーのコロニーをテストするのにふさわしい装置を考案した。屋外の放飼場のフェンスの上に取りつけられたその装置は、きわめて精確に協調して手前に動かさなければ報酬が得られなかった。二、三頭の個体が、それぞれ別のバーをきっかり同時に引く必要があったのだ。二頭の相棒と息を合わせるのは、相手が一頭だけの場合よりも難しかったけれど、チンパンジーはどちらも難なくやってのけた。それぞれが座る位置は離れていたが、お互いの姿はよく見えた。コロニー全員が揃っていたので、仲間の組み合わせ方は厖大な数に上った。チンパンジーたちは誰といっしょに取り組むかを自分で決められる一方、上位のオスやメスといった競争相手に注意を払ったり、まったく働きもせずに報酬を横取りしかねないただ乗り行為に用心したりすることができた。すなわち、自由に情報をやりとりし、自由に相棒を選べたが、争うこともまた自由だったのだ。この種の大規模な実験が試みられたことは、それまで一度もなかった。

チンパンジーが競争を克服できないというのが真実ならば、このテストはとんでもない混乱を招くはずだ！　コロニーはいがみ合う類人猿の集団へと成り下がり、チンパンジーたちは報酬を巡って喧嘩になり、実験装置の置かれた場所から互いを追い払おうとするだろう。競争心のせいで共通目的の達成がすべて台無しになるに違いない。だが長年チンパンジーを見てきた私には、このテストの成り行きについてあまり不安はなかった。なにしろ、チンパンジーが仲間内でいかに争い事を解決するかについて、何十年にもわたって研究してきたのだから。チンパンジーたちは評判こそ悪いものの、実際には平穏を保ち、緊張を緩和しようとする。そういう場面を何度も目にしてきた私には、彼らがそうした努力を突如放棄するとは思えなかった。

マリーニをはじめ研究チーム全員が、チンパンジーが自力で課題を理解できるかどうか確かめたいと考えたので、マリーニはチンパンジーを事前にいっさい訓練しなかった。チンパンジーたちにわかっていたのは、新たな装置が取りつけられたこと、そしてその装置が食べ物に関連していることだけだった。ところが、チンパンジーたちは非常に呑み込みの早いことが判明した。というのも、数日のうちに、協力して取り組まなくてはならないことを理解し、二頭でバーを引く方法と三頭で引く方法のどちらも身につけたのだ。たとえば、リタはバーのそばに座っては母親のボリーを見上げた。ボリーは高いジャングルジムのてっぺんにしつらえた寝床で寝ている。リタはわざわざそこまで登っていって、ボリーの脇腹をしきりにつついて起こすと、二頭はいっしょに降りてくるのだった。続いてリタは装置の方へ向かう。その間ずっと肩越しに振り返っては、母親がついてきていることを確認していた。他にもときおり、私たちが気づかぬ方法でチンパンジーが合意に達したのではないかという印象を受けることがあった。あるときには、かなり離れた所にある夜間用飼育舎から二頭が並んで出てきて、いっしょに装置の方へ真っ直ぐに向かった。まるで、自分たちが何をするつもりか、はっきり承知しているかのように、だ。これが意図の共有でなくて何だろう！

この研究の主眼は、チンパンジーが争うのかそれとも協力するのかを確かめることだった。結果は、明らかに協力の圧勝だった。攻撃的な行為も多少見受けられたものの、相手が傷を負うことはないに等しかった。喧嘩は大半が小競り合いにすぎず、装置から引き離そうとして誰かを引っ張ったり、追い払ったり、砂を投げたりする程度だった。また、なんとかバーに近づこうと、バーをつかんでいる仲間をグルーミングする者もいて、最後には場所を譲ってもらえた。装置を使った協力行動はほぼ途切れることなく行なわれ、共同でバーを引いた回数は三五六五回に上った[42]。ただ乗りをする者は避けられて、ときにそうした行為に対する罰を受ける一方で、競争心が強過ぎる者もまた、過剰な振る舞いのせいで自分がいかに嫌われるかを早々に悟ることになった。実験は何か月にもわたって実施され、たっぷり時間があったので、いっしょに取り組む相棒を見つけたければ寛容に振る舞うほうが有利になることを、コロニーの全員が理解できた。私たちは最終的に、従来の説に反してチンパンジーは非常に協力的であるという証拠を手にした。彼らは、共通の成果を得るためであれば、揉め事を苦もなく規制したり抑制したりできたのだ。

私たちが観察した行動が自然界の生息環境で知られている行動により近い理由の一つとして、このコロニーの成り立ちが挙げられるかもしれない。私たちがテストを行なった時点ですでに、チンパンジーたちは四〇年近くもいっしょに暮らしていたのだ。この年月はどんな基準に照らしても相当に長く、彼らはめったにないほど緊密に統合された群れになっていた。とはいえ、私たちが最近テストした形成されて間もない群れは、知り合ってから数年しかたっていない個体が多かったにもかかわらず、同じように高い水準の協力行動を示し、攻撃的な行為は低い水準にとどまった。ようするに、チンパンジーは概して、協力するために争いを抑制するのに長けていると言える。

チンパンジーは凶暴で好戦的である、「悪魔のよう」でさえあるという現在の悪評は、そのほぼすべてが野生の世界における近隣の群れの成員に対する振る舞いに基づいている。チンパンジーたちはときおり、縄張りを巡って残忍な攻撃を仕掛けることがあるからだ。この事実がチンパンジーのイメージを傷つけてしまった。命にかかわるほどの激しい闘いになることはきわめて稀《まれ》で、そのような紛争の発生を研究者が一致して認めるまでに何十年も要したほどであるというのに、だ。死に至るほどの争いは実際、どこのフィールド研究の現場でも平均で七年に一度しか発生しない(43)。さらに、この行動はチンパンジーを私たちから隔てるものでもない。それなのに、私たち人類の集団間の戦闘は当然のように共同の企てとされる一方で、チンパンジーの他の群れに対する攻撃は協力的な性質を否定する論拠として使われるのはどういうわけか？　人類についての論理はそのままチンパンジーにも当てはまる。彼らも単独で近隣の群れの個体に攻撃を仕掛けることはほとんどない。そろそろ私たちも、チンパンジーの真の姿を認めるべきだ。集団内における揉め事を難なく抑え込める、集団行動に長けた存在だ、と。

近年シカゴのリンカーン・パーク動物園で行なわれた実験でも、チンパンジーの協力の能力が確認された。研究者たちはチンパンジーの群れに、人工の「シロアリ」の塚の穴に入れておいたケチャップを棒で掬わせた。実験開始時には、群れのメンバー全員が各自で取るに足るだけの穴があったが、日ごとに穴の数が減らされ、ついにはわずかに残るばかりとなった。それぞれの穴を独占することは可能なので、チンパンジーたちは減少の一途をたどる資源へのアクセスを巡って競い合い、喧嘩を始めるだろうと考えられた。だが、そのような事態にはならなかった。チンパンジーたちは、予想とは正反対の行動で新たな状況に適応した。たいてい二頭ずつ、ときには三頭で残った穴の周囲に静かに集まって、それぞれが自分の番を行儀良く待ちながら、交替で穴の中に自分の棒を差し込んだのだ。研究者たちが目撃したのは、争いの増加ではなく分かち合いと交替だった。(44)

知能が高くて協力的な生物が二種以上、食糧資源のもとに集まった場合にも、競争よりも協力へと向かう可能性がある。どちらの種も、相手をどのように活かせばいいかを知っているからだ。人間とクジラ目の動物(クジラやイルカ)が協力して行なう漁は、おそらく何千年も前から続いていて、オーストラリアやインドから、地中海、ブラジルに至るまでの地域で報告されている。南アメリカでは、この漁は潟湖《ラグーン》のぬかるんだ岸沿いで行なわれる。漁師たちが水面を叩いて到着を告げると、バンドウイルカが姿を現して、漁師の方へボラを追い込む。漁師たちは、イルカがある特定のダイブをしたりして合図を送ってくるのを待って網を打つ。イルカは仲間どうしでも同じように魚を集めるが、ここでは漁師の網に向かって魚を追い込んでくる。人間のほうでも、漁の相棒であるイルカを一頭一頭識別して、有名な政治家やサッカー選手にちなんだ名前をつけている。

さらに目覚ましいのが、人間とシャチによる協同作業だ。オーストラリアのトゥーフォールド・ベイ周辺でまだ捕鯨が行なわれていた頃、シャチは捕鯨基地に近づいては、派手に水面から躍り出たり、尾びれで水面を叩いたりして、ザトウクジラの到来を知らせたものだった。シャチたちが巨大なクジラを捕鯨船に近い浅瀬に追い込んでくると、捕鯨員はそこで逃げ場を失って戸惑う巨大な海獣に銛《もり》を打ち込むことができた。クジラが仕留められると、シャチたちは丸一日かけて大好物のご馳走(クジラの舌と唇)を貪ることが許され、捕鯨員たちはそのあとで獲物を回収するのだった。ここでもまた、人々はお気に入りのシャチの相棒たちに名前をつけていて、動物のものであれ人間のものであれ、あらゆる協力行動の基本となる互恵関係を承知していた[45]。

人間どうしの協力行動が、現在知られている他の生物のそれに比べて抜きん出ている領域は一つしかない。それはその組織力と規模だ。私たちの持つ階層構造は、自然界では類を見ないほどに複雑で長期にわたる計画を立案しうる。動物による協力行動は、そのほとんどが自然に組織され、それぞれが能力に見合った役割を担う。動物たちは、事前に役割分担について合意しているかのように協調することがある。共通の意図や目的をどのように伝達しているのかはわからないが、人間の場合のように上位の指導者の指揮・統制下にあるとは思えない。一方私たちは、計画を練り上げて、その実施を管理する階層制度を整備する。そのおかげで、国土を横断する鉄道を敷設したり、完成までに何世代も要するような大聖堂を建設したりできる。人間ははるか昔に進化したさまざまな性向を頼りに、自分たちの社会を協力関係の複雑なネットワークに仕立て上げ、空前の規模の事業を実施することを可能にしたのだ。

ギョッとする協力行動

協力行動の実験はしばしば、認知に関する疑問を提起する。実験対象は相棒が必要なことを認識しているのか？　相棒の役割を承知しているのか？　報酬を分け合うつもりはあるのか？　誰かが利益を独り占めするようなことがあれば、その後の協力関係が危うくなるのは明らかだ。となると、動物たちは自分が何を得られるかだけでなく、相棒が得るものに比べて自分の取り分はどれだけかという点にも注目していると考えられる。不公平は懸念材料なのだ。

この洞察に着想を得たある実験が大変な人気を博した。それは、サラ・ブロスナンと私がフサオマキザルのペアに対して実施したものだった。私たちはサルたちがみなキュウリのスライスよりもブドウを好むことを事前に確かめたうえで、課題に取り組ませたあと、二頭のサルの双方にキュウリとブドウを与えた。サルたちは、たとえキュウリであっても、どちらも同じ報酬を受け取っているうちは何ら問題なく課題をこなした。だが一方にはブドウを、他方にはキュウリを与えると、不公平な成果に断固抗議した。キュウリを与えられたサルは、ひと切れ目は満足そうにむしゃむしゃと食べるが、相棒がブドウをもらっているのに気づくと癇癪《かんしゃく》を起こした。それからは毎回、味気ないキュウリを投げ捨て、ひどく興奮して実験用の檻を揺すり始めるので、檻が今にも壊れてしまいそうなほどだった。(46)

他者のほうが良い目を見ているからといって、まったく申し分ない食べ物を拒むところは、行動経済学の実験で使うゲームでの人間の振る舞いに似ている。経済学者に言わせれば、何も得られないよりは何か得られるにこしたことはないのだから、この反応は「不合理」ということになる。したがって、サルは普段なら食べるであろうものを拒むべきではないし、人間はどれほど小額を提示されても拒否するべきではないと彼らは考える。一ドルでも、何ももらえないよりはましなのだから。だがサラと私は、このような反応を不合理と決めつけることに納得できなかった。なぜなら、この反応は報酬を公平にするように求めているのであり、公平な報酬こそが協力行動を円滑に続けるための唯一の方策だからだ。この点に関して、類人猿はサルよりもさらに進んだ行動をとりうる。というのも、チンパンジーはときに、反対の不公平にも抗議することをサラが発見したのだ。チンパンジーは、相棒よりも少ない報酬しかもらえないときだけではなく、多くもらったときにも異議を表明する。ブドウを受け取ったチンパンジーが、自分の有利な報酬を拒む場合があるのだ！　これは明らかに人間の公平感に近いように思われる。(47)

ここではこれ以上の詳細には立ち入らないが、こうした研究からは明るい材料が出てきた。この研究はほどなく、霊長類以外のものも含め、他の種にも拡大されたのだ。研究対象が拡大されるのは常に、その分野が成熟した証だ。不公平性のテストを犬やカラスで行なった研究者たちは、サルの場合と同様の反応を見出した。(48)良い相棒を選ぶにしろ、努力と報酬の均衡を図るにしろ、どうやらいかなる種も協力行動のロジックを逃れられないらしい。

こうした原理の普遍性を最も鮮やかに描き出したのが、スイスの動物行動学者で魚類学者であるレドゥアン・ブシャリーによる魚の研究だ。ブシャリーは長年にわたって、ベラ科の小さな掃除魚とそのベラに掃除してもらう魚の相互関係と相利共生の観察によって私たちを魅了してきた。掃除魚は、大型の魚に付着した外部寄生虫を食べる。掃除魚は岩礁にそれぞれ「店」を構えており、そこに常連客がやって来る。客が胸びれを広げて姿勢を整えると、掃除魚は仕事に取りかかる。完璧な相利共生関係に基づき、掃除魚は顧客の体表やえら、さらには口の中からも寄生虫を取り除く。ときに掃除魚の商売があまりに繁盛して、顧客が列を成して待たなくてはならないこともある。ブシャリーの研究には、岩礁での観察だけでなく、研究室での実験も含まれている。彼の論文は、優れたビジネス手法の手引書としての趣も多分に備えている。一例を挙げれば、掃除魚は岩礁に棲みついている魚よりも、通りすがりの魚を優遇する。両者が同時にやって来たとしたら、掃除魚は通りすがりの魚を先にする。岩礁に棲む魚は他に行く所もないので、待たせておいても大丈夫だからだ。この商売全体が需要と供給の関係に基づいて展開する。掃除魚はときおり客を欺いて、寄生虫のいない体表まで少しかじり取ることがある。すると客は嫌がって、身震いしたり泳ぎ去ったりしてしまう。掃除魚がけっして欺かないのは捕食者だけだ。捕食者は相手を丸呑みにするという過激な反撃手段を持っているから。掃除魚は自分の行為がもたらす損失と利益を、じつに的確に理解しているようだ。(49)

ブシャリーは紅海で行なった一連の研究で、スジアラ(大きいものでは一メートル近くにもなる美しい赤茶色のハタの一種)とドクウツボが協力して獲物を捕る様子を観察した。この二つの種の相性はまさにぴったりだった。ウツボはサンゴ礁の隙間に入っていけるのに対して、スジアラはその周囲の開けた水域で獲物を狙う。被食者はサンゴ礁の隙間に身を隠せばスジアラから逃れられ、開けた場所に出て行くことでウツボから逃れられるが、いちどきに両者からは逃れようがない。ブシャリーのビデオ映像の一つには、散歩する友人どうしのように並んで泳ぐスジアラとウツボが映し出されている。二匹は互いに望んで行動を共にする。スジアラはときおり、ウツボの顔の近くで奇妙に頭を揺り動かして積極的にウツボを誘う。ウツボはこの誘いに応えてサンゴ礁の隙間から出てくると、スジアラに合流する。この二種類の魚が獲物を分かち合わずに、丸呑みして独り占めしてしまうことから、彼らの行動は、どちらも相手のために何一つ犠牲にすることなく報酬を得られる協力の一形態と言えそうだ。彼らは自分自身の利益のために行動するのであり、そしてその利益は、単独で行動するよりも協力したほうが容易に手に入るのだ。(50)

観察された役割分担は、獲物の取り方の異なるこの二種の捕食者の性質に合っている。ここで本当に目を見張るべきなのは、この構図全体、すなわち二匹の魚がこれから何をするつもりで、それがどんな利益をもたらすかを理解しているらしいという構図が、通常私たちが魚から連想するものとは異なっている点だ。人間は自分自身の行動については、認知能力が高いという理由でいくらでも説明を並べるのに、はるかに脳の小さい動物に対して同じ説明が成り立つとはなかなか信じられずにいる。

奇妙な組み合わせの2匹の捕食者。スジアラとドクウツボは連れ立ってサンゴ礁をうろつく。

だが、魚たちが示しているのはごく単純な協力行動であると誤解されないように、ブシャリーは近年の研究で反証を突きつけてくる。実験では、魚を捕まえる手助けのできる作り物のウツボ（筒の中から出てくるなどのいくつかの動きができるプラスティック模型）をスジアラに示した。この実験方法は、ひも引き実験と同じ論理に従っていた。ひも引き実験では、チンパンジーは必要なときには手助けを求めるが、課題を独力でやり遂げられる場合には助けを求めない。スジアラはあらゆる点で類人猿と同じように振る舞い、相棒が必要かどうかの判断にも同じように長けていた。[51]

この結果については、チンパンジーの協力行動は私たちが思っていたよりも単純なのかもしれないという見方もできるが、その一方で、私たちがこれまで進んで認めてきた以上に、魚たちが協力の仕組みを深く理解しているのかもしれないとも考えられる。これらをみな魚の連合学習として認められるかどうかは、まだわからない。もし連合学習だとすれば、どんな種類の魚もこうした行動を身につけられることになる。だがこれは疑わしく、私としては、個々の種の認知はその進化の歴史と生態環境に結びついているとするブシャリーの見解に与したい。スジアラとウツボが協力して獲物を取る様子を捉えたフィールド研究での観察と照らし合わせると、実験からは双方の獲物の取り方に見合った認知が窺われる。イニシアティブと決断のほとんどをスジアラが担うことから、この協力関係はすべて、片方の種だけの特殊化した知能にかかっているのかもしれない。

対象として哺乳類以外の生物にも手を伸ばすこうした胸躍る研究は、進化認知学の特徴である比較手法にぴったりだ。認知には唯一の形態など存在せず、認知能力を単純なものから複雑なものへと格付けすることにはまったく意味がない。ある種に備わった認知能力は一般に、その種が生き延びるのに必要なだけ発達する。マキアヴェリ流の権謀術数の領域でも起こっていたように、似たような必要性に直面した遠縁の種が似たような解決策に到達する可能性はある。私はかつてチンパンジーの分割支配戦術を発見し、その後、野生でもその戦術が採用されていることが西田利貞によって確認されたが[52]、今では新たにワタリガラスについての報告もなされている。この報告が若いオランダ人ユルグ・マッセンによるのは、偶然ではないかもしれない。マッセンは、野生のワタリガラスを追跡するためにオーストリア・アルプスへ旅立つ前に、バーガース動物園でチンパンジーと何年も過ごしていたのだから。アルプス山中でマッセンは、羽づくろいをし合うなど仲睦まじく触れ合っている仲間に対し、別のカラスがその一方を攻撃したり、間に割って入ったりして邪魔をし、仲を引き裂こうと干渉する事例を数多く目撃した。干渉したところで、そのカラスが直接得られるものは何もない（食べ物を争っているわけでも、交尾相手を争っているわけでもない）が、絆形成のための他者の行動を無効にすることはできた。ワタリガラスにとって絆は重要だ。なぜならマッセンによれば、彼らの地位は絆によって決まるからだそうだ。高位のワタリガラスは概して、強い絆で結ばれている。一方、中間層に属するカラスは緩やかに結びついていて、最下層のカラスたちは特別な絆を持たない。干渉はおもに、強い絆で結ばれたカラスが結びつきの緩やかなカラスを狙って行なうことに照らせば、この行為の第一の目的は、中間層のカラスが地位の向上を目指して堅固な友好関係を築くのを阻むことにあったのかもしれない(53)。だとすると、ワタリガラスの行動はチンパンジーの政略によく似た様相を呈してくる。そうした政略はまさに、健全な権力欲求を持つ、脳の大きな種には当然想定されるものだ。

ゾウの政略

私たちはよくゾウをメスが強い母系の動物だと考えるが、それは完全に正しい。ゾウの群れは子連れのメスから成り、ときおり周囲に交尾相手を求める大人のオスを一、二頭伴っていることもある。オスは群れの成員ではなく、つきまとっているだけだ。このような群れに「政略」という言葉は似つかわしくない。というのも、群れのメスは長幼の順や血筋、そしてことによると性格によって序列が決まっており、こうした要因はどれも変わらないからだ。そのため、地位を巡って競争したり、ご都合主義で連携したり裏切ったりという政治闘争にはつきものの行為が入り込む余地はない。こういった行為について調査するには、ゾウの場合もオスに目を向ける必要がある。

はるか昔から、オスのゾウはサバンナを単独で移動し、ときおり「マスト」〔大人のオスが周期的に非常に強い攻撃性を示す生理的現象」と呼ばれる状態になって、行動に変化が生じると考えられてきた。マスト期のオスは、二〇倍に増加したテストステロンに刺激されて、ホウレンソウを食べたポパイさながらに、通りすがりの誰とでも一戦交えてやろうと猛るうぬぼれ屋になっている。生理学的にこれほど奇異な存在が、自分たちの社会システムの中に突如現れる動物はあまりいない。だが今では、ナミビアのエトーシャ国立公園でアメリカの動物学者ケイトリン・オコンネルが実施した研究によって、オスのゾウの世界はそれだけにとどまらないことがわかっている。アフリカゾウのオスは、これまで思われていたよりもはるかに社交的なのだ。彼らはメスのように群れで移動することはない（メスは捕食者に子供たちが襲われないように身を寄せ合う）が、全員がお互いを知っており、リーダーもいればそれに従う者たちもいて、半永久的な絆も結ぶ。

オコンネルの記述は、いくつかの点では霊長類の政略を連想させるが、また別の箇所では、ゾウの風変わりなコミュニケーション方法のせいで異質にも感じられる。たとえば、リーダー格のオスが相手に警戒心を抱いたときに、ペニスをだらりと下げて、尻を揺らしながら後退することがある。これはどういうことなのだろう？　オスがおずおずと後ずさりする間、（ゾウの場合非常に目立つ）ペニスは合図の役割を果たしている。このような場面で、なぜペニスを露出しておくのだろう？　だらりと下げたペニスは服従のしるしだし、オコンネルの言葉によれば「哀願」のしるしだという。

優位に立ったオスの行動もまた、非常に変わっている。マスト期のディスプレイについて、次のような記述がある。

激しく動揺した彼は、先ほどグレッグが排便した場所に向かって歩いていくと、忌まわしい糞の山をまたいで、マスト期の劇的なディスプレイを示した。尿を滴らせ、鼻を頭上に巻き上げて、耳をばたつかせ、口を大きく開いて、前脚を上げて跳ね回った。(54)

以前は、年齢が高く体が大きいオスほど序列も高いと考えられていた。だとすれば、その序列は柔軟性に乏しいことになる。ところがオコンネルは、序列の逆転を記録している。追随する者たちをまとめる能力がだんだんと衰えてきたリーダー格のオスがいた。彼が耳をバサバサと振って、出発を告げる低い唸り声を出しても、それまでの年月のようには誰も注意を払わなくなっていた。かつて見事な結束を見せていた彼の率いる連合は、解体しつつあった。健全な「ボーイズ・クラブ」であることを示す特徴の一つに、支配的なオスの発声を周囲のオスたちがこだまのように真似るという現象がある。支配的なオスの鳴き声が止んだとたんに、追随するオスの一頭が鳴き始め、その次、またその次と続き、怒濤のように繰り返される鳴き声の連鎖となって、自分たちが固く団結していることを周囲に告げるのだ。

ゾウの連合は把握しづらく、彼らの動作は何もかもが人間の目にはスローモーションのように映る。ときおり、二頭のオスがわざと体をぴったり寄せ合って立ち、耳を広げて、水飲み場を譲る時間だぞと敵に告げようとすることがある。こうした連携はその場を支配し、その中心には通常明確なリーダーがいる。周囲のオスたちは、リーダーのもとに敬意を示しにやって来る。鼻を差し伸べて近づき、恐怖に体を震わせながら、信頼の証として鼻先をリーダーの口に差し入れる。この緊迫した儀式を終えると、序列の低いオスは肩の荷が下りたかのように緊張を解く。こうした場面は、支配的なオスのチンパンジーが下位の者たちに、服従の唸り声を上げて這いつくばるよう求めることを思い起こさせる。人間の地位確認のための儀式は言わずもがなだ。マフィアのドンの指輪に口づけしたり、サダム・フセインが自分の脇の下に鼻を突っ込むことを部下たちに強要したりしたのはその典型だ。序列の強化に関しては、人類はなんとも創造性に富んでいる。

私たちは序列の強化の手法を熟知しているので、他の動物たちが同じ行動をとればそれと気づく。権力が各個体の体の大きさや強さではなく、連携関係に基づいて決まるようになると、途端に計算ずくの戦略への扉が開かれる。他のさまざまな領域でゾウが示す知能を踏まえれば、この厚皮動物の社会もまた、他の政治的な動物の社会と同じように複雑だと考えて一向に差し支えないだろう。

第7章
TIME WILL TELL

時がたてばわかる

時間とは何なのだ？　今などというものは犬やサルにくれてしまえ！　人には永遠があるのだから！

ロバート・ブラウニング（一八九六年）(1)

サルは二本の木の間隔を判断しながら、それまでに自分が跳躍した記憶を頼りに次の跳躍の成否を見積もる。向こう側に着地場所はあるだろうか？　そこは跳べる距離内だろうか？　枝は衝撃に耐えられるだろうか？　こういった生死にかかわる決断をするには多くの経験が欠かせず、またその決断からは、この種の行動には過去と未来が絡み合っているのがわかる。過去は必要な練習を与えてくれ、未来は次の動きが起こる場だ。長期的な未来志向もありふれている。たとえば干魃《かんばつ》のときには、ゾウの群れの長老格のメスが、他のゾウの知らないはるか彼方の水飲み場のことを思い出す。群れは長旅に出発し、何日もかけて貴重な水にたどり着く。長老格のメスは知識に基づいて行動し、群れの残りのゾウは信頼に基づいて行動する。数秒の問題であろうと数日の問題であろうと、動物の行動は目的志向であるのみならず、未来志向でもある。

したがって、動物は現在に縛られていると考えられることが多いのは、私には奇妙に思える。現在は束の間のものだ。ここにあるのは一瞬だけで、次の瞬間には過ぎ去っている。遠い巣で待つ雛のために虫を捕まえるツグミにせよ、朝方出かけて自分の縄張りを見回り、要所要所に尿をかける犬にせよ、動物にはやるべきことがあり、それはつまり未来がかかわっているということだ。たしかに、ほとんどの場合は近未来で、動物たちがそれをどれほど自覚しているかは依然として不明だ。とはいえ、動物たちが現在にのみ生きているとしたら、彼らの行動は説明がつかないだろう。

私たち自身が過去や未来について意識的に考えるから、動物が意識的に考えるか考えないかが論争の的になるのもやむをえなかったかもしれない。人を特異な存在にしているのは意識ではないのか、と。能動的に過去を思い出したり未来を想像したりするのは人間だけだと主張する人もいるが、それに反する証拠をせっせと集め続けている人もいる。言葉による報告がなければ意識的に考えているということを誰も証明できないため、この論争では、主観的な経験は（少なくとも現時点では）はっきり特定できないものとして避けられている。とはいえ、時間という次元に対する動物のかかわり方についての探究は、本当に進んできた。進化認知学の全領域のうちで、この領域は最も深遠で、理解するのがいちばん大変かもしれない。専門用語はたびたび変わるし、議論は激烈を極める。そこで私は二人の専門家を訪ねて、現在どこまで研究が進んでいるかを尋ねた。その意見はこの章の終わりに紹介する。

失われた時を求めて

この論争は、私たちが考えているより早く始まったかもしれない。というのも、一九二〇年代にアメリカの心理学者エドワード・トールマンが、頭を使わずに刺激と反応を結びつける以上の能力が動物にはあると果敢に主張して議論を呼んだからだ。動物は単に誘因に反応しているだけであるという考えを、トールマンは退けた。彼は「認知的」という用語をあえて使い（彼はラットの迷路学習における認知地図の研究でよく知られていた）、動物は目標と期待に導かれ、「目的的」行動をとると述べた。目標と期待はどちらも未来を考慮に入れている。

トールマンが、その時代の古典的行動主義による息苦しいまでの支配に逆らえず、「目的のある」という、もっとはっきりした用語を使うのを躊躇している間に、教え子のオットー・ティンクルポーがある実験を考案した。レタスの葉またはバナナをカップの下に隠すのをマカクに見せる。マカクは餌を隠したカップの所に行くのを許された途端、それに駆け寄った。隠すところを見た餌が見つかったときは、何の問題も起こらなかった。だがティンクルポーがバナナをレタスとすり替えたときは、マカクはレタスをじっと見つめるばかりで手をつけなかった。それから躍起になって周りを見回し、あたりを何度も調べ、その間ずっと卑劣な実験者に向かって腹立たしげに金切り声を上げていた。ずいぶんたってからようやく、マカクはしぶしぶレタスを口に運んだ。行動主義の観点からすると、マカクの態度は突飛だった。動物は行動を報酬と、どんな報酬とでも、ただ結びつけるだけのはずだからだ。どんな報酬かは問題でないはずだ。ところがティンクルポーは、それ以上のことが起こっているのを明らかにした。マカクは隠されるところを見たものの心的表象（心の中のイメージ）に導かれて期待を膨らませ、それが裏切られたためにひどく動揺したのだ。(2)

マカクは単にある行動を別の行動より好んだり、あるカップを別のカップより気に入ったりするのではなく、ある具体的な出来事を思い出していた。まるで、「ねえちょっと、私はカップの下にあの人たちがバナナを入れるのをこの目で見たわよ！」とでも言っているかのようだった。出来事についてのこのような正確な記憶は「エピソード記憶」として知られており、これは言語を必要とするため人間にしかないものだと、長い間考えられていた。それにひきかえ動物は、行動の一般的な結果を学習するのは得意だが細かいことは何も覚えていないと思われていた。だが、この見方はどうも怪しくなってきた。一例を挙げよう。こちらのほうがもう少し印象的で、それはマカクの実験よりもはるかに長い時間の経過を伴うものだったからだ。

私たちはかつて、チンパンジーのソッコがまだ若かった頃、メンゼルの手法に倣った実験をした。ソッコは小窓から、私の助手が屋外の放飼場に置かれた大きなトラクター用のタイヤにリンゴを隠すのを見ていたが、その間コロニーの他のチンパンジーは奥に入れてドアを閉めておいた。その後私たちはチンパンジーたちを外に出したが、ソッコが最後になるようにした。すると彼はドアから外に出るとまず、タイヤに上って中を覗き込み、リンゴがあるのを確認した。だがそのまま手をつけずに、何食わぬ顔でその場を離れた。ソッコは二〇分以上待ち、みんなが他のことに夢中になってから、リンゴを取りにいった。これは賢い方法だった。そうしていなければ、リンゴを手に入れそこねていたかもしれない。

ところが、本当に興味深い予想外の展開が見られたのは、私たちが何年もあとにこの実験を再度行なったときだった。ソッコをテストしたのは一度だけで、私たちは訪れていた撮影班にそのときのビデオを見せた。だがよくあることだが、撮影班は他人のビデオは使わず、自ら撮影するのを旨としていたので、テスト全体をやり直してくれと言って聞かなかった。そのときにはソッコはアルファオスになっていたため、もう実験には使えなかった。地位が高いので、隠された食べ物について何か知っていても秘密にしておく理由がなかったからだ。そこで代わりに、ナターシャという地位の低いメスを選び出して、ほぼ同じテストを行なった。他のチンパンジーを全員閉じ込めて、ナターシャにだけ私たちがリンゴを隠すところを窓から見せた。今回は地面に穴を掘り、リンゴを中に入れて、砂と葉で覆った。あまりにも上手に隠したので、あとから見ると、どこにリンゴがあるのか私たちにもほとんどわからなかった。

他のチンパンジーが解放されたあと、ナターシャは最後に放飼場に入った。私たちは固唾を吞んで見守り、数台のカメラでナターシャを追った。彼女はソッコと同じような行動パターンを見せ、そのうえ物の在りかに関しては私たちよりはるかに優れた感覚を示した。ナターシャは、リンゴが隠されているまさにその場所をゆっくり行き過ぎてから、一〇分後に戻ってきて、迷うことなくリンゴを掘り出した。彼女がそうしている間、ソッコが明らかに驚いた様子でじっと見ていた。誰かがリンゴを地面から掘り出すなど、そうそうあることではない！　私はソッコが、目の前でリンゴを食べたナターシャを痛めつけるのではないかと心配したが、そうはならなかった。ソッコはトラクタータイヤ目指してまっしぐらに駆けていったのだ！　そしていろいろな角度から中を覗き込んだが、むろんタイヤは空っぽだった。その様子からすると、ソッコは私たちがまたリンゴを隠したと思い込んでいるかのようだった。しかも私たちが前に隠した場所を正確に思い出していた。これはまさに驚きだった。なぜなら、ソッコは生まれてこの方、その種の経験は一度しかしていないのはまず間違いないし、それも五年も前のことだったからだ。

これは単なる偶然だろうか？　ただ一度の出来事に基づいてそれを見極めるのは難しいが、幸いにもスペインの研究者ヘマ・マルティン＝オルダスが、この種の記憶をずっと調べている。彼女は数多くのチンパンジーやオランウータンを対象に、彼らが過去の出来事について何を記憶しているかをテストした。彼らは以前、バナナやフローズンヨーグルトを取るのに適した道具を見つけることが求められる課題を与えられたことがあった。道具がいくつかの箱に隠されるのを見たあと、課題に合った道具を手に入れるのにふさわしい箱を選ぶ必要があった。彼らにとっては朝飯前のことで、すべてうまくいった。だが別の出来事やテストを数多く経験したあと、三年後に彼らは同じ人物であるマルティン＝オルダスに突然出くわした。彼女はチンパンジーやオランウータンたちに、同じ建物の同じ部屋で同じテストの設定を見せた。同じ研究者が現れて同じ状況に置かれたとき、彼らは自分たちの直面している課題についての手掛かりを得られるだろうか？　どの道具を使うべきで、その道具はどこで見つけるべきなのかが、すぐにわかるだろうか？　彼らにはわかった。少なくとも以前テストを受けた類人猿たちには。前にテストを受けていない類人猿たちがそのような行動をいっさいとらなかったため、記憶の役割が裏づけられた。しかもそれだけでなく、彼らは躊躇せず、瞬時に問題を解決した。(3)

動物の学習のほとんどはかなり曖昧なもので、私が一日のうちのとある時間帯に、アトランタのハイウェイのいくつかを避けることを学んだのに似ている。何度も渋滞にはまると、もっとましな速いルートを探す――以前通勤中に起こったことの具体的な記憶もないままに。これは、ラットが迷路でどちらに曲がるかを学んだり、鳥が一日のうちのどの時間なら私の親の家のバルコニーでパンくずを見つけられるかを学んだりするやり方でもある。この種の学習はいたるところに見られる。ここで問題にするのは、私たちが特別だと見なしているもの、すなわち詳細の想起だ。フランスの小説家マルセル・プルーストが『失われた時を求めて』の中で「プチット・マドレーヌ」の味について長々と語った内容がそれに相当する。彼は紅茶に浸った小さなマドレーヌをきっかけに、幼少期にレオニー叔母を訪れたときのことを思い出した。「そのかけらの交じった温かい液体が口蓋に触れた途端、体に震えが走り、私は動きを止めて、自分の身に起こっている異常なことに心を奪われた」(4)。自伝的記憶の力はその具体性にある。自伝的記憶は色彩豊かで生き生きとしており、能動的に呼び起して延々と語ることができる。この記憶は再構成したもの（だからときには不正確）だが、あまりにも強烈なため、間違っているとは本人はつゆほども思わない。プルーストがそうだったように、自伝的記憶によって私たちは情動や感覚に満たされる。誰かの結婚式の日や父親の葬儀を話題にすると、そのときの天気や参列者、料理、幸福感あるいは悲しみについてのあらゆる記憶が頭に押し寄せてくる。

類人猿が何年も前の出来事につながる手掛かりに反応するときには、この種の記憶が作用しているに違いない。これと同種の記憶が、野生のチンパンジーが食べ物を探しにいくのに役立っている。チンパンジーは一日に一〇本余りの果樹を渡り歩く。彼らはどこに行くべきかをどうやって知るのだろう？　森には木が多過ぎて、やみくもに歩き回ってもしかたがない。コートジヴォアールのタイ国立公園で研究しているオランダの霊長類学者カーリン・ヤンマートは、類人猿には以前食べた物に対する並外れた想起力があることを発見した。彼らはたいてい、過去数年間に実を食べたことのある木を確かめた。熟れた果実が大量に生《な》っていたら、満足げに唸り声を上げながら貪るように食べ、必ず二、三日後に戻ってくるのだった。

チンパンジーがそのような木々を目指す途中も、日々の寝床(一夜限りのもの)を作るのだが、夜明け前に起きるという、普段だったら嫌がることをする様子をヤンマートは説明している。怖いもの知らずのヤンマートは、移動するチンパンジーの一行を徒歩で追っていったが、彼女が枝につまずいたり枝を踏みつけたりして音を立てても、チンパンジーたちはいつもなら気にも留めないのに、そのときは一斉に振り返って鋭い視線を向けるので、ヤンマートは居心地の悪い思いをした。音は注意を引いてしまう。それに、チンパンジーたちは暗がりでぴりぴりしていた。これは無理もなかった。つい最近メスの一頭がヒョウに自分の赤ん坊を奪われたのだ。

根深い恐怖を抱えているにもかかわらず、このチンパンジーたちは最近食べた特定のイチジクの木を目指して長旅に出た。彼らの目標は、早朝にイチジクに殺到する動物たちを出し抜くことだった。この甘くて柔らかい果実は、リスや大型の鳥サイチョウなど、森の多くの動物たちの好物だ。したがって、イチジクを思う存分手に入れるには早朝にたどり着くしかなかった。驚くべきことにチンパンジーたちは、寝床から遠くにある木を目指すときは近くの木を目指すときより早く起きて、どちらの木にも同じぐらいの時刻に着くのだった。ここから、予想した距離をもとに移動時間を計算していることが窺える。これらをすべて考え合わせて、タイ国立公園のチンパンジーたちは朝食にたっぷりありつく計画を立てるために過去の体験を能動的に想起するとヤンマートは確信している。(5)

エストニア系カナダ人の心理学者エンデル・タルヴィングは、「エピソード記憶」を、いつどこで何をしたかの再生と定義した。これが、出来事に関する3W（いつ、どこで、何を）の記憶を研究するきっかけとなった。[6] 前述の類人猿の例はみな、三つの要素を満たしているように見えるが、もっと厳密に制御された実験が必要だ。エピソード記憶は人だけのものだというタルヴィングの主張に最初に唱えられた異議は、類人猿ではなく鳥を対象とするまさにそのような実験に由来する。ニコラ・クレイトンはアンソニー・ディキンソンとともに、アメリカカケスの貯食の習性を利用して、飼っているアメリカカケスが隠しておいた食べ物について何を覚えているかを調べた。アメリカカケスには、腐敗し易い物（ハチノスツヅリガの幼虫）や長持ちする物（落花生）を与えて隠させた。四時間後、彼らは落花生を探す前に好物のハチノスツヅリガの幼虫を探したが、五日後の反応は逆だった。幼虫は探そうとさえしなかった。そのときには、虫は腐ってまずくなっていただろう。だが彼らは、これほど長い時間がたったあとも落花生の在りかをしっかり覚えていた。匂いはその要因から除外できた。このテストをする前に、クレイトンらは食べ物がない状態でアメリカカケスがどのように探すかを記録していたからだ。この研究はじつに独創的で、他にもいくつか対照実験を行なっており、その結果、アメリカカケスは自分たちがいつどこで何を隠したかを思い出しているとクレイトンらは結論づけた。アメリカカケスは自分の行動の3Wを覚えていたということだ。[7]

動物にはエピソード記憶があることについてさらに裏付けが得られたのは、アメリカの心理学者ステファニー・バーブとジョナソン・クリスタルが、ラットに八本のアーム（突起部分）のある放射状迷路を走り回らせる実験を行なったときだった。あるアームにいったん入って餌を食べてしまうと餌はそれきりなくなるから、そのアームに戻っても意味がないことをラットたちは学んだ。ただし例外が一つあった。ときおりチョコレート味の餌が見つかるのだが、その餌は長い時間が過ぎてから補充されるようになっていた。ラットたちはこの美味しい餌について、出くわした場所と時間をもとに期待を抱いた。彼らは現にこの特定のアームに戻ったが、そうするのは長い時間がたってからだけだった。つまりラットたちは、不意に現れるチョコレート味の餌について、いつ、どこで、何を、という3Wを把握していたことになる。(8)

だが、タルヴィングをはじめ少数の学者たちは、こうした結果にはとうてい納得しなかった。これらの結果は、アメリカカケスやラットや類人猿がどれだけ自分の記憶を自覚しているかを、プルーストほど雄弁には教えてくれない。仮に意識がかかわっているとすれば、それはどのような意識なのか？　これらの動物は自分の過去を、個人史の一部として眺めているだろうか？　このような疑問には答えようがないため、動物には「エピソード的」記憶があるだけだと言って、用語の意味を弱めている学者もいる。だが、私はこのような逃げには賛成できない。そうした対応は、内省や言語を通してしか知りようのない人間の記憶のあやふやな側面を重視することになるからだ。言語は記憶を伝えるのに役立つが、記憶を生み出しているとはとても言えない。私は立場を逆転させて、言語を持たないなら記憶はないと主張する側が証明の責任を負えばいいと思う。とくに私たちに近い種に関しては。他の霊長類が人間と同等の正確さで出来事を思い出すなら、彼らは人間と同じようなやり方で思い出していると仮定するのが最も経済的だ。私たちの記憶は人間だけが持つ認識の水準に基づいていると主張する人は、それを実証しようとしたら苦労するだろう。

そんな主張は、文字どおり机上の空論でしかないかもしれないからだ。

猫の傘

動物は時間の次元をどのように経験するのかを巡る論争は、未来に関してはさらに白熱した。動物がこの先に起こる出来事を予期しているという話を聞いたことがある人などいるだろうか？　タルヴィングは、飼い猫のカシューについて知っていることを引き合いに出した。カシューは雨を予想できるようだし、雨宿りをする場所を見つけるのが得意だが、「先のことを考えて傘を荷物に入れることはない」(9)というのだ。この卓越した科学者は、その鋭い所見を動物界全体にまで一般化し、動物は現在の環境には適応するが、残念ながら未来を思い描くことはできないと説明した。

人間は唯一無二だと主張する人のうちには、「動物が五か年計画に合意したことがあるという明白な証拠はない」(10)と記した人もいる。たしかにそのとおりだが、人間にしても、五か年計画に合意したことのある人がどれだけいるだろうか？　五か年計画というと、思い出すのは中央政府だ。私はむしろ、人間と動物の双方の暮らしぶりから例を引きたい。たとえば私は、家に帰る途中で食料品を買おうと思い立ったり、来週は学生に抜き打ちテストをして驚かせてやろうと決めたりする。人間の計画とはこうしたものだ。本書の冒頭で述べたフラニェの話とたいして違いはしない。チンパンジーのフラニェは、夜間用の檻で藁をありったけ集めて、屋外に暖かい「巣」を作った。まだ屋内にいて、外の寒さを実際に感じる前にこの準備をしたことに意味がある。それが、タルヴィングのいわゆる「スプーン・テスト」に合致するからだ。エストニアの子供向けのお話では、一人の女の子がこんな夢を見る。友達の家のチョコレートプリン・パーティで、他の子供たちがプリンを食べているのを、その子は指をくわえて見ているしかない。みんな自分のスプーンを持ってきたけれど、その子は持ってこなかったからだ。またこんなことにならないようにと、その子はその晩、スプーンを握り締めてベッドに入る。タルヴィングは、将来の計画と認定するための基準を二つ提案した。まず、計画された行動は、現在の必要や願望から直接生じるものであってはならない。そして、その計画は、現在の状況とは異なる未来の状況のための準備をさせるものでなくてはならない。その少女がスプーンを必要としたのは、ベッドの中ではなく、夢で見るだろうと予期したチョコレートプリン・パーティにおいてだった(11)。

タルヴィングはスプーン・テストを思いついたとき、これは不公平かもしれないと思った。動物にとっては多くを求め過ぎではないか？　彼がこのテストを提案した二〇〇五年は、将来の計画に関する実験の大半が行なわれるずっと前で、じつは類人猿は自発的な行動によって日々スプーン・テストに合格していることを彼は知らなかったようだ。フラニェは藁が必要とされていない場所と状況で藁を集めて、スプーン・テストに合格した。ヤーキーズ国立霊長類研究センターでは、スチュワードというオスのチンパンジーも飼育している。彼は試験室に入るときには必ず、まず屋外であたりを見回して棒か枝を見つけ、実験のときにはそれを使ってさまざまな物を指し示す。私たちはこの行動をやめさせるために、棒を手から取り上げて、他のチンパンジーのように指で指し示すように仕向けてきたが、スチュワードは頑固だ。どうしても棒で指し示そうとして、わざわざ棒を持って入る。ということは、テストされることを予想し、自分には道具が必要だと勝手に見越しているのだ。

だが、私が挙げられる何十もの例のうちでも最も素晴らしいのは、リサラという名のボノボだろう。彼女は、コンゴのキンシャサ近郊にあるジャングルの保護区域、ロラ・ヤ・ボノボ〔同国の公用語であるリンガラ語で「ボノボの楽園」の意〕で暮らしている。私たちはかつて、共感に関する研究をそこで行なった。だが、ここで挙げる例は共感についてのものではなく、私の同僚のザナ・クレイが観察したものだ。リサラが七キログラム近くある大きな石を拾って背中に載せるのを、ザナはたまたま見かけた。リサラは赤ん坊を腰にしがみつかせたまま、この重い荷を肩の上に載せて運んだ。むろん、それはかなり馬鹿げていた。歩きにくくなったし、余計なエネルギーを要したからだ。ザナはビデオカメラを回し始めてリサラのあとを追い、その大石が何のためのものなのかを確かめることにした。真の類人猿専門家なら誰でもそうするだろうが、リサラは何か目的を持っているとザナは瞬時に判断した。ケーラーが述べたように、類人猿の行動には「確固とした目的がある」からだ。同じことは人間の行動にも言える。通りで梯子を担いで歩いている男性を見かけたら、そんな重い道具を何の理由もなしに運んでいるわけがないと自動的に思うものだ。

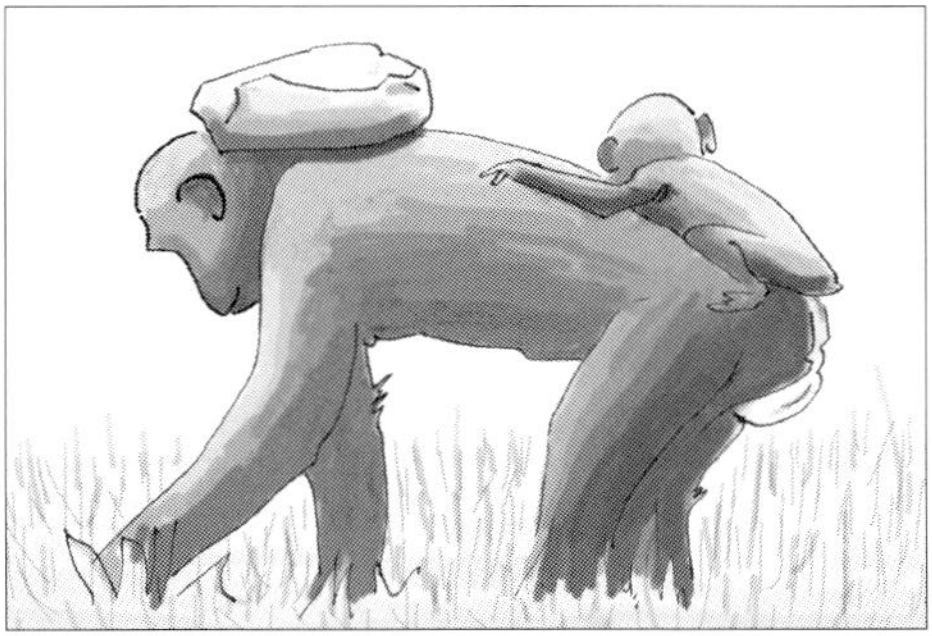
ボノボのリサラは重い石を担いで、アブラヤシの実があると知っている場所まで延々と歩く。実を拾うと、また歩き続ける。そして、そのあたりで唯一の大きく平たい岩のある場所まで来ると、石をハンマーにしてアブラヤシの実を割る。これほど前もって道具を拾っておくのだから、計画を立てていたことが窺える。

　ザナは、リサラの五〇〇メートルほどの移動を撮影した。その歩みが一回だけ止まったことがあった。リサラは石を降ろすと、何かをいくつも拾い上げた。それが何なのかはわからなかった。それからリサラは石をまた背中に載せると、移動を続けた。合わせて一〇分近く歩くと、ようやく目的地に行き着いた。そこにあったのは、大きくて硬い平らな岩だった。リサラは、岩の上のゴミを手でさっと払いのけると、石と子供と拾ったものを置いた。拾ったのはひと握りのアブラヤシの実だった。リサラは、大きな岩を台にしてアブラヤシの実をその上に載せ、七キログラムの石をハンマーにして、その恐ろしく硬い実を叩いて割り始めた。そして、その作業を一五分間ほど続けると、道具を捨てた。リサラが計画なしにこんな面倒なことをしたとは想像し難い。実を拾い上げるずっと前に、計画を立てていたに違いなかった。そうした実がどこで見つかるのかをおそらく知っていたので、その場所を通って、アブラヤシの実をうまく割るのに十分なほど硬い平らな岩があると知っていた場所までのルートを計画したのだ。ようするに、この木の実割りで、リサラはタルヴィングの基準をすべて満たした。想像するしかなかった食料を処理するために、離れた場所で使う道具を拾い上げたのだから。

未来志向の行動に関する別の驚くべき例を、スウェーデンの生物学者マサイアス・オスヴァスが、ある動物園で記録した。今度はオスのチンパンジーのサンティノが主役だ。サンティノは毎朝お客が来る前に、放飼場を取り囲む堀からのんびりと石を拾い集め、物陰にきちんと積み上げ、小山をいくつも作っておく。これで、動物園の開門時間には武器の準備は万端だった。多くのオスのチンパンジーと同じように、サンティノは日に数回、全身の毛を逆立てて駆けずり回り、コロニーと来園者を威嚇した。物を周りに投げるのはその示威行動の一環で、それには用意しておいた石を来園者に向かって投げることも含まれていた。ほとんどのチンパンジーは、いざというときに備えがなくて手ぶらだが、サンティノはこのために石の山を準備していたのだ。しかも用意したのは静かな時間、つまり、アドレナリンがいっぱい分泌され、派手な示威行為を見せる気分になるよりはるか前だった。[12]

こうした例が注目に値するのは、人間がわざわざ実験条件を整えて促さなくても、類人猿は将来の計画を立てることをそれが示しているからだ。類人猿は自発的に計画を立てる。彼らがやり遂げることは、他の多くの動物が来るべき出来事に備える方法とはまったく異なる。よく知られているように、リスは秋に木の実を集め、冬と春に取り出して食べるために隠しておく。日が短くなり、木の実が目の前にあると、リスは貯蔵を始める。冬がどういうものなのかを知っているかどうかは関係ない。四季の移り変わりを経験していない子リスも、まったく同じことをする。この行動はたしかに将来の必要を満たすし、どの木の実を蓄えて、それをどうやってまた見つけるのか知るにはかなりの認知能力を要する。それでもリスの越冬準備は、実際の計画立案に基づいているとは言えそうもない。[13]それはリスという種の全成員に見られ、一つの文脈にのみ限定された、進化によって獲得された習性だ。

これに対して類人猿の計画能力は状況に合わせたものであり、無数のかたちで柔軟に発揮される。ところが、観察しているだけでは、その計画が学習と理解に基づいているということを証明するのは難しい。証明するには、類人猿をそれまで経験したことのない状況にさらす必要がある。たとえばスプーンをつかんで放さない類のことが、あとで有利になるような状況を、私たちが作り出したらどうなるだろうか？

最初のそうした研究は、ドイツでニコラス・マルケイとジョゼップ・コールによって行なわれた。彼らはまずオランウータンとボノボに、その場で使うことはできないけれど、そこに見えている報酬を得るのに必要な道具を選ばせるようにした。そして、類人猿たちをいったん控室に移して、あとで使うための道具をしっかりと持っているかどうかを調べた（道具を使う機会が一四時間後になることもあった）。類人猿たちは適切な道具を手放さなかった。だが、類人猿たちが特定の道具を報酬と結びつけて、そのために未来について知っていることにかかわりなくその道具を持っていたのではないかという反論も可能だったし、実際にそういう反論も出た[14]。

この問題は似たような実験で検討された。その実験も類人猿に道具を選ばせるものだったが、今回は報酬が見えないようになっていた。類人猿たちは将来使えるだろう道具を好み、そのすぐ横にブドウが一粒置かれていても道具を選んだ。目先の利益を得ようとする願望を抑えて、未来の利益に賭けたのだ。だが、いったん適切な道具を手に入れたあとに、同じ組み合わせの道具とブドウを再び提示されると、今度はブドウを選んだ。彼らがその道具を最重要視していたわけではないのは明らかだった。もしその道具が重要だと思ったのなら、二回目の選択も最初の選択と同じになったはずだからだ。適切な道具をもう手に入れたのだから、同じ道具をもう一つ手に入れても無駄で、それゆえブドウのほうが良い選択であることが、類人猿たちにはわかっていたに違いない[15]。

こうした巧妙な実験の原型となったのがタルヴィングのスプーン・テストの提案であり、発想のもとは動物が未来を計画することを最初に推測したケーラーだった。今では、類人猿に実際の道具を提示する代わりに、前もって道具を作る機会を与えるテストさえある。そのテストでは類人猿は、一枚の軟材の板を小片に割って、ブドウに届く棒を作ることを学習した。彼らは棒の必要性を予期して、一生懸命に時間内で棒を準備した。[16] そうやって準備するところは、野生の類人猿の行動に似ていた。野生の類人猿は素材を持って長距離を移動し、その場で素材を改良したり、尖らせたり、ほぐしたりして道具にする。二種類以上の道具を持っていって、森での課題に使うこともある。チンパンジーは、多いときは五種類の棒や小枝から成る道具セットを運んで、土の中のアリを捕まえたり、ハチの巣を襲って蜂蜜を取ったりする。類人猿が計画なしに多様な道具を探して、それを持って移動するとは想像し難い。同様に、リサラが拾い上げた重い石は、それだけでは何の役にも立たなかった。その石と、まだこれから集めなければならないアブラヤシの実と、ずっと遠くにある硬い岩の表面とが組み合わされた場合にだけ、目的に適うものだった。予期を持ち出さずにこの種の行動を説明しようとするのは厄介で、どうしても無理があるようだ。

さてここで問題なのは、スプーンや傘や棒のような道具に頼らなくても、同様の証拠が得られるかどうかだ。もっと多様な行動を考えたらどうなるだろうか？　そのやり方も、クレイトンのアメリカカケスによって実証された。アメリカカケスは日常的に食べ物を隠す。研究者のなかには、この行動からは認知についてほんの少ししかわからないとこぼす人もいるものの、それでも認知について窺い知ることはできる。そして、それを知る手段は、霊長類に用いられるものとはまったく異なる。霊長類の場合は霊長類ならではの技能を利用して道具の実験をするのと同様、カラス科の鳥の場合は彼らがとりわけ得意な行動を利用する。そしてこれまでに得られた結果は驚異的だ。

キャロライン・レイビーは、食べ物をケージに貯蔵する機会をカケスたちに与えた。そのケージには二つの区画があり、夜間はカケスはそこから出されてしまう。翌朝カケスは、どちらか一方の区画にだけ入ることを許される。一方の区画は空腹と結びついていた。カケスは朝食をもらえずに午前中をそこで過ごしたことがあったからだ。一方、もう一つの区画は「朝食の部屋」として知られていた。食べ物が毎朝用意されていたからだ。マツの実を貯蔵する機会を晩に与えられると、カケスは一つ目の区画に、二つ目の区画の三倍のマツの実を置いた。つまり、そこで味わうかもしれない空腹を予期していたのだ。別の実験では、それぞれの区画を異なる食べ物と結びつけることをカケスたちは習得していた。どちらの区画でどのような食べ物が期待できるかがわかると、カケスは晩にそれとは別の食べ物をそれぞれの区画に蓄える傾向を示すようになった。こうすれば、翌朝どちらの区画に入れられることになっても、バラエティに富んだ朝食が保証された。概して、アメリカカケスが食べ物をしまっておくときには、現在の必要と願望によってではなく、むしろ未来に予期している必要と願望に導かれるようだ。[17]

霊長類で道具を使わない例を考えたときに頭に浮かぶのは、駆け引きの才が役に立つ社会的状況だ。たとえばチンパンジーは、ときとして異性との秘密裡の逢引きを取り決める。ボノボは秘密裡にする必要はない。性的な冒険を他のボノボに邪魔されることがめったにないからだ。だが、チンパンジーははるかに不寛容だ。高位のオスたちは、性器が魅力的に膨れているメスにライバルが近づくことを許さない。とはいえさすがのアルファオスも、ずっと目覚めていて警戒しているわけにはいかない。そこで若いオスがメスを誘って静かな場所に立ち去る機会が生じる。普通その若いオスは、両脚を広げて勃起を見せる（それが性的な誘いだ）。その際、背中を他のオスの方に向けたり、脇の下を膝に当てがい、片手をペニスの真横にぶら下げるようにしたりして、誘惑相手のメスだけにペニスが見えるようにする。そして、このディスプレイのあとで、仲間のいない方向に何気ない顔で歩いていき、上位のオスたちからは見えない場所に座り込む。次はメス次第だ。メスは、あとを追うかもしれないし、追わないかもしれない。メスは普通は誰にも気取られないように、別の方向に消えていき、回り道をして、その若いオスと同じ場所に行き着くことになる。なんという偶然だろう！　それから二頭は、声を立てないようにしながら素早く交尾を行なう。すべてが、十分に計画された段取りのような印象を与える。

さらに驚くべきなのは、地位を巡って挑み合う大人のオスたちの戦術だ。二頭のライバル間だけで対決に決着がつくことはほとんどなく、他のチンパンジーたちがどちらを支援するのかが関係するので、事前に「世論」に影響を与えておけば有利になる。オスは通常、高位のメスたちか、仲間のオスの一頭をグルーミングしてから、全身の毛を逆立ててディスプレイを開始し、ライバルを挑発する。グルーミングからは、次の段階を十分承知したうえであらかじめ相手の機嫌をとっているという印象を受ける。実際、この点に関しては体系的な研究が行なわれている。ニコラ・コヤマはイギリスのチェスター動物園で、チンパンジーの大きなコロニー内で誰が誰をグルーミングしたかを二〇〇時間以上にわたって記録した。また、オスの間でどのような衝突が起こり、誰が誰と連合したのかも記した。グルーミングと翌日の連合の記録を比較した彼女は、オスは前日にグルーミングをした相手から多くの支援を受けたことを発見した。私たちもチンパンジーで見慣れた種類の互恵関係だ。だが、グルーミングと支援とのつながりは、攻撃を仕掛けた者には当てはまったが、攻撃を受けた者には見られなかったので、グルーミングが支援を促進するというだけでは説明できなかった。コヤマはそのつながりを、積極的な戦略の一部と見た。オスは、自分がどんな衝突を引き起こすのか前もってわかっている。だから、一日前に仲間をグルーミングすることによって、自分に有利になるようにする。こうして確実に支援してもらえるようにするのだ。[18] 私は、大学の各学部での駆け引きを思い出す。そこでは重要な教授会に先立つ日には、同僚たちが私の研究室に入れ代わり立ち代わりやって来て、投票に影響を与えようとする。

観察は示唆に富むものの、物事に白黒をつけられることはめったにない。だが観察によって、将来の計画立案はどんな状況で役立つか見当がつく。自然環境下での観察と研究室での実験結果とが同じ方向を示すのなら、私たちは正しい道筋をたどっているに違いない。たとえば近年の研究によって、野生のオランウータンは未来の移動のルートを伝え合うことが示された。オランウータンはいつも単独で行動するので、彼らが林冠で出会うことはじつに稀だとされてきた。彼らはしばしば単独で移動する。連れ歩くとしても自立前の子供だけで、長期にわたって他の個体の姿は見かけない。互いの居場所についての情報は、聴覚だけに頼っていることが多い。

キャリル・ファン・シャイクはオランダの霊長類学者で、私の学生時代の研究仲間であり、スマトラ島の彼のフィールド研究現場には私も足を運んだことがある。彼は、木々の高みに自ら作った寝床に入る直前の野生のオスのオランウータンたちを追跡していた。そしてそれらのオスが日暮れ前に発する叫び声を一〇〇〇回以上も録音した。その騒々しい声は最長で四分にわたって続くこともあり、付近のオランウータンはこぞって細心の注意をそれに向ける。というのも、最上位のオス（すっかり成熟し、「フランジ」と呼ばれる見事に発達した頬だこを持つ唯一のオス）は一目置かれる存在だからだ。通常、森林内のそれぞれの領域にはそのようなオスはただ一頭しかいない。

大人のオスたちが眠る前にどちらの方へ向けて叫び声を発するかによって、翌日にとる進路が予想できることをキャリルは発見した。たとえ方向が日々変わるとしても、夕方の叫び声にはその情報が含まれている。メスは自分の行き先を最上位のオスの進路に合わせる。交尾許容期のメスはそのオスに接近できるし、そうでないメスも若いオスにつきまとわれた場合には最上位のオスがどこにいるのかがわかるのだ（オランウータンのメスは一般的に最上位のオスのほうを好む）。カレルはフィールド研究の限界を認めているものの、彼の収集したデータからは、オランウータンが自分がどこに行くつもりなのかを理解しており、出発する少なくとも一二時間前には声に出してその計画を告知することがわかる(19)。

どのように計画立案が行なわれるのかは、神経科学の力でいずれ解明されるかもしれない。第一の手掛かりは目下、海馬から得られている。記憶のためにも未来志向のためにも海馬が欠かせないことは、ずっと以前から知られている。アルツハイマー病の破壊的な影響は、たいてい脳のこの部分の萎縮から始まる。とはいえ、海馬は脳の他の主要な領域と同様、けっして人間特有のものではない。ラットにも同様の構造があり、その構造はすでに精力的に研究されている。ラットは迷路課題をこなしたあと、眠っている間か目覚めてじっとしている間、海馬で同じ経験を繰り返し続ける。ラットが頭の中でどのような種類の迷路の道筋を繰り返したどっているのかを研究者たちが脳波から調べたところ、過去の経験の固定以上のことが起こっているのがわかった。海馬は、ラットが（まだ）通っていない迷路の道筋の探究にも携わっているようだ。人間も将来を思い描いている間にやはり海馬の活動が見られることから、ラットも人間も、過去や現在や未来を理解する方法は同一であるとされてきた。[20] この認識に加えて、霊長類や鳥類が未来を志向する証拠の蓄積もあり、かつては人間だけが心的時間旅行《メンタルタイムトラベル》をすると考えていた人の間でも意見の揺らぎが出てきた。私たちはダーウィンの主張した連続性という立場にますます近づいている。それは、人間と動物の違いは程度の問題であって、質の問題ではないとする立場だ。[21]

動物の意志の力

性的暴行で告発されたフランスのある政治家は「欲情したチンパンジー」[22]のように振る舞ったと言われた。何たる侮辱だ——チンパンジーに対して！　人間が衝動のままに行動するとすぐさま、私たちは躍起になってその人を動物になぞらえる。ところがすでに説明したように、チンパンジーは性的欲望に身を委ねるのではなく、そういった欲望を慎んだり、まずプライヴァシーを確保する手はずを整えたりするだけの情動制御ができる。煎じ詰めれば、すべて社会的階層に行き着く。社会的階層とは、一つの巨大な行動規制装置だ。もし誰もが好き勝手に振る舞ったとしたら、どんな階層制度も破綻してしまう。階層は抑制という土台の上に成り立っている。社会的序列は魚やカエルからヒヒやニワトリに至るまで、さまざまな種に存在するのだから、自制は動物社会に古くから見られる特徴なのだ。

ゴンベ渓流国立公園が設立された当初の、ある有名な逸話がある。当時チンパンジーはまだ人間からバナナを与えられていた。オランダの霊長類学者フランス・プローイュは一頭の大人のオスが餌の入った箱に近づくところを目にした。その箱は人間が遠隔操作で開錠できるものだった。どのチンパンジーも、取り分がきっちり決められていた。箱の錠は開くときにカチャッと特有の音がするので、その音が果物を取り出せる合図になった。だが、このオスが運良くそのカチャッという音を聞いたまさにそのとき、あろうことか、上位のオスがその場に姿を現した。さて、どうすべきか？　初めからいたオスは変わったことなど何もないかのように振る舞った。箱を開け（そしてバナナを横取りされ）る代わりに、離れた所に座ったのだ。だが上位のオスも馬鹿ではない。その場から立ち去ったものの、最初のオスから見えない場所まで来るとすぐに、木の幹の陰からそっと覗き、そのオスが何を企んでいたのかを確かめたのだ。こうして、初めにいたオスが箱を開けたのに気づき、さっさとそのご馳走を奪い取った。

この一連の出来事は、上位のオスがもう一頭のオスの行動に不審なものを感じ取って疑いを持ったと捉え直すことができる。そして上位のオスはそのオスを見張ろうと決めたのだ。意図の重なりを指摘した人さえいる。第一に、上位のオスは初めからいたオスが箱の蓋には鍵がかかったままだと思わせようとしているのではないかと疑い、第二に、上位のオスは自分が気づいているのを相手に悟られないようにした、ということだ(23)。もしそれが事実なら、これは他者の目を欺く心理戦で、ほとんどの専門家が類人猿に可能と思っている以上に複雑なものということになる。とはいえ私にしてみれば、興味深い部分は双方のオスが示した忍耐と抑制だ。二頭は相手が目の前にいる状況では、箱を開けたいという衝動を抑えた——めったに手に入らない、大好きな果物がその中にあったにもかかわらず。

私たちのペットが抑制を働かせるのはすぐにわかる。たとえば、シマリスを見つけたネコなどがそうだ。ネコは、この小さな齧歯類をすぐには追いかけず、地面を這うように体を低くして大きく回り道をし、身を隠せる場所に行き、そこから無警戒な獲物に突然襲いかかる。あるいは大きな犬を考えてみよう。子犬があちこち自分の体に跳び乗ったり、尻尾をかじったり、眠りを妨げたりしても、迷惑がって吠えることもなく、好きにさせておく。動物と日常的に接している人にしてみれば、彼らが抑制していることは明白そのものなのに、西洋思想ではその能力をほとんど認めない。昔から、動物は情動の言いなりだとされている。もとを正せばすべては、「野生の」動物と「文明化された」人間という二分法に行き着く。野生であるとは、自制心がなく、正気ですらなく、抑制が効かないということだ。それに対して、文明化しているとは、礼儀をわきまえて抑制を効かせることであり、人間は自分にとって好都合な状況下でそれができる。人間の人間たる所以に関する議論の背後には、ほぼ必ずこの二分法が潜んでいる。だからこそ、人間が望ましくない振る舞いをすると、私たちはその人を「動物」呼ばわりするのだ。

かつてデズモンド・モリスが面白い話を聞かせてくれたので、私はこの点に心から納得がいった。デズモンドがロンドン動物園で勤務していた頃のことだ。当時この動物園ではまだ、類人猿の飼育舎でティーパーティを開き、それを来園者に見せていた。ボウル、スプーン、カップ、ティーポットを使うように訓練された類人猿が、テーブルを囲んで席に着く。彼らは道具を使う動物なので、このような食器類を扱うのは当然お手のものだった。あいにく、時を経るうちに彼らの所作はこの上なく洗練され、非の打ち所がなくなったため、それがイギリス人の癇《かん》に障った。彼らにとって、ハイティー

〔夕方にとる食事つきのお茶〕は文明の極みだったからだ。公開のティーパーティに自尊心を脅かされ始めた人々は、何かしら手を打たざるをえなくなった。そこでその類人猿たちは訓練し直され、飼育係が背を向けた途端に、お茶をこぼし、食べ物を投げ散らかし、ティーポットの注ぎ口からお茶を飲み、ボウルの中にカップを放り込むようになった。見物客はご満悦だった！　類人猿たちが野蛮で手に負えなかったからであり、それこそまさに人々が思い描いていた姿だったのだ[24]。

アメリカの哲学者フィリップ・キッチャーはこの誤解をなぞるようにして、チンパンジーを「wanton（勝手気まま）」と呼んだ。それは、自分を見舞う衝動ならどれにでも屈してしまう生き物のことだ。「wanton」という言葉には通例、悪意と好色さも結びついているが、彼の定義はそうした意味を含んでおらず、行動がどんな結果をもたらすかを気にしない点に焦点を当てている。私たちは進化途上のある時点で、この「勝手気まま」を克服し、それによって人間になったのだとキッチャーは推測を続けた。そのプロセスは「ある形態の行動を企てれば厄介な結果を招きかねないという認識[25]」から始まった。たしかにこの認識は重要なカギを握っているのだが、多くの動物に見られるのは明らかだ。もしもそうした認識がなければ、動物たちはありとあらゆる問題に出くわすことになるだろう。なぜ移動するヌーは渡ろうとする川を前に長らく躊躇してから飛び込むのだろうか？　どうして幼いサルは遊び相手の母親の姿が見えなくなるまで待ってから喧嘩を始めるのか？　なぜ飼いネコは飼い主が見ていないときに限ってキッチンのカウンターに跳び乗るのか？　厄介な結果の認識は、私たちの周りのあらゆる所に見られる。

行動の抑制は多岐にわたって大きな影響をもたらし、それは人間の道徳性や自由意志の起源にまで及ぶ。衝動の制御ができないのなら、善悪を区別する意味などないではないか。哲学者のハリー・フランクファートは「人間」を、自らの欲望にただ従うだけでなく、その欲望を自覚し、それが違うものになるよう願うことができる存在と定義した。私たちは「自分の欲望がどれほど望ましいものか」を考慮した途端に、自由意志を持つ人間になる。(26) だがフランクファートは、動物と人間の幼い子供は自分の欲望を監視したり、その是非を判断したりはしないと考えているのに対して、科学は他ならぬこの能力の検証をますます進めている。「欲求充足の先延ばし」に関する実験では、類人猿と人間の子供に、将来の利益を望むなら積極的に抗《あらが》わなくてはならない誘惑を提示する。情動の制御と未来志向がカギで、自由意志もその二つにたいして引けをとらない。

子供が一人でテーブルに向かって座り、マシュマロを食べないように必死になっている（こっそりと舐《な》めたり、ほんの少しだけかじったり、あるいは誘惑を避けるためにそっぽを向いたりしている）様子を録画した、滑稽な動画を観たことがある人も多いだろう。これは衝動の制御に関するじつに明白なテストの一つだ。子供たちは、初めに用意してある一つのマシュマロを、実験者が席を外している間に食べずに残しておけば、もう一つもらえることを約束されている。欲求充足を先延ばししさえすればいいのだ。だがそうするためには、ただちにもらえる報酬のほうが、先延ばしした報酬よりも魅力的であるという一般的な法則に、子供たちは抗わなくてはならない。これこそ、私たちがまさかのときに備えてお金を蓄えておくのに苦労する理由であり、また、喫煙者が将来の健康よりもタバコを吸うことを優先したくなってしまう理由でもある。マシュマロ・テストは、子供たちが将来にどれほど重きを置いているかを測定する。子供たちの成績には大きなばらつきがあり、我慢できた子供たちは、のちの人生でもうまくやっていけることが予想できる。衝動の制御と未来志向は、社会で成功を収めるための重要な要因なのだ。

多くの動物は類似の課題をこなすのに難儀し、躊躇せずにすぐ餌を食べてしまう。おそらく自然界の生息環境では、そうしないと餌にありつきそこなうかもしれないからだろう。とはいえ、わずかながら欲求充足の先延ばしができる種もある。たとえば、オマキザルに対して行なわれた最近の実験からそれがわかる。サルたちに見えるように、食卓に置く回転盆のような大きな回転皿を置き、一切れのニンジンと一切れのバナナを載せておく。オマキザルはニンジンよりバナナを好む。初めにニンジンがサルたちの目の前を通過し、少ししてからバナナが回ってくる。サルと皿の間には窓があり、サルがその窓越しに皿へと手を伸ばせるのは一度きりだ。大多数のサルはニンジンが目の前に来ても我慢して手を出さず、もっと欲しいほうのご馳走を待った。たとえバナナとニンジンの間の時間差は一五秒にすぎないとしても、なんとか抑制力を発揮して、ニンジンではなくバナナを食べる場合がかなり多かった[27]。だが、人間と肩を並べるほど衝動の制御に長けている種もある。たとえばチンパンジーは、三〇秒ごとに容器の中にキャンディが落ちてくるのをじっと見つめていられる。いつでもその容器を外して中身を平らげられるのは知っているが、そうするとキャンディがもう落ちてこなくなってしまうこともわかっている。長く待てば待つほど、キャンディがたくさんたまるのだ。類人猿は、この課題を人間の子供とほぼ同じようにこなし、最長一八分まで欲求充足を先延ばしした[28]。

同様のテストが大きな脳を持つ鳥類に対しても行なわれてきた。鳥類には自制が必要ではないと思うかもしれないが、もう一度考えてみよう。多くの鳥は、自分でさっさと呑み込めるであろう食べ物を雛のために拾い集める。なかには、求愛行動の間、オスが自分は食べなくても相手に食べ物を差し出す鳥もいる。また、食べ物を隠しておく鳥は、将来の必要性のために即時の欲求充足を抑制しているのだ。したがって鳥類は自制をするだろうと考える理由はたっぷりある。テストの結果もそれを裏づけている。ある実験でカラスに豆を与えた。普段ならすぐに食べてしまう餌だが、豆はあとでひと切れのソーセージ（カラスは豆よりソーセージを好む）と交換できることをあらかじめ教えておいた。すると彼らは最長で一〇分まで豆をとっておいたのだ。[29] アイリーン・ペパーバーグが、飼っていたグリフィンという名のヨウムを同じような状況でテストすると、さらに長い時間我慢できた。グリフィンには「待て！」という指示を理解できるという利点があった。だから、グリフィンが止まり木でじっとしている間に、たとえばシリアルのようなさほど好きでもない餌の入ったカップを目の前に置き、待つように指示した。グリフィンは、長い間待てばカシューナッツ、あるいはキャンディさえもらえるかもしれないことを知っていた。一〇秒から一五分までの間でランダムに決められた待ち時間のあともシリアルがカップに残っていれば、グリフィンにはもっと良い餌が与えられることになっていた。彼は、とりわけ長く先延ばしした場合も含め、九〇パーセントの割合で待つことができた。[30]

最も興味をそそられるのが、人間の子供と動物が誘惑に屈しまいとするときに使うさまざまな方法だ。彼らはおとなしく座って欲しいものを眺めていたりはせず、気を逸らす方法を考え、それに没頭しようとする。子供たちはマシュマロの方を見ないようにして、ときに目を手で覆ったり、顔を両腕の中にうずめたりする。独り言を言ったり、歌ったり、手足を使ったゲームを考え出したり、恐ろしく長い待ち時間に耐えなくて済むように眠りに落ちたりさえする。[31] 類人猿の行動もそれとさほど変わらないし、ある研究では、類人猿におもちゃを与えれば、いっそう長く持ちこたえられることがわかった。おもちゃはキャンディが出てくる装置から気を逸らす助けとなるのだ。あるいはグリフィンを考えてみよう。とりわけ長い待ち時間を課されたときに、その待ち時間のおおよそ三分の一が過ぎたところで、彼はシリアルの入ったカップを部屋の向こう側へ放り投げた。こうして、カップを眺めていなくてもよくなった。また、カップをぎりぎりで届かない所に移動したり、独り言を言ったり、羽づくろいをしたり、羽をばたつかせたり、長々とあくびをしたり、あるいは居眠りをしたり（寝ていなかったにせよ、少なくとも目を閉じたり）した場合もあった。ときには、ご馳走を食べずに舐めたり、「ナッツちょうだい！」と大きな声を出したりした。

　こうした行動の一部は、目前の状況にはそぐわないもので、動物行動学者が「転位行動」と呼ぶものにあたる。転位行動とは、ある動因が抑制されたときに見られる行動だ。これが起こるのは、たとえば闘争と逃走のような二つの相容れない動因が同時に生じたときだ。その両方を実現することはできないので、的外れの行動によってプレッシャーを取り除く。ひれを広げて競争相手を威嚇している魚が突然、水底まで泳いでいって砂に潜るかもしれないし、雄鶏《おんどり》が闘いを中断して、ありもしない穀物をついばむような行動を始めるかもしれない。人間に見られる典型的な転位行動は、手強い質問をされたときに頭を掻くというものだ。掻くという行動は、認知テストのときに他の霊長類でもよく見られ、難しいテストの最中はなおさら多い[32]。転位行動が起こるのは、動機付けのエネルギーがはけ口を求めて「飛び火」し、無関係な行動を引き起こすときだ。このメカニズムの発見者であるオランダの動物行動学者アドリアーン・コルトラントは、アムステルダムの動物園で今なお讃えられている。

その動物園でコルトラントは放し飼いの鵜《う》のコロニーを観察したものだった。コルトラントが鳥たちを見守りながら何時間も過ごした木製のベンチは、「転位のベンチ」として知られている。最近私もそのベンチに腰掛けたが、思わずあくびをしたり、指を動かしたり、体を掻いたりしてしまった。

ところが、動物が欲求充足の先延ばしの問題にどのように立ち向かい、また、なぜ羽づくろいをしたりあくびをしたりするかをこれで完全に説明できるわけではない。認知的解釈もある。ずっと以前に、アメリカの心理学の父ウィリアム・ジェイムズは「意志」と「自我の強さ」を自制の基盤として提示した。通常はそれによって、人間の子供たちの行動を解釈する。次に示すマシュマロ・テストの説明に見られるとおりだ。「実験参加者がきわめて冷静に待てるのは、待つという状況下で、据え置きされたいっそう大きな結果をあとで本当に得られるだろうと予期し、またそれを強く望みながらも、注意をどこかに逸らし、自分の内面で認知的気晴らしに没頭する場合である」(33)。ここで強調されているのは、意図的で意識的な戦略だ。子供は将来には何が待ち受けているのかを知り、意志の力を使って自分の心を目の前の誘惑から逸らす。子供たちと一部の動物が同じ条件の下でまったく同じように行動することを考えると、動物にも同じ説明を当てはめるのが筋だろう。動物も自分の欲望を自覚し、見事な意志の力を発揮してそれを抑えようとするのかもしれない。

私はこれをさらに探究するために、ジョージア州立大学のマイケル・ベランというアメリカ人の研究仲間のもとを訪ねた。マイクの勤務する研究所はアトランタ地域の中ほどの都市ディケーターの広い森林にあり、そこにはチンパンジーやサルが暮らす広々とした施設も設けられていた。その研究所は言語研究センターとして知られている。そう呼ばれるのは、ここに初めて収容された動物が、記号の訓練を受けたカンジという名のボノボだったからだ。チャールズ・メンゼルが類人猿の空間記憶に関するテストを実施し、サラ・ブロスナンがオマキザルによる経済的意思決定の研究を行なっているのも、この研究センターだ。世界的に見ても、ジョージア州のアトランタ地域ほど霊長類学者が集中している所は他にないかもしれない。というのも、アトランタ動物園にも、そしてもちろん、これまでこれだけ多くの関心を掻き立て続けてきたヤーキーズ国立霊長類研究センターにも霊長類学者がいるからだ。そのおかげで、幅広いテーマに関して専門的見解が得られる。

自制について広範に及ぶ研究をしてきたマイク[34]に次のように尋ねた。なぜこの分野の論文はたびたび、意識との関連から始めながらすぐに実際の行動へと移り、意識の問題に立ち返ることはないのか？　執筆者たちは私たちをからかっているのか？　マイクによると、意識との結びつきは推論にすぎないところが多いからだろうということだった。厳密に言えば、動物が待つことでより良い結果を得るという事実は、彼らが将来何が起こるかを認識しているということを立証しているわけではない。その一方で、彼らの反応は漸進的な学習によるものではない。なぜならたいてい、ただちにその反応を見せるからだ。このためマイクは、自制の意思決定を、未来志向で認知にかかわると見なしている。疑問の余地がまったくない証拠はないかもしれないが、類人猿はより良い結果を予期して自制の意思決定を下していることが見込まれる。「私に言わせれば、類人猿の行動は完全に外的刺激に制御されているという主張は、馬鹿げている」のだ。

認知機能を働かせているという解釈には他にも論拠がある。キャンディが一定の間隔でボウルの中に落ちる場合に、最長二〇分間にも及ぶほど長い間待つという彼らの行動だ。類人猿たちは待っている間、何かで遊ぶことを好む。それは、自制が必要だと彼らが認識していることを示唆している。マイクは、彼らが気を散らすために一風変わったことをする様子を語ってくれた。シャーマン（大人のオスのチンパンジー）は、キャンディを一個ボウルから取り出し、よく調べてから戻す。パンジーは、キャンディが出てくる筒を外し、眺めたり振ったりしたあと装置につけ直す。彼らはおもちゃを与えられると、待つのを楽にするための気晴らしとして利用した。そのような行動からは、予期したり戦略を練ったりする行為が窺われ、その両方が意識的な自覚を示唆している。

　マイクがこのテーマに関心を持つようになったのは、アメリカの霊長類学者サラ・ボイセンがチンパンジーのシーバに行なった、「逆指示」に関する有名な実験に触発されたからだった。シーバは、異なる数のキャンディが入った二つのカップのどちらかを選ぶように求められた。ところが、シーバが指し示したカップは別のチンパンジーに与えられ、もう一方のカップがシーバのものになるという、ひねった設定になっていた。当然、シーバにとって賢明な戦略とは、逆のカップを指し示す、つまり、キャンディが少ないほうのカップを指し示すことだ。ところがキャンディがたくさん入ったほうのカップへの欲望に勝てず、ついにその戦略を学習できなかった。だが、キャンディを数字に置き換えると話が変わった。シーバは一から九までの数を学習済みで、それぞれの数と結びつく食べ物の量を理解していた。そして、二つの異なる数字を見せられると、何のためらいもなく小さいほうの数字を指し示し、逆転の仕組みを理解していることを示した。[35]

　チンパンジーは実物のキャンディでは正しく逆転ができないことを示すサラの研究に、マイクはすっかり感心した。これこそまさに自制の問題だ。マイクが自分の飼育しているチンパンジーたちに同じテストをしたところ、彼らも合格しなかった。キャンディを数字に置き換えるというサラのアイデアは秀逸だった。記号を使ったおかげにせよ、快楽を生じさせる性質を単に排除したおかげにせよ、数字の訓練を受けたチンパンジーは、非常にうまくやってのけた。同じテストを人間の子供に試した実験があるかどうか尋ねると、マイクの答えは、動物の認知を研究する者の、公正な比較に対する深い気遣いを反映したものだった。「実験は行なわれたことがあるかもしれませんが、記憶にありません。おそらく、子供たちには説明を与えたでしょうね。説明は何も与えないほうがいいと思います。チンパンジーにも説明を与えられませんから」

何を知っているかを知る

人間だけが頭の中で時間という列車に跳び乗ることができ、他の種はすべてプラットホームに置き去りになるという主張は、私たちが過去と未来に意識的にアクセスするという事実と結びついている。意識と関連するものは何であれ、他の種に認めるのはこれまで難しかった。だが、認めたがらないのは問題だ。意識についての理解が飛躍的に深まったからではなく、他の種にもエピソード記憶や将来の計画や欲求充足の先延ばしがあることを示す証拠が増えてきているからだ。私たちは、これらの能力には意識が必要だという考えを捨てるか、さもなければ、動物も意識を持っているかもしれないという可能性を受け容れるしかない。

ここでエピソード記憶と将来の計画と欲求充足の先延ばしに続く第四の要因となっているのが「メタ認知」だ。これは認知を認知することを意味し、「思考についての思考」としても知られている。

クイズ番組の出場者がテーマを選べるときは、自分が最も詳しいものを挙げるのは明らかだろう。これこそメタ認知を働かせている実例だ。なぜならそれは、彼らは自分が何を知っているかを知っているということだからだ。同様に、私は質問に対して「ちょっと待って、喉まで出かかっているんだ！」と答えるかもしれない。言い換えると、思い出すのに時間がかかっていても答えを知っていると思う、ということだ。問題に答えるために授業中に手を挙げている生徒も、メタ認知を頼みにしている。なぜなら解答を知っていると思うときにだけそうするからだ。メタ認知は、自分自身の記憶の監視を可能にする脳の実行機能に基づいている。ここでもまた、私たちはこれらのプロセスを意識に結びつける。だからこそメタ認知も私たちの種に特有のものと見なされていたのだ。

この分野での動物研究は、一九二〇年代にトールマンが気づいた「不確定反応」から始まったと言えるかもしれない。彼のラットたちは難しい課題を前にしてためらっているように見え、それが「あちこち見たり、行ったり来たりする」[36]行動に反映されていた。これは驚くべきことだった。当時は、動物はただ刺激に反応するだけと考えられていたからだ。精神的な活動がなければ、決定に際してあれこれ迷うだろうか？　何十年もたってから、アメリカの心理学者ディヴィッド・スミスは、バンドウイルカに高音と低音の違いを聞き分ける課題を与えた。そのバンドウイルカはナチュアという名の一八歳のオスで、フロリダ州のドルフィン・リサーチ・センターのプールで飼育されていた。トールマンのラットたちの場合と同じで、ナチュアの自信のほどは非常に明白だった。両方の音を聞き分けるのが易しいか難しいかによって、回答用のパドルに向かって泳ぐスピードが違ったのだ。両方の音がかけ離れているときは、ナチュアは頭で起こす波が実験装置の電子機器をびしょ濡れにしそうなほどの速さで泳いできた。だから装置にはプラスティックのカバーをつけなければならなかった。ところが両方の音が近かったときは、ナチュアはスピードを落とし、頭を振り、高音か低音かを示すために触れなければならない二つのパドルの間で迷った。どちらを選ぶべきかわからなかったのだ。スミスは、ナチュアの確信のなさについて研究しようと決めた。確信のなさは意識を反映しているかもしれないというトールマンの主張を念頭に置いてのことだ。スミスは、ナチュアが選択を避ける方法を考案した。三つ目のパドルを加えて、もっと識別し易い音でやり直したいときに、触れられるようにした。選択が難しければ難しいほど、ナチュアは三つ目のパドルに向かった。正確な答えを出しにくいときには、それを明らかに認識していたのだ。こうして動物のメタ認知に関する分野が誕生した。[37]

研究者たちは、基本的に二種類の取り組み方を採用してきた。一つ目は、イルカの研究で行なったような不確定反応の探究で、もう一つは、動物が情報をさらに必要とするときを認識しているかどうかを観察する調査だ。最初の方法は、ラットとマカクで成功している。現在エモリー大学で私の同僚であるロバート・ハンプトンは、サルにタッチスクリーンを使った記憶課題を与えた。最初に、たとえばピンクの花を映した画像のような、特定の画像を見せる。少し間を置いて、そのピンクの花のものも含む何枚かの画像を提示する。その間隔の長さはさまざまだった。それぞれのテストの前に、サルたちはテストを受けるか拒むか選択できた。もしテストを受けてピンクの花に正しく触れた場合は落花生を与えられた。だが、もしテストを拒んだら、いつもどおりのごく普通の餌を与えられるだけだった。待つ間隔が長ければ長いほど、サルはテストを受けるのを拒み、より望ましい報酬を得る機会を自ら放棄することが多かった。彼らは自分の記憶が薄れたのを認識しているように見えた。ときどき、拒む機会を与えられず強制的にテストを受けさせられた。そのような場合は結果はかなり悪かった。つまり彼らは、理由があって拒んだのであり、自らの記憶が当てにならないときにそうしたのだった。(38) ラットに行なった類似のテストも同じような結果を示した。ラットは、受けることを自ら選んだテストで成績がいちばん良かった。(39) つまり、マカクもラットも、自信があるときだけテストを進んで受けるのだ。そこからは、彼らが自分の知識について知っていることが窺える。

二つ目の取り組み方は情報の追求に関係する。たとえば、覗き穴のそばに置かれたカケスが、それらの覗き穴から餌（ハチノスツヅリガの幼虫）が隠されるところを見る機会を与えられた。それから餌を捕れるエリアに入るのを許される。カケスは一つの覗き穴から、実験者が蓋のない四つのカップのうちの一つに幼虫を入れるのを見ることができた。もしくは、別の覗き穴から、別の実験者が蓋のある三つのカップと蓋のない一つのカップを持っているのを見ることができた。後者の場合には幼虫がどれに入れられるかは一目瞭然だった。カケスは幼虫が得られるエリアに入る前に、より多くの時間をかけて最初の実験者を観察した。これこそ最も必要な情報だと認識しているように見えた。(40)

サルや類人猿に対しても、同じ種類のテストが行なわれている。彼らに、実験者が水平な筒の一つに食べ物を隠すのを見させるものだ。明らかに、サルや類人猿は実験者が食べ物を入れた筒を覚えていて、自信を持ってその筒を選んだ。だが、食べ物隠しがこっそり行なわれた場合は、どの筒を選ぶべきかわからなかった。そこで、選ぶ前に筒の中がよく見えるように前屈みになって覗いた。うまく食べ物を得るためにはより多くの情報が必要なことを彼らは認識していたのだ。(41)

これらの研究の結果、今では、自らの知識を継続的に把握していたり、知識が不十分なときにはそうと認識したりする動物がいると考えられている。それは、動物は身の周りの手掛かりを、信念や期待やことによると意識さえも持って能動的に処理しているというトールマンの主張にすべて合致している。この観点が日の目を見るようになってきたので、私はこの分野の現状について同僚のロバート・ハンプトンに尋ねた。私たち二人は、エモリー大学の心理学科の同じ階にオフィスを持っている。私の部屋で、まず、大きな石を運んでいるリサラのビデオをいっしょに見た。ロバートはいかにも本物の科学者らしく、すぐにこの状況を、ナッツや道具類の位置をさまざまに変えて制御された実験に仕立てる方法を考え始めた——私にしてみれば、リサラの一連の行動の素晴らしさは彼女の自発性だったのだが。その自発性には、私たちはいっさい関与していなかった。ロバートはそれにしきりに感心していた。

アカゲザルは、4本の筒のうちの1本に餌が隠されているのを知っているが、どれなのかはわからない。それぞれの筒を試すことは許されておらず、1本だけ選ぶことになっている。まず前屈みになって筒を覗き込むことによって、彼は自分が知らないのを知っていることを証明している。これはメタ認知の証だ。

私はロバートに、メタ認知に関する彼の研究はイルカの研究に触発されたものかどうか尋ねたが、彼はこれについてはむしろ、関心が偶然同じ方向に向いたものと捉えていた。たしかにイルカの研究が先に行なわれたが、それはロバートが注目している記憶についてのものではなかった。ロバートは、トロントのサラ・シェトルワースの研究室のポスドクだったアラステア・インマンの考えに触発された。ロバートも当時その研究室に属していたのだ。アラステアは、物事を記憶するコストについて考えを巡らせていた。情報を頭にしまっておく代償はどれぐらいだろう？　彼は、ロバートが考案した、サルを対象とするメタ認知のテストと似た、ハトの記憶に関する実験を行なった。[42]

　人間と他の動物の間にはっきりとした線を引く人々についてどう思うか、たとえば定義を変え続けるエンデル・タルヴィングのような人物は、と私が尋ねると、ロバートは声を大にして言った。「タルヴィングだって！　境界線を引くのが大好きな人だよね。動物研究のコミュニティに、それはそれは偉大な貢献をしてきたよ」。ロバートによると、タルヴィングはハードルを高くすることが楽しくてそのようなことを言っているのだという。彼は他の研究者がそれに挑むだろうと承知しているから、彼らが独創的な実験を考え出さざるをえないようにしているのだ。ロバートはサルに関する最初の論文で、タルヴィングの「激励」に感謝の意を示した。その後あまり日のたたないうちに、ロバートはある学会でこの老科学者に会った。そのときタルヴィングに言われた。「君が書いたのを見たよ、ありがとう！」

　ロバートにとって、意識にまつわる大きな疑問は、じつのところなぜ意識が必要なのかというものだ。何に役立っているのだろう？　なにしろ無意識のうちにできることはたくさんある。たとえば、健忘症の患者は自分が何を学習したのかを知らなくても学習できる。彼らは鏡を見ながら左右の逆転した絵を描けるようになることもある。他の人とほとんど同じペースで手と目の協調運動を習得するが、テストを受けるたびに、これまで一度もやったことがないと言うだろう。彼らにとってはまったく未知のことなのだ。ところが彼らの行動を見れば、その課題を経験していることや、それに求められる技能を習得済みであることは明らかだ。

意識はこれまでに地球上で少なくとも一度、進化によって発生したものではあるが、それはなぜなのか、どのような状況においてなのかははっきりしていない。ロバートは、意識というのは面倒な言葉だと考えていて使いたがらない。彼はこう付け加えた。「意識の問題を解決したと思っている人がいたら、それは検討の仕方が甘かっただけのことだ」

意識

二〇一二年に著名な科学者たちが「意識に関するケンブリッジ宣言(43)」を発表したとき、私には眉唾《まゆつば》物に思えた。人間以外の動物は意識を持った生き物だときっぱりと主張している、とメディアが評していたからだ。動物の行動を研究している科学者の大半がそうであるように、その主張に対して何と言えばいいのかよくわからない。意識は定義がはっきりしないので、多数決によっても、「もちろん、彼らには意識があります。目を見ればわかりますから」などと人々が言うからという理由でも、その存在を肯定できるものではない。主観的な感情では用をなさない。科学は確かな証拠に基づくものだ。

だが実際に宣言を読んでみると、妥当な内容なので安心した。動物の意識とは何であるにせよ、それが存在するとは実際には断言はしていない。ただ、人間と他の脳の大きい種との行動や神経系の類似点を考えると、人間だけに意識があるという考えに固執する根拠はないと言っているにすぎない。その文書にあるように「意識を生み出す神経基盤を持つのは人間に限らないことが多くの信頼できる根拠によって示されている」。これなら私も文句はない。本章からわかるように、過去や未来とつながりを持つプロセスなど、人間の意識と結びついている心的プロセスが他の種でも起こっているという確固たる証拠がある。厳密に言えば、これは意識の存在を証明しているわけではないが、科学はしだいに、不連続性よりも連続性を支持するようになっている。これは、人間と他の霊長類との比較にはたしかに当てはまるが、他の哺乳類や鳥類にも及んでいる。鳥類の脳が以前考えられていたよりも哺乳類の脳に近いことがわかっているからなおさらだ。脊椎動物の脳はすべて相同なのだ。

意識を直接測定することはできないが、人間以外の種も、意識の指標としてかねてから考えられていた、種々の能力を持っている証拠を示している。意識がないのにそれらの能力を持っていると主張すれば、無用の区別を招く。彼らは私たちが行なうことを行なっているが、その方法は根本的に異なっているということを、それは意味するからだ。進化の観点に立つと、これは非論理的に思える。そして論理的思考は、私たち人間が意識に加えて誇りに思っている能力の一つにほかならない。

第8章
OF MIRRORS AND JARS

鏡と瓶を巡って

ペプシは、アジアゾウに関する近年の研究で脚光を浴びた。若かったこのオスゾウは、ジョシュア・プロトニックが行なったミラー・テストで、額の左側に塗られた大きな白い×印に注意深く触り、合格したのだ。目に見えない塗料で右側に塗られた×印にはまったく関心を示さなかったし、草地の真ん中に置いた鏡に近づくまでは、白い印に触れもしなかった。翌日、見える印と見えない印の位置を逆にすると、ペプシは再び白い×印にだけ触れた。塗料の一部を鼻先で擦り落とし、口へ持っていき、味をみた。印の位置は鏡に映った自分の像で知るほかなかったため、ペプシは自らの鏡映像と自分自身を結びつけたに違いない。鏡映像と自身を結びつけられるかどうかを確かめる方法は印をつけるテストだけではないとでも言いたげに、ペプシはテスト終了時に一歩下がり、口を大きく開けた。そして、鏡の助けを借り、口の奥まで覗き込んだ。類人猿もよくやるこの動作は、鏡がなければ自分の舌と歯は絶対に見えないことを思えば、しごく理に適っている(1)。

それから何年もして、ペプシは見上げるほどに成長し、ほぼ大人になっていた。それでもとても優しく、マハウトの命令に従って私を持ち上げ、そして下ろした。タイを再訪して、シンク・エレファンツ国際財団が研究を行なっている黄金の三角地帯《ゴールデン・トライアングル》〔タイ、ミャンマー、ラオスの三国がメコン川を挟んで接する、世界最大級のアヘン生産地帯〕の調査地を見学した私は、ジョシュアのチームの若く熱心な学生スタッフと会った。彼らは毎日、二頭のゾウを実験のために連れてこさせる。巨体の首にマハウトを高々と乗せて、ゾウたちはジャングルの端の実験場にのしのしと歩いてくる。マハウトが降り、後方でしゃがんだあと、ゾウは簡単な課題をいくつかこなす。鼻で対象物に触れてから、同じ物を数点の候補のなかから選ぶよう指示される。あるいは二つのバケツに鼻を伸ばし、学生たちが入れた中身の違いを匂いで嗅ぎ分ける。[2]

ゾウに関しては、賢いことはあまねく知られているものの、霊長類、カラス、犬、ラット、イルカなどについて収集されているようなデータは、ひどく乏しい。ゾウについて得られた情報は自発的行動に関するものだけで、科学に求められる厳密さと対照実験を欠いている。私が目にしたような弁別課題はどれも、優れた出発点だ。だが、仮にゾウの頭脳が進化認知学の次なるフロンティアとなるかもしれないにしても、それはきわめて困難な研究対象だろう。ゾウは大学のキャンパスや昔ながらの研究室で生きた姿がけっして見られない、おそらく唯一の陸生動物だからだ。科学者が飼い易い種を好みがちなのは理解できるものの、それには制約が伴う。その好みのせいで、私たちは動物の認知をごく狭い観点から考えがちになり、そうした姿勢からなかなか抜け出せずにいる。

ゾウは聴いている

東南アジアの人々は古来、ゾウとの間に文化的関係を築いてきた。幾千年にわたってゾウは森での重労働をこなし、王族を運び、狩りと戦いに従事してきた。それでも、ゾウはずっと野生であり続けた。遺伝子の面ではゾウは家畜化されておらず、野生のゾウが飼育下のゾウとの間に子をもうけることが今なおよくある。当然ながらゾウについては、他の多くの家畜化された動物ほど行動の予想がつかない。人間に敵意を抱いてマハウトや観光客を死に至らしめる場合もある。とはいえ、多くのゾウはマハウトと生涯にわたる絆を育む。たとえば、一〇歳のメスゾウが、一キロメートル先の湖で溺れかけて助けを求めるマハウトの叫び声を聞きつけ、彼を引っ張り上げたという話がある。別の話では、ある大人のオスが、近寄ってくる人間には誰彼かまわず襲いかかるのに、村の長老の妻にだけはそうせず、彼女のことは鼻で優しく撫でるという。子ゾウは人にとてもよく馴れて、人間を欺く方法さえ覚える。首に掛けた木製の鈴に鼻でつかんだ草を詰めて鳴らないようにするのだ。こうすれば、動き回っても気づかれずに済む。

印をつけられて鏡の前に立つアジアゾウ。マーク・テストでは動物は、自分の鏡映像と体を関連づけることを求められ、その結果、印を調べることになる。このテストに自発的に合格できる種は数えるほどしかない。

それとは対照的に、アフリカゾウが人間の支配下に置かれることはめったにない。ゾウと人間はそれぞれ別個の暮らしを営んでいるが、大量の象牙の取引によって今やアフリカゾウは危機に瀕し、世界屈指の人気とカリスマ性を誇るこの動物が永遠に失われるかもしれないという嘆かわしい状況に至っている。ゾウのウンヴェルト（環世界）はおもに聴覚と嗅覚から成るため、野生の群れを密猟や人間との衝突から保護するのに必要な方法は、人類のような視覚に頼る種には一目瞭然とはおよそ言い難い。そこで、ゾウの並外れた感覚に的を絞った研究がいくつも行なわれている。ナミビアの乾燥地帯でのある研究では、野生のゾウにＧＰＳ機能付き首輪を装着して追跡した。すると、ゾウははるか彼方の雷雨を察知し、実際に降雨のある何日も前から進路を修正して、雨を目指して進むことがわかった。どうすればそんなことができるのだろう？　ゾウには、人間の可聴域より大幅に低い音波である超低周波不可聴音が聞こえる。コミュニケーションにも使われるその音は、私たちが聞き分けられる音よりもずっと遠くまで伝わる(3)。ゾウには何百キロメートルも離れた場所の雷と降雨が聞こえるなどということが、ありうるだろうか？　ゾウの行動を説明するには、そう考えるしかなさそうだ。

だが、これは単なる知覚の問題ではないか？　とはいえ、認知と知覚は不可分だ。両者は密接に連携している。認知心理学の父ウルリック・ナイサーが述べたとおり、「経験の世界は、経験する人間によって作られる(4)」。故ナイサーと大学の同僚だった私は、彼の最大の関心事が人間以外の生物の頭脳ではなかったことを承知しているが、彼は動物をただの学習機械と見ることを拒んだ。行動主義の取り組み方は、人類のみならず、あらゆる種に不向きだと彼は感じていた。彼がその代わりに重視したのが知覚であり、注意するべき感覚入力とその処理と構成の仕方を選んで知覚を経験に転じる方法だった。現実は、心的構築物なのだ。だからこそ、ゾウ、コウモリ、イルカ、タコ、ホシバナモグラは非常に興味深い。そうした動物は、人間にない感覚や、人間よりもはるかに発達した形態の感覚を持つため、私たちの想像を絶するかたちで自らの環境とかかわる。そして、独自の現実を構築する。その現実は、人間からはあまりにも縁遠いという、ただそれだけの理由で軽視されかねないが、当の動物たちにとってはむろん、なくてはならないものだ。彼らは人間にもおなじみの情報を処理するときでさえ、かなり異なるやり方をする場合がある。ゾウが人間の言語を聞き分けるときがその一例だ。この能力を初めて発揮してみせたのはアフリカゾウだった。

ケニアのアンボセリ国立公園で、イギリスの動物行動学者カレン・マコームは、ゾウが人間の異なる民族集団にどう反応するかを調査した。牛の遊牧を行なうマサイ族は男らしさを誇示するためや、牧草地や水たまりに近づくために、ゾウを槍で突くことがある。ゾウは当然ながら、特徴的な赤土色の衣装をまとって接近してくるマサイ族から逃げるが、歩いてくる他の民族を避けることはしない。[5]ゾウはどうやってマサイ族を認識するのだろう？　マコームはゾウの色覚に注目するのではなく、ゾウの最も鋭敏な感覚かもしれない聴覚について調べた。彼女はマサイ族と、同じ地域に住むがゾウにはほとんど干渉しないカンバ族を対比させた。見えないように設置したスピーカーから、マサイ族かカンバ族の言語で「ほら、見てごらん、あっちだ、ゾウの群れが来る」という一文を言う人間の声を流した。言葉そのものが重要だったとは思えないが、ともかくマコームらは、成人男性、成人女性、少年の声にゾウがどう反応するか比べた。

カンバ族の声ではなくマサイ族の声を再生したときのほうが、群れが後退して「一団」となる（子ゾウの周りに隙間なく円陣を組む）頻度が高かった。マサイ族の男性の声は、マサイ族の女性や少年の声に比べ、より顕著な防御的反応を引き起こした。元の声に音響的改変を加え、男性の声を女性的に、あるいはその逆にしたあとでさえ、結果は同じだった。ゾウたちがとりわけ警戒したのは、マサイ族の男性の声を再合成した音声を聞いたときだった。これは意外だった。その音声は、女性の声並みの高さに変えられていたからだ。ゾウは他の特徴、たとえば女性の声ならば歌うような調子で「呼吸音」がより多く交じるといった点から、性別を見破ったのかもしれない。(6)

経験もひと役買っていた。リーダーであるメスの長老の年齢が高い群れほど、はっきりと違いを識別したからだ。ライオンの咆哮をスピーカーから流した別の研究でも、同じような差異が見られた。マサイ族の声から大急ぎで遠ざかるのとは打って変わって、年齢を重ねた長老格のメスはスピーカー目がけて突進するのだった。(7) ゾウは、槍を持った男たちに群れを成して襲いかかっても勝ち目はなさそうだが、ライオンを追い払うのは得意だ。だが、巨体でありながら、他の危険にもさらされる。ごく小さな動物にも弱い。たとえば刺してくるハチだ。目の周りと鼻の穴は虫刺されに弱く、ことに幼いゾウはハチの大群の襲撃に耐えられるほど皮膚が厚くない。ゾウは人間に対してもハチに対しても低い唸り声を発して警戒を示すが、その二種の声は同じではないと考えられる。録音された音声への反応が、双方でまったく異なるからだ。たとえば、ハチを警戒する唸り声がスピーカーから流れると、ゾウは虫を追い払おうと頭を振りながら逃げていくが、人間を警戒する唸り声に対してそうした反応は見られない。(8)

ようするに、ゾウは害を及ぼしかねない相手を高度な識別法で区別し、人間については言語、年齢、性別に基づいた分類までやってのける。どうやってそれを行なうのかは完全に解明されてはいないものの、ここで紹介したような研究が、地上屈指の謎めいた頭脳のほんの一端にようやく光を当て始めた。

鏡の中のカササギ

鏡の中の自分を認識する能力は絶対的なものと見られがちだ。この分野の草分けであるギャラップによれば、動物は、鏡を使ったマーク・テストに合格して自己を認識する種と、合格できず、自己を認識しない種に分かれるという[9]。合格する種は稀だ。長年にわたって、合格できたのは人類と大型類人猿だけで、しかもそのすべてが合格するわけでもなかった。ゴリラはマーク・テストで落第するのが常で、なぜこの哀れな生き物が自己認識の能力を失ったのかを巡り、さまざまな説が生まれてきた[10]。

ところが、進化科学は白黒をはっきりつけるのをよしとしない。どのような近縁種の集合を選んでも、そのなかに自己を認識する種と、(他に適当な表現が見つからないために、こんな言い方になってしまうが)認識に至らないままの種があるとは考えにくい。どんな動物でも、自分の体を周囲の環境から切り離して行為の主体感(自らの行動を制御しているという認識)を持つ必要がある[11]。あなたが樹上のサルだとしたら、跳び移ろうとしている下方の枝が、自分の体が与える衝撃でどうなるか認識できなければ困るだろう。また、仲間のサルと腕、脚、尾をすべて絡ませて組《く》んず解《ほぐ》れつの格闘ごっこをしながら、間抜けにも自分自身の足や尾をかじってしまうなどというのは、まっぴらご免だろう！　サルはけっしてそんなヘマはせず、そういう取っ組み合いでは相手の足や尾だけをかじる。高度に発達した身体所有感と自他の識別能力を持っているからだ。

実際、行為の主体感について行なわれた数々の実験で、鏡で自己認識できない種が、自分自身の行動と他者による行動を見事に区別できることが実証されている。コンピューター画面の前でテストを受けると、自ら操作棒で操作したカーソルと勝手に動くカーソルを難なく区別できるのだ[12]。行為の主体者としての自己は、動物——あらゆる動物——がとるあらゆる行動に欠かせない。さらに、独自の特殊な自己認識能力を持つ種も存在する。たとえばコウモリとイルカは、自らの発声の反響を、他の個体が発したいくつもの音声のなかから聞き分ける。

認知心理学も絶対的な分別《ぶんべつ》を好まないが、その理由は進化科学の場合とは異なる。ミラー・テストの問題点は、間違った絶対的分別を取り入れたことだった。すでに見たように、人間と他のすべての動物を厳密に分けるのがこの分野の常識だが、そうする代わりに、ギャラップのミラー・テストは境界を少々動かし、いくつかの種を追加した。ヒトを類人猿の仲間とひとまとめにし、ヒト科の動物全体を動物界の他の生き物と一線を画す知的水準に引き上げるやり方は、あまり評判が良くなかった。人類の特別な地位を引き下げたからだ。今日でもなお、人類以外の種に自己認識があるとする主張は狼狽を引き起こし、鏡への反応を巡る議論は激烈なものとなる。そのうえ、多くの専門家が自分の飼育する動物にミラー・テストを実施する必要を感じ、大部分がその結果に失望してきた。そうした議論を通じて私が達した皮肉な結論は、鏡による自己認識を重視するのはテストに合格できる一握りの種を研究する科学者だけで、他の科学者はみな、この現象を鼻であしらっているというものだ。

私は鏡で自己を認識する動物と認識しない動物の両方を研究しており、どの動物も高く評価しているので、身を引き裂かれる思いだ。自発的な自己認識が何らかの意味を持つのは確かだろう。より強い自己同一性の表れかもしれない。自己同一性は、視点取得や対象に合わせた援助にも反映される。そうしたことができるのは、ミラー・テストに合格する動物や、それに合格する年齢（二歳前後）になった人間の子供の顕著な特徴でもある。この年頃の子供はまた、自分についてしじゅう言及せずにはいられない時期にあり、「ママ、わたし（ぼく）を見て！」が口癖だ。このように自他の区別が明確化すると、他者の観点を取り入れ易くなると言われている。[13]それでも、他の種やもっと幼い子供に自己感覚がないなどとは、私には思えない。当然ながら、自己鏡映像と自分の体を結びつけられない動物たちの理解できる内容には、大きな幅がある。たとえば、小型の鳴き鳥やトウギョ属の魚は自己鏡映像をやり過ごすことがけっしてできず、求愛や攻撃をやめようとしない。シジュウカラやルリツグミは、縄張り意識が最も強まる春には、自動車のサイドミラーに対して攻撃的な反応をし、車が走り去るまで敵愾心《てきがいしん》を示し続ける。サルはそんなことはけっしてしないし、他の多くの動物にしても同じだ。もし猫と犬がそんな反応をするならば、私たちは家に鏡を置いておけなくなってしまう。そうした動物たちは自分自身を認識しないかもしれないが、鏡に完全に惑わされることもない。仮に惑わされたとしても、その状態は長くは続かない。自分の鏡映像を無視することを覚えるからだ。

さらに上を行き、鏡の基本を理解する種もある。たとえば、サルは自分を認識しないかもしれないが、鏡を道具として使うことはできる。鏡で角の向こう側を覗かないと見えない場所に餌を隠しても、サルは難なくそれに手を伸ばす。多くの犬も同じことができる。たとえば、犬が鏡の中のあなたを目で追っているとき、その背後であなたがクッキーを掲げると、犬は振り向く。興味深いことに、犬が理解できないのは自分自身の体との関係、鏡の中の自分との関係に限られる。それさえも、アカゲザルは教えられれば理解できるようになる。そのためには身体的な感覚を加えなくてはいけない。鏡の中に見えると同時に、体に感じられる印が必要なのだ。たとえば、皮膚にひりひりと感じられるレーザー光や、頭にぴったりと被せた帽子などだ。このテストは、従来のマーク・テストより、「触感」マーク・テストと呼ぶのがふさわしい。そうした状況下でのみ、サルは自分の鏡映像と自分自身の体を結びつけることを学習できる。(14) これは類人猿が自発的に視覚だけに頼って行なうこととは明らかに異なるが、根底にある認知には共通する部分があることをたしかに示している。

オマキザルは目に見える印を使ったマーク・テストには合格しないが、私たちは別の方法で調べることにした。驚いたことに、それまで誰もその方法を試した者はいなかった。実験の目的は、このサルたちが一般に思われているように、鏡に映る自分の像を本当に「他者」と間違えるのかどうかを確かめることだった。オマキザルの前にプレキシガラス〔透明度が高く、丈夫で加工性に優れたアクリル樹脂の商標名〕のパネルを置き、それを挟んで、同じ群れのサルか、同じ種の見知らぬサルか、鏡と対面させた。彼らにとって鏡が特別であることが、たちまちはっきりした。本物のサルに対したときと自分の鏡映像に対したときとでは、まったく反応が違ったのだ。自分が何を目にしているのかをたちどころに理解し、瞬時に反応した。見知らぬサルには背を向け、相手をほとんど見ようともしなかったが、自分の鏡映像を目にしたときは、自分自身を見るのが嬉しくてたまらないかのようにじっと目を見つめていた。鏡映像を見知らぬサルだと思い違いしているならおどおどした様子を見せると思われたが、そんなそぶりはまったく見られなかった。たとえば母ザルは、鏡の前では子ザルを自由に遊ばせていたが、見知らぬサルの前では子ザルをしっかりと抱きかかえていた。とはいえサルたちはまた、鏡で自分自身を点検することもいっさいなかった。類人猿なら必ずそうするし、ゾウのペプシもそうしたのだが。オマキザルは口を開けて中を覗き込むことはなかった。このようにオマキザルは、自分自身を認識することはできないものの、鏡に映る自分の像と他者を混同することもない。

この結果から、私は漸進説を採るようになった。[15] 鏡映像の理解には、まったく混乱した状態から、鏡映像を完全に理解している状態まで数々の段階がある。こうしたさまざまな段階は人間の幼児にも認められる。幼児はマーク・テストに合格するよりもずっと前から、自己鏡映像に興味を持つ。自己認識は、タマネギのように一層ずつ積み重ねられながら発達していくもので、ある年齢になって突然出現するのではない。[16] こうした理由から、マーク・テストを自己認識のリトマス試験と見るのはやめるべきだ。マーク・テストは意識ある自己を解明するための数多くの方法の一つにすぎないのだ。

とはいえ、何の助けもなしにこのテストに合格する種がほとんどいないというのはやはり興味深い。ヒト科の動物に続いて自発的な自己認識が認められたのは、ゾウとイルカだけだ。ニューヨーク水族館でダイアナ・ライスとローリ・マリーノがバンドウイルカに塗料で丸い印をつけて実験したところ、イルカたちは印をつけられた場所から別の水槽に設置された鏡の所までかなりの距離をわざわざ全速力で泳いでいき、自分の姿をよく見ようとするかのように回転した。イルカは、目に見える

印がないときに比べて印がついているときのほうが、鏡の近くで自分の体を点検する時間が長かった。(17)

マーク・テストは鳥類に対しても当然試された。これまでほとんどの種がこのテストに合格できずにいるが、一種だけ例外がいる。カササギだ。カササギは反射面の前に置くと面白い種だ。私は子供の頃、ティースプーンのような小さくてキラキラしたものを人のいない戸外に置きっ放しにしてはいけないと教えられた。この騒々しい鳥が、嘴でくわえられるものなら何でも盗んでしまうからだ。この言い伝えはロッシーニのオペラ「泥棒かささぎ」が生まれるきっかけとなった。今日ではこうした見方は、もっと生態環境に配慮したものに取って代わられており、カササギは罪のないヒバリやスズメなどの巣を荒らす残忍な強盗だと見なされている。いずれにしても、カササギが白黒二色の衣装をまとったギャングだと思われていることに変わりはない。

だが、これまでカササギを馬鹿者呼ばわりした者はいない。この鳥はカラス科に属しており、カラス科の鳥は認知に関する類人猿の優位性を脅かし始めている。ドイツの心理学者ヘルムート・プライアーは、カササギにミラー・テストを行なった。このテストは、類人猿や人間の子供に対して行なわれたどのテストと比べても、少なくとも見劣りしないほどきちんと制御されたものだった。カササギの黒いビブ(喉の羽)に、よく目立つが鏡の助けがないと見えない、黄色の小さなステッカーを印として貼る。カササギは訓練されておらず、この点が、鏡の研究の信頼性を損なおうとして、ずっと以前の研究で使われた高度な訓練を受けたハトとの大きな違いだ。鏡の前に置かれると、カササギはステッカーを取ろうとして、剝がれるまで脚で引っ掻き続けた。自分の姿が映る鏡がないときは、けっしてそんなふうに必死になって引っ掻き続けることはなく、「ニセの印」である黒いステッカーを喉の黒い羽の上に貼られていたときには気にもかけなかった。この結果から、自己認識ができるエリート集団は、今や羽毛の生えた最初のメンバーを仲間に迎えるまでに拡大したわけだ。今後さらにあとに続く者が出てくるかもしれない[18]。

次なるフロンティアは、人間が化粧や髪の手入れやイヤリングなどで自分を飾るように、動物が自己鏡映像を見て、身を飾ると言えるほどに自分のことを気にかけるかどうかという点だろう。鏡は虚栄心をそそるだろうか？　人間以外の種が、もし可能だとしたら自撮りをするようになるだろうか？　この可能性を最初に示唆したのは、一九七〇年代にドイツのオスナブリュック動物園で観察されたスマというメスのオランウータンの振る舞いだ。ユルゲン・レットマットとゲルティ・デュッカーは、スマの自己陶酔したような様子を次のように記している。

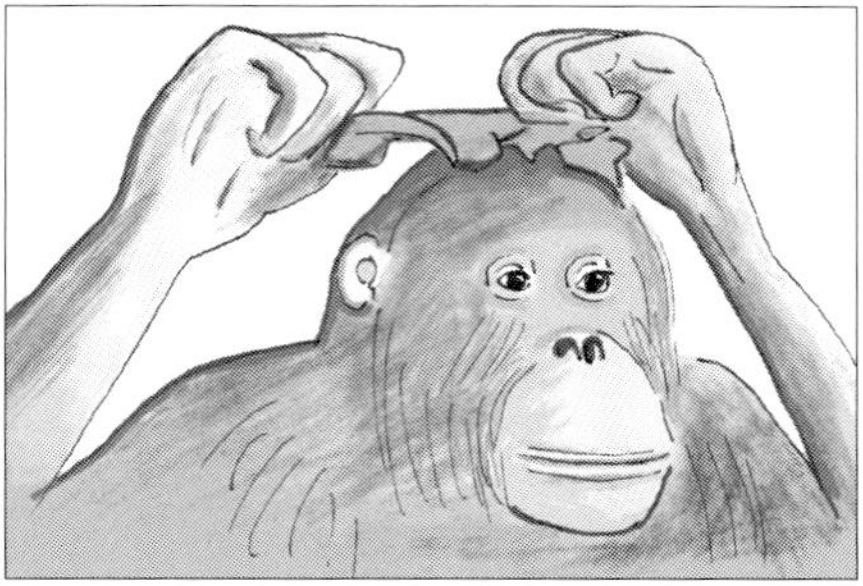
ドイツの動物園にいたオランウータンのスマは、鏡の前でお洒落をするのが大好きだった。これはレタスの葉を帽子のように頭に載せているところ。

> 彼女はレタスやキャベツの葉を集めると、一枚ずつ振ってから積み重ねた。やがて一枚の葉を自分の頭に載せ、そのまま鏡の所まで一直線に進んだ。鏡の真正面に座ると、鏡に映る「被り物」をじっと見つめ、手で軽く触れて真っ直ぐにし、拳で押し潰した。そして葉を額に持ってくると、

体を上下にひょこひょこ動かし始めた。その後、スマはレタスの葉を手にして格子の所［鏡の置いてある場所］にやって来て、鏡に映る自分の姿が見えると、また頭に載せた。[19]

軟体動物の知力

生物学を学ぶ学生だった頃、私が愛読した教科書は『背骨のない動物たち（*Animals Without Backbones*）』だった。現在の私の関心事からすると意外な選択だと思われるかもしれないが、それまでに聞いたこともなければ、ほとんど想像もできなかったほど珍しい生き物のすべてが私には衝撃的だった。なかにはあまりにも小さく、顕微鏡でなければ見えない者もいた。この本は、原生動物や海綿動物から蠕《ぜん》虫《ちゅう》［蠕動によって移動する虫］、軟体動物、昆虫に至るまで、合わせると動物界の九七パーセントを占める無脊椎動物のすべてについて詳細に述べていた。[20] 認知の研究はもっぱら脊椎動物のごく一部にのみ注目しているが、脊椎動物以外の生物が、動いたり、食べたり、つがったり、闘ったり、協力し合ったりしないわけではない。たしかに無脊椎動物のなかには他よりも複雑な振る舞いをする者がいるが、自分の環境に注意を払い、そこで生じた問題を解決しなくてはならないのはみな同じだ。こうした動物のほとんど全部が生殖器と消化管を備えているが、それと同様に、ある程度の認知能力も備えていなくては生き延びることはできない。

無脊椎動物の仲間で最も頭が良いのはタコだ。軟らかい体をした頭足《とうそく》類で、「頭から足の生えた」とは何ともこの動物にぴったりの名前だ。タコのぐにゃぐにゃした体は、直接八本の腕とつながっている頭部と、その後方に位置する胴部（外套膜《がいとうまく》）で構成されているからだ。頭足類は、陸地で脊椎動物が活動し始めるよりずっと以前に現れた古い綱《こう》だが、タコが属するグループは比較的新しく枝分かれしたものだ。人間とタコは解剖学的にも知性の面でも、ほとんど共通点などないように思える。だが、子供には蓋が開けられないようにしてある薬瓶をタコが開けたとの報告がある。瓶を開けるためには、蓋を押し下げると同時に回さなくてはならないので、それには技能も知能も粘り強さも必要だ。いくつかの公共の水族館では、タコの知能を披露するために、ねじ蓋式のガラス瓶の中にタコを閉じ込めてみせる。脱出芸で有名なマジシャン、かのフーディーニさながらに、タコが内側から吸盤で蓋に吸いつき、回して外して逃げ出すのに一分もかからない。

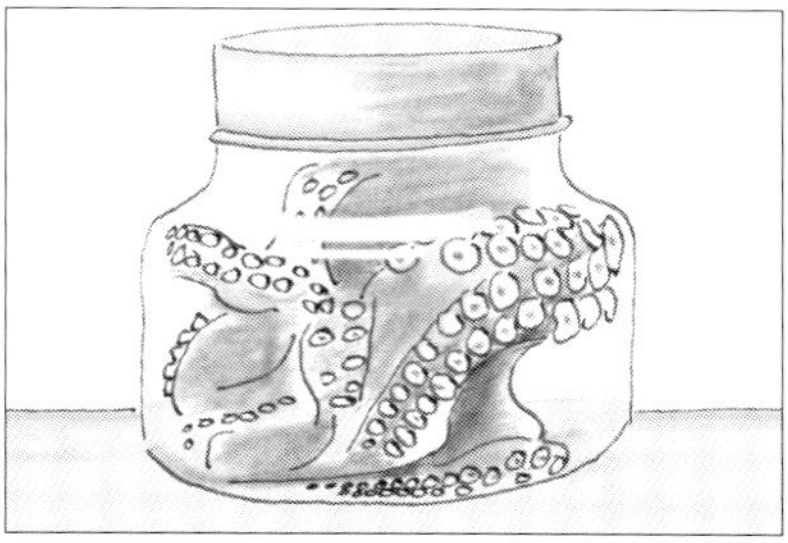
タコは驚異的な神経系を持っており、それを駆使して、ねじ蓋式のガラス瓶からいかにして逃げ出すかといった難問を解決する。

だが、生きたザリガニの入った透明な瓶を前にしたタコは手も足も出なかった。これには研究者たちもおおいに困惑した。ご馳走ははっきりと見えていて、動き回っていたからだ。タコには外側から瓶の蓋を開けるのは難しいのだろうか？　この一件は、よくある人間の判断ミスだということが判明した。タコはりっぱな目を持っているにもかかわらず、獲物を捕まえる際にはほとんど視覚に頼らない。おもに触覚と化学的な情報を使うので、こうした手掛かりがないと獲物を認識できないのだ。瓶の外側にニシンの「粘液」を擦りつけて魚の味がするようにしたところ、タコは即座に行動に移り、瓶を巧みに扱って蓋を外しにかかり、まんまと成功した。そして、たちどころにザリガニを取り出して食べてしまった。その後さらに技術を磨き、このプロセスを当たり前にこなすようになった。[21]

飼育下のタコは人間に対して、おもわず擬人化せずにはいられないような反応を見せる。あるタコは生の鶏卵が大好物だった。毎日生卵を一個もらうと、割って中身を吸い出していた。だがある日、このタコに腐った卵が誤って与えられた。それに気づいたタコは、悪臭を放つ卵の中身の残りを、卵を与えた人に向かって水槽のへり越しに吐き出して唖然とさせた。[22] タコが人間を見分ける能力に長けていることを考えると、彼らはおそらくこうした出会いを覚えているのだろう。認識テストで、タコに二人の違う人間を会わせた。一人は一貫して餌を与えたのに対して、もう一人は棒の先についた剛毛で軽くタコをつついた。最初のうちタコには二人の区別がつかなかったが、数日たつと、二人とも同一の青いオーバーオールを着ていたにもかかわらず見分けられるようになった。タコは大嫌いな人を目にすると隅のほうに身を縮め、漏斗《ろうと》〔タコの排泄器官。墨や水、糞などを出す〕から水を噴射し、目元を横切るように濃い色の線を浮かび上がらせた。この色の変化は恐れや苛立ちと結びついている。その一方、好ましい人物には近寄っていき、相手をびしょ濡れにしようなどと企むこともなかった。[23]

タコの脳はすべての無脊椎動物のなかで最も大きく複雑だが、タコが並外れた技能を持つ理由は他にありそうだ。この動物はじつに型破りな考え方をする。一匹のタコには二〇〇〇個近い吸盤があり、その一つひとつに、五〇万個のニューロンから成る神経節が備わっている。脳の六五〇〇万個のニューロンにこれらを合計したものを加えると、その数は厖大になる。さらに、タコは腕に沿って連鎖状の神経節を持つ。脳はこれらの「小さな脳」のすべてとつながっており、「小さな脳」どうしも連結している。頭足類の神経系は、私たちの種におけるような単一の指令センターではなく、むしろインターネットに近い。広範囲で局所制御が行なわれているのだ。腕を切断しても、その腕は自力で這い回り、食べ物をつかみ上げさえする。また、エビや小さいカニを、まるでベルトコンベヤーで運ぶように口に向かって吸盤から吸盤へと渡していくこともできる。タコが自己防衛のために皮膚の色を変える場合、決定を下すのは指令センターだが、頭足類の皮膚は光を感知するようなので、皮膚自体もかかわっているかもしれない。まったく信じられないような話だ。視覚を備えた皮膚と、それぞれ独自に考える八本の腕を持つ生き物がいるとは！(24)

この認識はいささか大げさな主張へとつながった。タコは最も知能が高い海洋生物で、鋭い知覚の持ち主なので、人間が食用にするべきではないというのだ。とはいえ、タコよりもはるかに大きな脳を持っているイルカとシャチを見落としてはいけない。たとえタコが無脊椎動物のなかでは際立っているとしても、タコによる道具の使用はかなり限られているし、鏡に対する戸惑いの反応は、小型の鳴き鳥の反応と大差ない。タコが大部分の魚よりも賢いかどうかは相変わらず不明だが、そのような比較にはほとんど何の意味もないことを取り急ぎ付け加えたい。認知の研究を、優劣をつける競争に変えるのはやめて、無意味な比較は避けるべきだ。タコはその知覚と、分散化した神経系を含めた解剖学的構造のおかげで、比類のない生き物なのだから。

もし唯一無二という語に最上級をつけていいとしたら、タコはすべてのなかで最も唯一無二の種と言えるかもしれない。構造的に似た体制〔生物体の構造上の基本的な形式〕と脳を持つ陸上脊椎動物の長大な系統から派生した人間とは違い、タコはどんなグループとも比較しようのない種だ。

タコは奇妙なライフサイクルを送る。ほとんどは一、二年の寿命しかない。これほどの知能を備えた動物にしては珍しい。捕食者を避けつつ短期間で成長し、相手を見つけて生殖行為を終えると、あとは死ぬだけだ。食べるのをやめてしまい、体重が減って老化が進む。[25] この段階について、アリストテレスはこう述べている。「新たな命を生むと……［彼らは］愚か者と化し、波に揉まれていることに気づかないので、飛び込んで容易に手づかみにできる」[26]

この短命で孤独な生き物は、社会的組織と呼べるようなものを持たない。タコの生態を考えると、互いに注意を払わなくてはならない理由はない——競争や生殖行為の相手、捕食者や被食者としてを除いては。間違っても、彼らはお互い、友でも相棒でもない。彼らが、魚類を含む多くの脊椎動物がするように、他者から学んだり、習慣となっている行動を広めたりしている証拠はない。社会的な絆と協力行動の欠如、そして共食いの習性のせいで、頭足類は私たちとはまったく異質な存在となっている。

彼らにとって最大の心配事は捕食だ。なぜなら、自分たちの種はさておいても、周囲にいるほぼすべて、つまり海洋哺乳類、潜水鳥類、サメその他の魚類から人間に至るまで、あらゆる生物に食べられてしまうからだ。だがタコも大きくなると、自らが恐るべき捕食者になる——シアトル水族館でたまたま発覚したように。サメがたくさん泳ぐ水槽の中のミズダコの身を案じた飼育員たちは、このタコがうまく隠れて難を逃れるようにと願っていた。だがそのうちに、ツノザメ（小型のサメ）が一匹また一匹と水槽から消えていくことに気づき、じつはタコが形勢を逆転させていたことがわかって肝を潰した。タコはまた、遊ぶのを好む唯一の無脊椎動物かもしれない。断定を避けたのは、いわゆる「遊び行動」を定義するのがほぼ不可能だからだが、タコは目新しい物を単にいじったり調べたりする以上のことをするように見える。カナダの生物学者ジェニファー・マザーがタコに新しいおもちゃを与えると、まず吟味し（「これは何だ？」）、活発な動きを繰り返し、いじくり回す（「これで何ができるだろう？」）ことがわかった。たとえば、浮いているプラスティックボトルに向かって漏斗で水を噴射し、水槽の片側から反対側へと移動させる。また、濾過《ろか》装置の水流を利用してプラスティックボトルが自分の方に戻ってくるように仕向けることもあり、その様子はまるでボールをバウンドさせているように見える。明確な目的を何も果たさずに何度も繰り返されるこうした動作は、遊びを示唆しているのではないかと考えられている。(27)

タコは計り知れないほど大きな捕食圧〔捕食者による捕食が生物群に対して及ぼす作用〕の下で生きており、その捕食圧に関連しているのが彼らのカムフラージュの能力だ。それは彼らの最も驚くべき特殊能力かもしれず、研究者にとっては汲み尽くすことのできない「魔法の泉」を提供してくれる。タコはカメレオンも顔負けなほど素早くその色を変化させる。マサチューセッツ州ウッズホールの海洋生物学研究所の科学者ロジャー・ハンロンは、水中で活動しているタコの珍しい映像を集めている。一例を挙げよう。最初は岩の上にあるただの藻の茂みにしか見えないが、その中には周りと見分けがつかない大きなタコが隠れている。近づくダイバーに驚くと、タコはほとんど真っ白に変わり、藻の茂みの半分ほどがタコだったことがわかる。タコは墨を黒い煙のように吐きながら大急ぎで逃げていく。墨を吐くのは第二の防衛反応だ。それからタコは海底に着地すると、腕を全部広げながら間の表皮を伸ばして体をテントのようにし、自分を巨大に見せる。このぎょっとさせるような膨張が第三の防衛反応だ。

このビデオテープを逆回しでゆっくり再生すると、最初のカムフラージュがいかに見事なものだったかよくわかる。その大きなタコは姿形も色彩も、自らをまさに藻に覆われた岩そのものに見せていた。タコはそれを厖大な数の色素胞（皮膚内部にある、色素の入った嚢《のう》で、神経によって制御される）を周囲の色に合わせることで行なった。とはいえ環境を完璧に模倣したのではなく（それは不可能だ）、私たちの視覚系を騙せる程度にやってのけたにすぎない。いや、おそらくそれ以上のことをしたのだろう。人間以外の種の視覚系も考慮に入れているのだから。人間には偏光〔分布ベクトルが一様ではなく、特定方向に偏っている光〕や紫外線は見えないし、十分な夜間視力も備わっていない。ところがタコのカムフラージュはこうした視覚能力をすべて騙さなければならない。タコはそうするために、待機モードとして用意されている限られた数のパターンを利用する。これらの「青写真」パターンの一つを起動させれば、一瞬のうちにうまく背景に溶け込むことができる。その結果、視覚に錯覚を起こさせるのだが、その錯覚は何百回もタコの命を救えるほど真に迫っている。(28)

タコは岩や水中植物のように、無生物や動きの少ない生き物を模倣することもある。そしてそのまま非常にゆっくりと動くので、人が見たらまったく動いていないと言いきれるほどだ。タコがそうするのは、隠れるものが何もなく、ほんの少し動いただけで自分の存在を露呈してしまうような場所を通過しなければならないときだ。水中植物を模倣するとき、枝に見えるようにタコは体の上で腕を何本か揺らめかせながら、残りの三、四本の腕でそろりそろりと移動する。水の動きに合わせて限りなく小さな歩を進める。海が荒れていると水中植物は前後に大きく揺れるので、擬態をしているタコも同じリズムで揺れながら進み易くなる。ところが波のない日は動く物が何もないので、タコは特別に慎重でなければならない。波のある日には二〇秒で通過できる海底の広がりに、二〇分かかるかもしれない。タコはまるでその場に根が生えたかのように振る舞う。じっくり眺めて実際にはじりじりと前進していることに気づく捕食者などいないはずだと見込んでいるのだ。(29)

カムフラージュが最もうまいのは、インドネシアの海岸沖で見つかるミミックオクトパスで、このタコは他の種を真似る。たとえば、カレイのように振る舞う。カレイの外形と色ばかりか、海底近くを身を波打たせて泳ぐ特徴的な泳ぎ方まで模倣するのだ。ミミックオクトパスの擬態のレパートリーには、ミノカサゴ、ウミヘビ、クラゲなど十数種類ものその海域の海洋生物が含まれる。

こうした驚くほど多様な擬態を、タコがどのように成し遂げているのかはよくわかっていない。なかには自動的にできるものもあるのかもしれないが、他の生き物を観察し、その習性を取り入れることに基づく学習もあるようだ。霊長類である私たちには、こうした非凡な能力は理解し難いし、それを認知能力と呼ぶのはためらわれるかもしれない。私たちは無脊椎動物を、生まれつきの行動によって解決策にたどり着く本能的な機械と考えがちだ。だが、この位置付けは今や崩れてしまった。タコの近縁種であるイカの目くらまし戦法などの、目覚ましい観察結果があまりにも多くあるからだ。

メスのイカに求愛しているオスのイカはライバルのオスを騙して、案ずることがないと思い込ませるときがある。求愛中のオスはライバルに面する側の自分の体の色をメスと同じ色に変える。そうすれば、ライバルはメスを目にしているのだと信じ込む。だが当のオスは、メスに面している側の自分の色は元のままに保って、メスの気を引き続ける。こうしてそのオスはメスにこっそりと求愛する。この両面の色を使い分ける策略は「両性シグナリング(dual-gender signaling)」と言い、軟体動物ではなく霊長類が持っていると考えてもおかしくない水準の戦術的技能を窺わせる。(30) ハンロンが「頭足動物の実態は小説より奇なり」だと言うのももっともだ。

無脊椎動物はおそらく進化認知学を研究する人にこれからも難題を示し続けるだろう。無脊椎動物は脊椎動物とは解剖学的にはかなり異なっているのに、同じ多くの生存の問題に直面しているので、認知面での収斂進化が数多く起こってきた。たとえば節足動物のなかにはハエトリグモという生き物がいて、他のクモに、巣に引っかかってもがいている虫がいると思わせる策略を使うことで知られている。巣の主がその虫を殺そうと急いでやって来ると逆に、引っかかった虫を装ったハエトリグモの餌食にされてしまう。ハエトリグモは生まれつき巣にかかった虫の演じ方を知っているのではなく、試行錯誤の末にそれを学習するようだ。彼らはどんな振動を起こせば巣の持ち主を最もうまく誘《おび》き寄せられるか注意しながら、触肢《しょくし》と歩脚《ほきゃく》を使って他のクモの巣を揺らしたり震わせたりする。じつにさまざまなやり方をやみくもに試してみる。とくに効果的な振動がその後の機会に繰り返される。この戦術のおかげで、どんなクモを餌食にするときにも、その種に合うように物真似に微調整を加えることができる。だから、クモ学者はクモの認知について語り始めたのだ。(31)

おおいにけっこうではないか！

郷に入っては

意外にも、チンパンジーは体制順応主義者であることがわかった。自分自身の利益のために他者の真似をするのと、他の誰もと同じように行動したいと望むのとはまったく違う。他の全員と同じように行動したいと思うのは人間の文化の基盤だ。チンパンジーにもこの傾向があることを発見したのは、ヴィクトリア・ホーナーがチンパンジーの二つの別々の群れにある装置を提示したときだった。その装置からは、ふた通りの方法で食べ物を取り出すことができた。チンパンジーが穴に棒を差し込むとブドウが一粒出てくるし、その棒でレバーを押し上げてもブドウが転がり出てくる。彼らはお手本からそのやり方を学んだ。お手本とは、前もって訓練されていた、群れの仲間だ。一方の群れは押し上げる方法を、もう一方の群れは差し込む方法を目にした。同じ装置を二つの群れの間で行ったり来たりさせて使ったのに、最初の群れは押し上げる方法を、そして二番目の群れは差し込む方法を身につけた。ヴィッキー（ヴィクトリア）は、「押上げ型」と「差し込み型」という、二つの別個の文化を作り上げたのだ。[32]

ただし例外があった。方法を二つとも発見する者や、お手本役がやって見せたのとは違う方法を使う者も数頭いたのだ。ところが二か月後にそのチンパンジーたちをもう一度テストしてみたら、ほとんど例外がなくなっていた。まるですべてのチンパンジーが群れの規範を選び、「自分で何を突き止めたとしても、他のみんながするようにせよ」という規則に従っていたかのようだった。仲間の圧力もまったく見られなかったし、二つの方法の優劣もとくにないようだったので、私たちはこの画一性を「体制順応バイアス」のせいだと考えた。そのようなバイアスは明らかに、帰属意識に導かれた模倣についての私の考えにも、私たちが人間の行動について知っていることにも一致する。私たち自身の種の成員は、大多数の意見と一致しないなら自分の信じていることを捨ててしまえるほどの、究極の体制順応主義者だ。私たちが他者の影響を受け容れる度合いは、チンパンジーに見られる順応の度合いをはるかに凌いでいるが、同じ種類のものではあるようだ。だから「体制順応主義者」というレッテルが定着したのだ。[33]

体制順応主義は霊長類の文化にしだいに適用されつつあり、スーザン・ペリーによるオマキザルのフィールドワークもその一例だ。ペリーのサルたちは、コスタリカのジャングルで見つかるルエーへアという果物から種を振るい落とすのだが、それにはふた通りのやり方があり、どちらも同じぐらい効率的だ。彼らはその果物を繰り返し強打することもできるし、木の枝に擦りつけることもできる。オマキザルは私の知るかぎり最も精力的で熱心な採集者で、ほとんどの大人はどちらか一つの方法だけ使えるようになるが、両方使える者はいない。ペリーの研究では母親の好む方法を受け継いだ娘たちに「体制順応主義」が見られたが、息子たちには見られなかった。[34] 小枝でシロアリを釣り出す方法を学ぶ幼いチンパンジーにもこの性差があることが知られている。お手本との同一化に駆り立てられて社会的な学習が行なわれるのだとすると、性差があるのも納得できる。母親は娘のお手本の役割を果たすが、息子にとっては必ずしもお手本になるとはかぎらない。[35]

体制順応主義をフィールドで実証するのは難しい。ある個体が別の個体と同じように行動する理由は、体制順応主義以外に遺伝的なものや生態学的なものなどあまりに多く存在するからだ。こうした問題の解決法が、アメリカ北東部のメイン湾で行なわれたザトウクジラについての大掛かりな研究で示された。いっしょに泡を吹き、魚を囲い込むザトウクジラの通常の魚捕獲法（バブル・フィーディング）に加え、あるオスのクジラが新しい捕獲法を発明した。その捕獲法が初めて見られたのは一九八〇年で、このクジラは尾びれで海面を強く打って大きな音を立て、魚たちをより密集させていた。海面に尾びれを打ちつけるこの方法は、やがて仲間たちにも徐々に広まっていった。四半世紀かけて、研究者たちは個別に認識していた六〇〇頭のクジラにどのようにその捕獲法が広まっていくのかを念入りに調べた。すると、その捕獲法を使っていたクジラたちと接触があったクジラたちが自らもそれを用いるようになるらしいことがわかった。血縁関係は要因にはなりえなかった。クジラの母親が尾びれ打ち捕獲法を使っていたかどうかはほとんど関係なかったからだ。けっきょくすべては、魚の捕獲中にどのクジラに出くわしたかで決まった。大型の動物であるクジラは実験には不向きなので、習慣は遺伝的にではなく社会的に広まるということを証明しようとしても、これがせいぜいかもしれない。(36)

野生の霊長類に関する実験も稀だが、それには他のさまざまな理由がある。第一に、霊長類は見慣れぬ物を嫌う。無理もない。密猟者が仕掛けた罠も含め、人間が作った奇妙な仕掛けにやたらに近づく危険を想像してほしい。第二に、フィールドワーカーは一般に自分たちが調査している動物を人工的な状況にさらしたがらない。動物たちの日常をできるだけ妨害せずに研究するのが彼らの目標だからだ。第三に、フィールドワーカーは誰をどれだけの時間にわたって実験に参加させるのかを制御できないので、飼育下の動物によく使われる種類のテストが使えないからだ。

そのため、オランダ人の霊長類学者エリカ・ファン・ドゥ・ヴァール（私とは縁戚関係なし）が行なった、野生のサルの体制順応主義についての見事な実験は称讃に値する。(37)文化研究の強力な推進者であるアンドリュー・ホイッテンと協力して、ファン・ドゥ・ヴァールは南アフリカ共和国の猟鳥獣保護区域のサバンナモンキーに、トウモロコシの粒が詰まった蓋のないプラスティックの箱を与えた。顔が黒く、小型で、灰色がかった毛色のサバンナモンキーはトウモロコシが大好物だが、そこには仕掛けがあった。ファン・ドゥ・ヴァールらはトウモロコシに手を加えていたのだ。箱は常に二つあり、一方には青、もう一方にはピンクのトウモロコシが入れてあった。一方は美味しく食べられたが、もう一方はアロエを少し交ぜてまずくしてあった。どちらの色のトウモロコシが美味しいか、まずいかによって、青いトウモロコシを食べることを学習した群れもいれば、ピンクのほうを食べることを学習した群れもいた。

こうした好みの違いは連合学習で容易に説明がつく。だがその後、ファン・ドゥ・ヴァールらはまずかったトウモロコシを取り除くと、子供が生まれるのを待ち、新しいオスが近隣から移住してくるのを待った。彼らはいくつかの群れに申し分なく美味しい両方の色のトウモロコシを与え、観察した。だが、大人たちはみな身についた好みに頑固に執着し、もう一方の色のトウモロコシが美味しくなっていることに気づかなかった。そして、新しく生まれた二七頭のうち二六頭がその群れの好みのトウモロコシだけしか食べないことを学習した。母親と同じように別の色のほうは触りさえしなかった。好みの色のもの同様美味しく、何の障害もなく手に入れられるというのに。勝手に試す行為は明らかに抑制されていた。子供たちは拒絶されたトウモロコシの入った箱に座りながら、好みのトウモロコシを嬉しそうに食べることさえあった。唯一の例外は一頭の幼い子供で、その母親は社会的な地位が非常に低く、あまりにも空腹だったため、この禁断の食べ物をときどき食べていたのだ。このように、新しく生まれた子供たちは全員、母親の餌の食べ方を真似した。移住してきたオスたちもまた、たとえ反対の好みの群れからやって来ていても、けっきょくは新しい群れの餌の食べ方を取り入れるようになった。彼らが好みを変化させたことからは、体制順応主義の影響が強く示唆される。これらのオスはもう一方の色が完全に食用に適することを経験から知っていたからだ。彼らはただ、「郷に入《い》っては……」の格言に従ったのだった。

これまで挙げた研究は模倣と体制順応主義の強大な力をはっきりと立証している。模倣と体制順応主義は動物がときおり些細な理由から耽《ふけ》るただの無節操な行為（言いたくはないが、動物の習慣はときとして、そのように嘲られてきた）ではなく、多大な生存価を持つ、広く行き渡った営みなのだ。何を食べ、何を避けるかについて母親のお手本に従う幼児は、何でも自ら突き止めようとする子供よりも生存の可能性が明らかに大きい。動物には体制順応主義があるという考え方は、社会的な行動についてもしだいに支持されることが増えている。ある実験では、人間の子供とチンパンジーの両方の気前の良さをテストした。代償を払わずに済むときに、自分の種の成員のために恩恵を施す気があるかを確認するのが目的だった。両者とも現に恩恵を施した。また彼ら自身も他者から——実験の相棒だけではなく他者であれば誰からであっても——気前の良い行為を受けていた場合、やる気は増した。親切な行為は伝染するのだろうか？　愛する人は愛される、と言うではないか。あるいは、この実験を行なった研究者たちがそっけなく言ってのけたように、霊長類は自分の属する個体群の中で最も頻繁に認められる反応を採用する傾向があるということなのだろうか[38]？

私たちがアカゲザルとベニガオザルという二種類のマカクを混合して行なった実験からも同じ結論が下せる。両方のサルの幼い子供を昼も夜もいっしょに五か月間生活させた。これらのマカクは驚くほど気性が異なる。アカゲザルは喧嘩好きで、なかなか懐柔できないが、ベニガオザルはのんびりしていて温和だ。私はときどき冗談に彼らをマカク界のニューヨーカーとカリフォルニア人と呼ぶ。長期に及ぶ共同生活のあと、アカゲザルは寛大なベニガオザルと同程度まで、仲良くする技能を発達させた。ベニガオザルから引き離されてからでさえ、アカゲザルは喧嘩のあと、典型的なアカゲザルの四倍近く頻繁に仲直り行動を示した。気質が改善されて生まれ変わったこれらのアカゲザルは、体制順応主義の威力の証だった。[39]

社会的学習（他者からの学習）についてとくに興味をそそられるのは、報酬が最重要ではない点だ。個別学習は、ラットが小さな餌の塊を手に入れるためにレバーを押すのを学ぶときのように、即座に得られる報酬によって促進されるが、社会的学習は違う。体制順応主義はときには報酬を減じることさえある。何と言おうと、先ほどのサバンナモンキーたちは手に入れられるトウモロコシの半分を取りそこねてしまったのだ。かつて私たちが行なった実験では、オマキザルが、お手本のサルが三つの異なる色の箱のうちの一つを開けるのを眺めた。箱は食べ物が入っていることもあるが、空のときもあった。だが、それは関係なかった。オマキザルたちは報酬が入っているかどうかにかかわらず、お手本のサルの選択を真似したのだ。[40]

利益が実行者ではなく、誰か他の者に行くような社会的学習の実例さえ存在する。タンザニアのマハレ山塊で私がいつも見かけたのは、一頭のチンパンジーが別の一頭に近づいて、相手の背中を爪で勢い良く掻き、そのあとおもむろにグルーミングに取りかかるという光景だった。グルーミングの合間にまた掻くこともあった。この行為はかなり以前から知られているが、これまでのところ、ことこともう一か所のフィールド研究の現場でしか報告されていない。局地的に学習が行なわれている慣習だが、この行為には一つ難点がある。自分自身を掻くとき、それはたいてい痒《かゆ》いからで、掻けばすぐに効果がある。ところが社会的な目的で掻く行為では掻く側は気持ち良くはない——掻かれる側が気持ち良く感じるのだ。[41]

霊長類は、ちょうどチンパンジーの子供が石で木の実を割ることを学ぶときのように、実際に見返りのある習慣を他者から学ぶことがある。だがその場合でさえ、見かけほど事は単純ではない。木の実を割る母親のすぐそばにいても、幼いチンパンジーは不器用そのものだ。木の実を石の上に載せ、石を木の実の上に載せ、そのまま全部いっしょくたに押す。それを何度も繰り返すだけだ。このような遊び半分の行動からは何も得られない。子供たちは木の実を手で叩いたり、足で強く踏みつけたりもするが、割ることはできない。アブラヤシの実やパンダナッツは硬過ぎて素手や足では割れない。三年ばかり空しい努力を続けたのちにやっと幼いチンパンジーたちは、二個の石を使って初めて木の実を割って中身を出せるだけの筋肉運動の協調と力の強さを身につけるが、それでも六、七歳にならなければ、大人の技能水準には達しない。[42]何年続けても全然うまく割れないので、食べ物は誘因にはなっていないようだ。それどころか、指を叩いてしまうというような嫌な結果すら経験するだろう。それでも幼いチンパンジーたちは、年長者たちの見事な手並みに触発され、喜々としてやり続ける。

見返りがさほど重要でないことは、利益の得られない習慣からも明らかだ。人間には、野球帽を後ろ前に被ったり、ズボンを歩きにくいほどずり下げてはいたりするといった流行がある。だが他の霊長類にも、役に立ちそうもない流行や習慣が見られる。その良い例は、昔、ウィスコンシン国立霊長類研究センターで私が観察していたアカゲザルの群れの中のNファミリーだ。この母系一族は、高齢の女家長ノーズに率いられ、その子供にはすべて、ナッツ、ヌードル、ナプキン、ニーナなど、Nで始まる名前がつけられていた。ノーズは、水盤に腕全体を浸して、それから腕の毛や手を舐めるという変わった手順の水の飲み方を考案した。面白いことに、彼女の子供たちも、のちには孫たちもすべて、まったく同じやり方を採用した。群れの中の他のサルでも、私の知っている他のサルでも、こんな水の飲み方は見たことがなかったし、それに何の利点もなかった。Nファミリーが他のサルたちの手に入らないものを得られていたわけではない。

あるいは、美味しい食べ物を食べながら発する興奮した唸り声のような、チンパンジーたちがときどき編み出す仲間うちの鳴き声を取り上げてみよう。こうした唸り声は群れによって違うだけでなく、たとえばリンゴを食べているときにだけ聞かれる特別の唸り声のように、食べ物の種類によっても違う。イギリスのエディンバラ動物園で、あるオランダの動物園から来たチンパンジーたちを元からいるチンパンジーたちといっしょにしたとき、移籍組が群れに社会的に統合されるまでに三年かかった。最初、新入りたちはリンゴを食べる最中に違う唸り声を発していたが、それが最後には元からいた者たちと同じ唸り声に変わった。彼らは自分たちの鳴き声を元からの住民たちと似た鳴き声になるように調整していった。マスコミは、オランダのチンパンジーがスコットランド語を話すことを学んだと、この発見をおおいに書き立てたが、むしろ訛《なま》りを身につけたと言うべきだろう。チンパンジーは発声の面でとくに柔軟性に富んでいるわけではないのだが、違う背景を持つ個体どうしの絆作りは最終的に体制順応主義を招いたのだった。(43)

明らかに社会的学習は、報酬を得ることよりも、周囲に溶け込んで他者と同じように振る舞うことを目指している。このため私は、動物の文化に関する拙著の題名を『サルとすし職人』にした。私がこの題名を選んだのは、一つには私たちに動物の文化という概念を教えてくれた今西と日本の研究者たちの栄誉を讃えるためだが、すし職人の見習いがどのようにして仕事を身につけるかという話を聞いたためでもある。熟練職人がすし飯を適度な固さに握り、ネタをきれいに切り、日本料理ならではの目にも鮮やかな盛りつけをする陰で、見習いは黙々と雑用をこなす。ご飯を炊き、酢を混ぜ、団扇《うちわ》で煽《あお》いで冷ましたものを手で握って成形することに挑戦したことのある者になら、それがどれほど複雑な技能なのかわかるし、しかもそれはすし職人の仕事のごく一部でしかない。見習いはもっぱら観察することを通して学ぶ。皿を洗い、床を掃除し、客にお辞儀をし、材料を取ってくる合間に、いっさい質問することなく、熟練職人の行動の一つひとつを目の端で追う。三年の間、店の客に供するすしを握ることを許されず、彼はひたすら見守る。提示するだけで実践はさせないという究極の例だ。彼はすしを握ってみろと言われる日を待っている。その最初のすしを彼は見事な手際で握るだろう。

すし職人の修業の実態がどのようなものであれ、肝心なのは、熟練したお手本を繰り返し観察すれば、見る者の頭には一連の動作がしっかりと焼きつけられ、同じ作業を実行する必要が（ときにはずっとあとになってから）生じたときに、それが役に立つということだ。西アフリカでチンパンジーの木の実割りを研究した松沢哲郎は、社会的学習は見習いが職人をもっぱら見て真似るような師弟関係が基本だと考えている。同じように私も「絆作りと同一化に基づく観察学習（ＢＩＯＬ）」という学習モデルを考案した。[44] どちらの見解も、誘因に重点を置いた従来の考え方を排し、代わりに社会的なつながりに注目している。動物は他者、とくに自分が信頼し、親近感を持つ相手と同じように振る舞おうとする。体制順応バイアスにより、前の各世代が蓄積した習慣や知識の吸収が促進され、それによって社会が形成される。それ自体が明らかに有益だ――それも、霊長類だけのことではない。だから体制順応主義は、目先の利益に駆り立てられたものではないが、生存を助ける可能性が高い。

名前で呼ぶ?

コンラート・ローレンツはカラス科の鳥が大好きだった。彼はいつもウィーン近くのアルテンベルクの自宅でコクマルガラスやワタリガラスなどを飼い、カラスは知能が最も発達した鳥だと考えていた。私が学生時代、外出するときには飼い馴らしたコクマルガラスが私の頭の上を飛んでいたのと同じように、ローレンツがどこに行くときも、年老いたワタリガラスで「親友」のロアがついてきた。そして私のコクマルガラスと同じように、そのワタリガラスは空から降下するとローレンツの前で尾羽を横に振って、自分について来させようとした。素早い動作なので遠くからでは簡単には気づかないが、目の前でやられたら見逃しようがない。妙な話だが、ロアは自分の名前を使ってローレンツを呼んだ。通常、ワタリガラスは互いを呼び合うのに、甲高い「クラックク ラッククラック」とローレンツが表現しているような、喉の奥から朗々と響く鳴き声を出す。ローレンツはロアの誘いについて次のように述べている。

ロアは私めがけて背後から急降下し、頭上すれすれを飛び、尾羽を振り動かすと再びさっと舞い上がるが、それと同時に肩越しに振り向いて私がついてきているかどうか確かめた。この一連の動きをしながら、ロアは前述した呼び声を上げるのではなく、人間の声音で自分の名前を呼んだ。ここで特筆すべきなのは、ロアはその人間の言葉を私に対してだけ使った点だ。カラス仲間を呼ぶときは、彼は普通の生まれつきの呼び声を使った。(45)

ローレンツによれば、彼がロアにこのように呼ぶことを教えたわけではないという。なにしろ、その呼び方をしたからといって褒美を与えたことはなかったのだ。「ロア!」というのが自分がロアを呼ぶ声なので、逆にも使えるとロアが推測したに違いないとローレンツは考えた。この種の行動は、声で呼び合い、しかも真似が非常に得意な動物の間で見られることがある。あとで触れるが、これはイルカにも当てはまる。一方、霊長類では、個体の特定は通常、視覚的に行なわれる。顔は体の最も特徴的な部分だ。したがって顔の認識能力は高度に発達しており、この能力を持つことは、サルでも類人猿でもさまざまなやり方で実証されてきた。

とはいえ、彼らが注意を払うのは顔だけではない。私たちは研究中に、チンパンジーが互いの尻をいかによく知っているかを発見した。ある実験で、彼らはまずグループの仲間の尻の写真を一枚見せられ、そのあと二枚の顔写真を見せられた。だが、二枚のうち一枚だけが尻の持ち主のチンパンジーの顔写真だった。彼らはタッチスクリーンでどちらを選んだだろうか? それはコンピューター時代の到来前にナディア・コーツが考案した類の典型的な見本合わせ課題だった。チンパンジーたちは正しい写真、つまり自分たちが見た尻の持ち主の写真を選んだ。ただし、成功するのは知っているチンパンジーの場合だけだった。知らない相手の写真では失敗するのだから、色や大きさといった写真自体が持つ要素に基づいているわけではないのだろう。彼らは親しい個体の体全体のイメージを把握していて、体のどの部分も他の部分と結びつけられるほどよく知っているに違いない。

同じように、私たちは人混みの中で後ろ姿しか見えなくても友人や近親者を見つけられる。この発見に「顔と尻」という思わせぶりなタイトルをつけて発表したところ、類人猿にこんなことができるとは面白いと誰もが思ったようで、私たちはこの研究でイグ・ノーベル賞を受賞した。このノーベル賞のパロディは、「まず人々を笑わせ、それから考えさせる」研究を讃えて授与される。(46)

私はこの研究が、人々が考える契機になればと切に望んでいる。なぜなら、個体の認識は複雑な社会の土台だからだ。(47) 動物がこの能力を備えていることを、人間はしばしば過小評価する。人間には、同一種の動物たちはどれも同じに見えるからだ。とはいえ動物たち自身は、同一種内で互いを見分けるのに普通は苦労しない。イルカを例にとろう。イルカはどれも同じ笑ったような顔をしているので、人間が見分けるのは難しい。装置がなければ、彼らのおもなコミュニケーション媒体、すなわち水面下の音を盗み聞きすることもできない。研究者はたいてい、ちょうど私が、かつて指導したアン・ウィーヴァーといっしょにやったように、船に乗って海上で彼らを追いかける。アンはフロリダ州のボカ・シエガ湾沿岸内水路の入り江にいる約三〇〇頭のバンドウイルカを識別できる。アンはその海域を一五年以上巡回してきており、そこにいるすべてのバンドウイルカの背びれのクローズアップ写真を収めた分厚いアルバムを携行している。彼女はほぼ毎日、小さなモーターボートで入り江を訪れ、イルカが海面に姿を見せるのを見張っている。背びれは私たちが最も簡単に目にできる体の部位で、一頭ごとにほんの少し違う形をしている。高くて頑丈なものもあれば、一方に垂れかかったり、喧嘩やサメによる襲撃のせいで大きく欠けていたりするものもある。

アンはこのような特徴からイルカを識別し、何頭かのオスが同盟関係を結んでいつもいっしょに泳いでいることを知った。彼らは息を合わせて泳ぎ、いっしょに水面に出る。ごくたまに離れ離れになったときには、好機を察知した競争相手たちとの争いに巻き込まれる。メスと子供も、子供が五、六歳になるまでいっしょに行動する。それ以外ではイルカの社会は「離合集散」型、すなわち、行動を共にするイルカの組み合わせは多様かつ一時的で、日々、刻々と変化する。だが、頻繁に水面から突き出す体の小さな部分を見てそこにいるのが誰なのかを判断するのは、イルカたち自身が互いを認識する方法に比べるとかなり面倒な手法だ。

イルカは互いの声を知っている。それ自体は特別なことではない。私たち人間も互いの声を聞き分けるし、他の多くの動物にしても同じだ。声を生み出す器官（口、舌、声帯、肺）の形態学的特性にはそれぞれ大きな違いがあるため、私たちはその高低、音量、音質によって、声を聞き分けられる。話し手や歌い手の性別やおよその年齢も難なく聞き分けることができるが、声で個人を識別することもできる。私が自分のオフィスに座っていて、廊下で同僚たちが話しているのが聞こえたら、顔を見なくても誰が話しているかわかる。

だが、イルカははるかその上を行く。彼らは「シグネチャー・ホイッスル」を発する。これは個体ごとに特有の抑揚のついた高音だ。その音の構成は、スマートフォンの着信メロディの違いのようにそれぞれ異なる。各個体を特徴づけるのは声ではなくむしろメロディだ。幼いイルカたちは生後一年目に自分だけのホイッスルを作り出す。メスはそのあと一生同じメロディを使うが、オスは親しい仲間のホイッスルに合わせて調整するので、同盟関係にあるオスたちの呼び声はよく似ている。(48)イルカは孤立したときに、とくによくシグネチャー・ホイッスルを発する（捕獲されて一頭だけになってしまったイルカはひっきりなしに発する）が、海で大集団を形成する前にもそうする。そういう場合は各自が誰かが頻繁に広範囲に伝えられる。これは、視界の利かない海中で暮らす離合集散型の種にとっては理に適っている。ホイッスルが個体の識別に用いられることは、水中のスピーカーを通してそれを再生することで立証された。イルカたちは、知らない個体のホイッスルよりも血縁関係の濃い個体が使うホイッスルに強い注意を向ける。これが単なる声の聞き分けではなく各自の声に特有のメロディに基づいていることは、メロディを真似てコンピューターで作った音、つまりメロディだけ残して声を取り除いた音の再生によって実証された。合成された声は元のイルカの声と同じ反応を引き起こしたのだ。(49)

イルカは仲間のことを、信じられないほどよく覚えている。アメリカの動物行動学者ジェイソン・ブルックは、飼育下のイルカが交配目的でしばしば一つの場所から別の場所に移されるという事実を利用した。彼は、ずっと前にいなくなった同じ水槽の仲間たちのシグネチャー・ホイッスルを再生した。イルカたちは聞き覚えのある声に反応して動きが活発になり、スピーカーに近づき、返事をした。イルカたちはかつていっしょに過ごした期間が長かろうと短かろうと、また最後に姿を見たのがどれほど昔だろうと関係なく、難なくかつての同じ水槽仲間を認識することをブルックは突き止めた。この研究で、離れてからの期間の最長記録保持者はベイリーという名のメスで、彼女は別の場所で二〇年前にいっしょに過ごしたことのあるアリーというメスのホイッスルを認識した。(50)

専門家たちはしだいに、シグネチャー・ホイッスルを「名前」と見なすようになってきている。シグネチャー・ホイッスルは、その持ち主が発して自分の身元を示すだけでなく、真似られることもある。イルカにとって、特定の仲間に向かって相手のホイッスルで呼びかけることは相手を名前で呼ぶようなものなのだ。ロアはローレンツを呼ぶのに自分自身の名前を使ったが、イルカたちはときおり、誰かの注意を引くために相手に特有の声を真似る。とはいえ、彼らがそうしていることを観察だけで証明するのは、明らかに難しい。したがって、この問題に取り組むために、今度も再生が用いられた。セント・アンドルーズ大学に近いスコットランドの海岸沖でバンドウイルカを研究していたステファニー・キングとヴィンセント・ヤニクは、その海域にいるイルカたちのシグネチャー・ホイッスルを録音した。それから、その声を発したイルカたちがまだ近くを泳いでいる間に彼らの声を水中スピーカーで流した。イルカたちは、まるでたしかに自分が呼ばれる声を聞いたよと請け合うように、ときには何度も、自分自身の特徴的なホイッスルに返事をした。[51]

動物たちが互いに名前で呼び合うというのがなんとも皮肉なのは、むろん、かつては学者が研究している動物に名前をつけるのはタブーだったからだ。今西と彼の弟子たちがそれをやり始めたときには、グドールが自分のチンパンジーにデイヴィッド・グレイビアードとかフローとか名前をつけたときと同じように嘲笑された。その言い分は、名前をつけることで研究対象を人間扱いしているというものだった。私たちは距離を置き、客観に徹し、人間だけが名前を持つことを忘れないようにしなければならないというのだ。

だがおわかりのように、この点に関しては人間に先んじていた動物もいるようだ。

第9章
EVOLUTIONARY COGNITION

進化認知学

私たちが「動物」という言葉と「認知」という言葉を当たり前のように――まるで二つで一つとでも言わんばかりに！――簡単に結びつけていることを考えると、ここまでたどり着くのにどれほどの苦闘が重ねられてきたかを想像するのは難しい。学習が得意、あるいは生まれつき優れた問題解決能力を持つと考えられている動物もいたが、そうした動物の行動に対して、「認知」という言葉はいかにも大仰過ぎた。動物にも知能があるのは自明のこととする人は大勢いるが、科学は何事も見た目だけで判断しない。つまり、証拠が不可欠なのだ。そして、動物の認知に関して言えば、今や証拠は圧倒的であり、じつのところ、あまりにも動かし難いため、ここに至るまでにどれほど激しい抵抗を克服しなければならなかったかなど忘れてしまいそうだ。だからこそ、私はこの研究分野の歴史に十二分に注意を向けてきた。この分野には、ケーラー、コーツ、トールマン、ヤーキーズといった先駆者がおり、次の世代にはメンゼル、ギャラップ、ベック、シェトルワース、クンマー、グリフィンらがいる。そして私が属する第三世代にはあまりに多くの進化認知学者がいるのでここには挙げないが、私たちもまた苦戦を強いられた。

私は、霊長類は政治的戦略を用いる、喧嘩したあと仲直りをする、他者に共感する、自分を取り巻く社会的世界を理解しているなどと言ったために、単純だ、非現実的だ、甘い、非科学的だ、擬人化のし過ぎだ、裏付けに乏しい、考え方が杜撰《ずさん》だなどと、何度叩かれたか知れない。長年にわたる私の直接体験に基づけば、私の主張はどれもとりわけ奇抜だとは思われないにもかかわらず、だ。となれば、霊長類には自覚や言語能力、論理的な思考能力などがあると主張する研究者たちに何が起こったかは想像がつくだろう。どの主張も、そのような能力を否定する説と照らし合わせて酷評されたが、相手側のそうした説はスキナー箱の中に閉じ込められたハトやラットの単純な行動に由来するものだったため、きまってより単純に思われた。

とはいえ、そうした説は必ずしもそれほど単純ではなかった（連合学習に基づいた説明は、単に新たな知的能力の存在を仮定しただけの説明と比べて、極めて複雑になりうる）が、当時は学習ですべてが説明できると思われていた。だが、むろんそれでは説明できない場合もあった。その場合には、私たちが当該の問題に十分に時間をかけて一生懸命に考えなかった、あるいは適切な実験をしそこなったのは明らかだとされた。私たちの主張に疑いを持つ人々との溝は、科学的というよりもむしろ観念的なものに思えることもあり、それはいささか、私たち生物学者が特殊創造説の支持者に対して抱く感覚に似ていた。私たちがどれほど説得力のあるデータを示しても、けっして満足してもらえない。ウィリー・ウォンカが歌ったように、物事が目に入るためには、その存在を信じている必要があり（ウォンカはロアルド・ダールの小説『チョコレート工場の秘密』の登場人物。この作品のミュージカルでウォンカが「It Must Be Believed to Be Seen（信じなければ見えてこない）」という歌を歌う〕、根深い不信の念を抱いていると、奇妙なことに証拠が無効になる。認知的視点の「抹殺者たち」は、証拠を許容できなかったのだ。

この「抹殺者たち」というあだ名を使い始めたのは、早くからドナルド・グリフィンの認知動物行動学を受け継いだアメリカの動物学者マーク・ベコフと哲学者のコリン・アレンだ。彼らは動物の認知に対する態度を、「抹殺者」と「懐疑論者」と「擁護者」の三種に大別した。これについて最初に書かれた一九七七年当時は、まだ多くの抹殺者がいた。

抹殺者たちは、認知動物行動学にはいかなる成功もありえないとする。彼らが発表した主張を検討すると、彼らは認知動物行動学の研究を厳密に行なうのが難しいことと、それを行なうのが不可能であることとを、ときおり混同しているのがわかった。抹殺者はまた、認知動物行動学者による研究の具体的な詳細を無視することが多く、動物の認知について何であれ学べる可能性に対して、しばしば哲学的な動機から異論を唱えてくる。そして、認知動物行動学の取り組みが検証可能な新しい仮説を導きうること、そして導いてきたことを信じていない。彼らは、調べることがきわめて困難で、容易には理解し難い事象（たとえば、意識）をわざわざ取り上げて、それについて詳しくはほとんど知ることができないのだから、他の諸領域についてもわかるはずがないと決めつけることがままある。また抹殺者たちは、動物の行動の説明には節減の法則の適用を求めるが、非認知的な説明より認知的な説明のほうがその法則に適っていることがありうるという可

能性を退け、認知の観点に立った仮説が実証的研究を導くうえで役立つことも否定する。(1)

エミール・メンゼルは、彼を罠にはめようとして藪蛇《やぶへび》になった、あの著名な教授（明らかに抹殺者）の話をしてくれたとき〔九〇頁参照〕、興味深いエピソードを付け加えた。その教授は若き日のメンゼルに、ハトが持っていない能力のうち、いったいどれが類人猿に見出せる見込みがあるというのかと公の場で詰め寄った。言い換えれば、もし動物の知能が本質的に一律であるとしたら、なぜそんな勝手気ままで扱いづらい類人猿を相手に時間を無駄にしたりするのか、ということだった。

これは当時としてはごく当たり前の考え方だったが、その後、認知動物行動学の分野はそれよりはるかに進化論寄りの取り組み方をするようになった。それは、すべての種にはそれぞれの認知の仕方があることを認めるものだ。あらゆる生物には独自の生態環境と生活様式、固有のウンヴェルト（環世界）があり、生きていくために知るべきことはそれによって決まる。他のすべての種のお手本となる種など一つもなく、ハトのような小さい脳を持つ種などがお手本になれるわけがない。ハトはとても知能が高いが、やはり脳は大きさが物を言う。脳は体内にある器官のなかでもきわめて「不経済」だ。やたらと燃料を食い、単位当たりで筋線維の二〇倍のカロリーを消費する。メンゼルはあっさりとこう反論できただろう。類人猿の脳はハトの脳の数百倍重く、そのため大量の燃料を消費することから、より大きな認知的課題に向き合っているのは理の当然だ、と。さもなければ、母なる自然が驚くべき無駄使いをしていたことになってしまうが、自然がそんなことをしたという話は聞いたためしがない。生物学の実利的な観点に立てば、動物には大き過ぎもせず、小さ過ぎもせず、彼らの必要に相応の脳が備わっている。一つの種という枠の中においてさえ、脳はどう使われるかによって変化することがある。たとえば鳴き鳥の脳の中では、さえずりに関係した領域は季節によって拡がったり縮んだりする。(2) 脳は生態学的要求に順応するのであり、認知も同じだ。

ところで、私たちは抹殺者の第二の種類にも出会ったが、彼らはもっと扱いにくい。というのも、動物の行動に興味を持っていないからだ。彼らの関心はもっぱらこの世界における人類の位置付けに向けられており、それはコペルニクスの時代以来、科学のせいで凋落の一途をたどってきた。もっとも、彼らの闘いはかなり絶望的になっている。なぜなら、もしこの学問分野に全体的な趨勢《すうせい》が一つあるとすれば、人間と動物の認知を隔てる壁がエメンタールチーズさながらに穴だらけになり始めているというのがその趨勢だからだ。私たちは、人間ならではと思われていた能力を動物も備えていることをたびたび立証してきた。人間は唯一無二であると主張する人々は、人間の行動の複雑さをひどく過大評価してきたか、逆に他の種の能力を過小評価してきたか、いずれかの可能性を突きつけられている。

彼らにしてみれば、どちらの可能性も好ましい見方ではない。なぜなら、彼らにとってより根深い問題は進化上の連続性だからだ。彼らは、人間は類人猿の修正版であるという考え方が我慢ならない。アルフレッド・ラッセル・ウォレスのように、進化は人間の頭脳には手をつけなかったに違いないと思っている。この考え方は、今や心理学(神経科学の影響を受けて、しだいに自然科学へ近づきつつある)の分野でも時代遅れになっているというのに、人文科学と大半の社会科学においては相変わらず支配的だ。たとえば、アメリカの人類学者ジョナサン・マークスの反応によく表れている。動物は互いの習慣を見て学ぶので、文化的多様性を示すという圧倒的な証拠に対して彼は最近、「類人猿の行動を『文化』と呼ぶなら、それは人間の行動には別の言葉を見つける必要があるということにほかならない」[3]と発言した。

それに比べてスコットランドの哲学者デイヴィッド・ヒュームは、何とすがすがしい人物だったことか。彼は動物を高く評価していたため、「私の見るところ、獣にも人間と同じく思考と理性が備わっているということほど明白な真実はない」と書いている。本書全体を貫く私の考えに即するかたちで、ヒュームは自分の見解を以下の基本理念に要約した。

動物の外面的な行動が私たちのとる行動と似ていることに鑑み、私たちは、動物の内面も私たちの内面と似ていると判断する。さらに、その原理をもう一歩進めれば、こう結論づけざるをえなくなるだろう。すなわち、互いの内面の動きが似ているということは、それらを引き起こす原因も似ているに違いない、と。よって、心の動きを説明するために何らかの仮説を唱道する場合、心の動きは人間と獣に共通するのだから、その仮説を両者に当てはめなければならない。[4]

ダーウィンの理論が日の目を見る一〇〇年以上前の一七三九年に述べられたヒュームのこの基準は、進化認知学にとってうってつけのスタート地点を提供してくれる。近縁種の間の行動と認知の類似性について私たちが立てうるうちで、節減の法則に最もよく適った仮説は、それらの類似性が共通の心的プロセスを反映しているというものだ。さまざまな種が連続性を持っていることは、少なくともすべての哺乳類にとって、ことによると鳥類やその他の脊椎動物にとっても、基本的前提であるべきだ。

二〇年ほど前、この見方がついに優位に立ったとき、それを支持する証拠があらゆる方面からどっと寄せられた。もう霊長類だけではなく、イヌ科やカラス科、ゾウ、イルカ、オウムなどの証拠まであった。相次ぐ発見はとどまるところを知らず、毎週のようにメディアに取り上げられ、「ジ・オニオン」〔アメリカの同名の風刺報道機関が発行するタブロイド版の娯楽紙で、ウェブサイト版もある〕にいたっては、その動向を茶化す気になったらしく、イルカは陸上では海にいるときほど賢くないとする記事を出したほどだ。[5] 冗談はさておき、この記事は、それぞれの種にふさわしいテストをするという、私たちの学問分野の主要な課題の一つに結びつく妥当な指摘だった。一般大衆は多種多様な主張に慣れ親しんだ。そこには、「思考」「センシェンス〔感覚を意識すること〕」「理性的な」などといった言葉をふんだんに交えながら動物について語る、ニュース記事やブログなどが含まれていた。

誇大な主張も一部にはあったが、多くの報告には、長年の地道な調査に基づく、専門家の査読済みの真剣な研究が示されていた。その結果、進化認知学はしだいに地位を確立し、手始めに将来性のあるテーマに取り組もうとして参入してくる研究者が増えてきた。研究者というものは、斬新なアイデアが重要とされる新しい領域には目がないのだ。今日、動物の行動を研究する学者の多くは、自らの研究活動について述べる際、「認知」という言葉を誇らしげに使うし、科学雑誌の名前にはこの流行語が添えられている。それは、行動生物学の分野では他のどの言葉よりもこのほうが多くの読者を惹きつけることがわかっているからだ。認知的な見方が勝ちを収めたのだ。

だが、仮説はあくまでも仮説にすぎない。私たちが目の前の問題に真剣に取り組まなくてはならないことに変わりはない。それは、ある種がどのような認知水準で機能しており、それがその種の生態環境や生活様式にどう適合しているかを突き止めることだ。その認知能力の強みは何か？　それは生存とどう関係しているのか？　けっきょく、すべてはミツユビカモメの話に戻る。自分の子を認識する必要のある種もいるが、まったく必要のない種もいるのだ。前者は個体ごとの独自性に注意を払うだろうが、後者はそれを無視しても差し支えない。あるいは、吐き気を催したガルシアのラットが、オペラント条件付けの原則を破ったことを思い出してほしい。自分にとって有害な食物をしっかりと覚えておくことは、どのレバーを押せば餌が出てくるかを知ることよりも桁違いに重要性が高いのだ。動物は学ぶ必要のあることを学び、身の周りにある大量の情報を篩《ふるい》にかけるために特殊化した方法を身につけている。彼らは積極的に情報を探し、集め、蓄える。そして、ある特定の課題に信じ難いほど長けていることがよくあり、たとえば、食べ物を隠してそれを覚えていたり、捕食動物を騙したりする。一方、多種多様な問題に取り組む知能を与えられた種もある。

認知能力が身体的な進化を特定の方向に向かわせることさえありうる。たとえばニューカレドニアカラスだ。このカラスは、葉や枝で作った道具に依存している。彼らは他のカラス科の鳥より嘴が真っ直ぐで、目も前方寄りになっている。この形の嘴のほうが道具をしっかりくわえ易いし、前方を向く目で両眼視できるので、木の割れ目の奥がよく見え、幼虫をほじくり出し易い。[6] だから認知能力は、動物の感覚や解剖学的構造や知能の産物と言えるだけでなく、その逆もまた成り立つ。つまり動物の認知能力が特殊化するのに合わせて身体的な特徴が変化するのだ。人間の手もその一例だろう。

なにせ、他の指と完全に向かい合わせにできる親指を発達させ、石斧から現在のスマートフォンまで精巧な道具を使いこなす驚くべき融通性を持つに至ったのだ。私たちの分野に進化認知学という名称がうってつけである理由はそこにある。動物の生存、生態、解剖学的構造、認知能力のすべてに同時に筋を通すことができるのは、進化論だけだからだ。進化認知学では、地球上のあらゆる認知を包括する一般論を探すのではなく、それぞれの種を一つの事例研究として扱う。もちろん、認知の原理にはすべての動物に共通するものもあるが、たとえば、イルカとディンゴ、あるいはコンゴウインコとサルほど生活様式や生態環境やウンヴェルトが異なる種の間の差異を私たちは軽視するつもりはない。どの種も独自の認知的な問題に直面するのだから。

比較心理学者は、どの種も特殊な存在であり、学習は生物学的特質に左右されることをひとたび理解し始めると、しだいに進化認知学に賛同し、その研究に加わるようになった。彼らの学問分野は、制御の行き届いた実験を続けてきた長い歴史と、認知に傾倒する多くの研究者を通じて進化認知学に多大な貢献をした。そういう先駆者たちは、おおかた誰にも注目されずに研究を行ない、二流誌での論文発表を余儀なくされても、学習の入り込む余地のないものと自らが感じていた「高次の心的プロセス」を記述した。[7]当時、行動主義が絶対的な覇権を握っていたことを思えば、認知が学習と対立するものと定義づけられたのも無理はないが、私にはいつもその定義が誤りに思えてならない。認知か学習かという対比は、生まれか育ちかという対比に劣らず的外れだ。私たちが本能のことをめったに語らなくなったのは、遺伝だけで説明できるものなど何もなく、必ず環境がひと役買っているからだ。同様に、純粋な認知というものも想像の所産以外の何物でもない。学習を伴わない認知などどこにあるだろう。認知には何らかの情報収集が常に欠かせない。動物の認知研究の端緒を開いたケーラーの類人猿でさえ、それ以前に箱と棒を使った経験があった。だからこの認知革命は学習理論への打撃と見るより、むしろ認知と学習の融合と考えるほうが当たっている。その関係は良好なときも険悪なときもあったが、けっきょくのところ、学習理論は進化認知学という枠組みの中で存続するだろう。それどころか、この分野に不可欠の部分となるだろう。

動物行動学についても同じことが言える。行動の進化に関する動物行動学の種々の考え方はおよそ廃れてなどいない。それらは動物行動学的方法とともに、科学の多くの領域で生き続けている。行動の体系的な記述や観察は、あらゆる動物のフィールドワークではもちろん、人間の子供の行動や母子の相互作用、非言語的コミュニケーションの研究などでも中核を成している。人間の情動の研究では、さまざまな表情をそれぞれ固定的動作パターンと見なすが、その測定には動物行動学的方法を頼みとする。こうした理由から、進化認知学が開花している今は、過去との訣別というより、むしろ一世紀あるいはそれ以上も前から存在してきた勢力や取り組み方が優位に立った瞬間だと私は思っている。ようやく、動物が情報を収集してまとめる優れた方法について私たちが論じる余地が生まれたのだ。それに、認知的な見方の抹殺者たちは絶滅寸前だが、明らかにまだ、他の二種類の人々（懐疑論者と擁護者）は健在であり、どちらも欠くことができない。私は一擁護者として、自分より懐疑的な学者たちに心から感謝する。彼らがいるからこそこちらの気も引き締まるし、彼らの疑問に答えるためにこちらも創意に富んだ実験を工夫せざるをえない。両者に共通の目的が進歩であるかぎり、科学とはまさにこういうかたちで機能すべきなのだ。

動物の認知の研究は、「動物は何を考えるか」を解明する試みだとよく言われるが、じつはそれが主眼ではない。私たちは個体の状態や経験を追求しているのではない。いつの日かそれについてもっとわかるようになれば素晴らしくはあるが。今のところ目的はもっと控えめで、私たちは観察できる結果を測定することによって、仮説として示された心的プロセスを正確に把握したいのだ。この意味で私たちの分野は、進化生物学から物理学まで、他の科学的試みと何ら変わらない。科学はきまって仮説に始まり、それに基づく予想の検証が続く。もし動物が将来に備えるのなら、あとで必要になる道具を確保しておくはずだし、もし因果関係を理解するのなら、初めて出合った筒課題の落とし穴を回避するはずだ。もし他者が何を知っているかがわかるのなら、他者が何に注意するのを目にしたかに基づいて自らの行動を変えるはずだし、もし政治的な才能があるのなら、ライバルの仲間には警戒を緩めないはずだ。こうした予想や、それに着想を得た実験や観察の数々を検討してみると、研究のパターンが明らかになる。一般に、ある知的能力を裏づける方向に収束する証拠の種類が多くなればなるほど、論拠は盤石になるのだ。もし日常の行動をはじめ、道具使用の先延ばしに関する実験や、訓練によらない貯食や採食選択においても、未来に向けた計画性がはっきり見て取れるなら、私たちは、少なくとも一部の種にはその能力があると十分主張できる態勢にある。

それでもまだ私は、心の理論、自己認識、言語などといった認知能力の際立つ部分に誰もが囚われ過ぎだと感じることがよくある。まるでそれらについて大仰な主張を行なうことだけが大事であるかのようだ。だがこの分野は、そろそろ種間の自慢大会（うちのカラスはおたくのサルより賢いといった議論）や、そこから生じる、白か黒かの単純な思考から脱却するべきだろう。心の理論が、一つの大きな能力に依拠したものではなく、もっと小さな能力の集合によるものだとしたらどうだろう？　自己認識が漸進的に生じるものだとしたらどうだろう？　懐疑的な人は多くの場合、私たちに大きな知的概念の正確な意味を問いただすことで、その概念を細分化するべきだと迫る。ある現象に関して主張しているほどの内容がなければ、なぜもっと簡素で実際的な記述をしないのかと彼らは問う。

私はこれに同意するしかない。私たちは、高次の能力の背後にあるプロセスに注目し始めるべきだ。そういうプロセスは、多様な認知メカニズムに基づいていることがよくあり、そのなかには多くの種に共通するものもあれば、かなり少数に限定されるものもあるだろう。本書では、こうしたことのいっさいを社会的互恵関係の考察の中で論じたが、この互恵関係は初めのうち、動物が個々の恩恵を記憶してあとで返礼することだと見なされていた。だが研究者の多くは、サルはおろかラットまでが、あらゆる社会的相互関係をいちいち把握しているとは考えたがらなかった。今では、そこまでしなくても恩返しはできることや、動物ばかりか人間も長期にわたる社会的つながりに関連した、もっと基本的で自動化された水準で頻繁に恩恵を施し合うことが知られている。人間は仲間を助け、仲間に助けられもするが、必ずしもその収支を頭に記録しているわけではない。[8] 皮肉なことに、動物の認知の研究をしていると、他の種に対する尊敬の念が深まるだけでなく、私たち自身の知的複雑さを過大に評価するべきではないことも教えられる。

さしあたって私たちに必要なのは、認知の基本構成要素に焦点を当てたボトムアップ式の見方だ。[9] この取り組みには情動を含めることも必要だろう。情動は、本書ではほとんど取り上げていないが、私が日頃から気にかけているもので、認知と同等に注目されてしかるべきテーマだ。知的能力をこうした構成要素に小分けしてしまうと、派手な大見出しになるような成果にはつながらないかもしれないが、それぞれの説は結果的に、現実に即した有益なものとなるだろう。それには神経科学がもっと大きく関与することも求められるはずだ。今のところ、その役割はかなり限定されている。神経科学は脳のどこが活動しているかを教えてくれるが、それがわかっても、新しい理論を組み立てたり、洞察に満ちたテストを考案したりする助けにはまずならない。だが、進化認知学で最も興味深い研究は依然として行動に関するものが主だとはいえ、この傾向はきっと変わっていくはずだ。神経科学による研究はまだ始まったばかりにすぎない。今後の数十年でそれは、記述的な度合いを弱め、理論的に私たちの分野に関連の深いものとなることは間違いない。いずれ本書のような読み物には、神経科学の情報が大量に盛り込まれ、観察された行動が脳のどのメカニズムによるものかが説明されることだろう。

行動と脳のメカニズムの研究は、人間と動物を連続するものと捉える仮定を検証するうえで優れた方法になるはずだ。認知のプロセスが同じであれば、神経のメカニズムも共通であると考えられるからだ。サルと人間の顔認識、報酬の処理、記憶における海馬の役割、模倣におけるミラーニューロンの役割については、そうした証拠が早くも積み上がりつつある。神経メカニズムを共有している証拠が多く見つかれば見つかるほど、異種間の相同性や連続性を裏づける根拠が強まる。だが逆に、二つの種が異なる神経回路を使って類似した結果に達しているのであれば、連続性の立場を捨て、収斂進化に基づく立場をとるべきだろう。この収斂進化もじつに強力な現象で、たとえば、霊長類とアシナガバチが顔認識をし、霊長類とカラス科の鳥が柔軟な道具の使い方をするのもこの進化による。

動物行動の研究は、人間が行なってきた最古の試みに数えられる。私たちの祖先は狩猟採集民として、獲物の習性を含め、動植物相について熟知していなければならなかった。だが狩猟民は最低限の制御しか行なわない。彼らは動物の動きを予期し、逃げられればその抜け目なさに感心する。人間を捕食する種への警戒も必要だ。この時代には、人間と動物との関係はかなり平等だった。だが私たちの祖先が農業を始め、食料や労役のために動物を家畜化し始めると、さらに実用的な知識が必要になった。動物は人間に依存し、人間の意思に服従するようになった。人間は動物の動きを予期するのではなく、動物に動きを指図し始め、その一方で、さまざまな聖典が人間による自然の支配を語った。これら二つの根本的に異なる態度（狩猟民のものと農耕民のもの）はどちらも、今日の動物の認知の研究に認められる。私たちは、動物が自らの意思で動く様子を観察することもあるが、私たちの望む行動しかほとんどとりようのない状況に動物を置くこともある。

とはいえ、さほど人間中心的でない態度が勢いを増すなか、後者の取り組み方は衰退しているのかもしれない。少なくとも動物の自由度はおおいに増大するだろう。動物は自分にとって自然な行動を許されてしかるべきだ。動物の多様性に富んだ生活様式に対する関心は高まりつつある。私たちの課題は、もっと動物の身になって考えることであり、それによって各動物に特有の状況や目的に気づき、動物の立場から彼らを観察して理解することだ。私たちはかつての狩猟の手法に立ち返りつつある。といってもそれはむしろ、野生動物の写真家が自らの狩猟本能に頼るようなもので、仕留めるのではなく相手の真の姿を明らかにするためだ。昨今の実験には、求愛や採食から向社会的態度まで、自然な行動を中心にしたものが多い。私たちは自らの研究に生態学的な妥当性を求め、他の種を理解する手段として人間の共感能力を奨励したユクスキュル、ローレンツ、今西の助言に従っている。真の共感は、自己に焦点を合わせたものではなく他者志向だ。私たちは人間をあらゆるものの尺度とするのではなく、他の種をありのままのかたちで評価しなければならない。そうすることで、今の時点では人間の想像を超えるものも含め、必ずや多くの「魔法の泉」が見つかるものと私は確信している。

Acknowledgments

謝辞

私は進化によって現れた特徴としての認知に関心を抱いているので、動物行動学者ということになる。今の私があるのは、オランダの動物行動学者全員のおかげであり、それは私が学問の道に踏み込んだ当初に、彼らの多大な影響を受けたからだ。私はオランダのフローニンゲン大学で、ヘラルド・ベーレンツの下で大学院生活を始めた。ベーレンツはニコ・ティンバーゲンの最初の教え子だ。のちに私はユトレヒト大学で、表情と情動の専門家であるヤン・ファン・ホーフの指導を受けて、霊長類の行動について博士論文を書いた。動物の行動の研究で動物行動学と双璧を成す比較心理学に接したのは、おもに、大西洋を渡ってからだった。この両学派からの情報は、進化認知学という新しい分野を打ち立てるうえで不可欠だった。本書は、この分野が動物行動研究の最先端へと徐々に進み出るなかで、私がどのような道をたどり、この分野とどうかかわってきたかを記している。

同僚や共同研究者から学生やポスドクまで、この旅路に同行してくれた多くの人々には、本当にお世話になった。せめて、ここ数年の道連れにだけでもお礼を言っておきたい。サラ・ブロスナン、キンバリー・バーク、サラ・カルカット、マシュー・キャンベル、デヴィン・カーター、ザナ・クレイ、マリエッタ・ダンフォース、ティム・エプリーとケイティ・エプリー、ピエール・フランチェスコ・フェラーリ、服部裕子、ヴィクトリア・ホーナー、ジョシュア・プロトニック、ステファニー・プレストン、ダービー・プロクター、テレサ・ロメロ、マリーニ・サチャック、ジュリア・ヴァツェク、クリスティーン・ウェブ、アンドリュー・ホイッテン。私たちに研究を行なう機会を与えてくれたヤーキーズ国立霊長類研究センターとエモリー大学、研究に参加してくれて私の人生の一部になった多くのサルと類人猿にも感謝したい。

本書はそもそも、霊長類の認知に関する近年の発見を比較的手短に概括するつもりで書き始めたが、たちまち範囲も分量も増し、これだけのものになった。霊長類以外の種を含めた点が最も重要だった。過去二〇年間に動物の認知研究の分野は非常に多様になったからだ。本書で示した概観が不完全であるのは明らかだが、私の主要な目的は、進化認知学への熱意の高まりを伝え、この分野が厳密な観察と実験に基づく立派な科学へと成長する過程を描き出すことだ。本書ではじつにさまざまな側面と種を取り上げたので、研究仲間たちに一部を読んでもらった。貴重なフィードバックを提供してくれた以下の諸氏にお礼を言いたい。マイケル・ベラン、グレゴリー・バーンズ、レドゥアン・ブシャリー、ザナ・クレイ、ハロルド・グーズーレス、ラッセル・グレイ、ロジャー・ハンロン、ロバート・ハンプトン、ヴィンセント・ヤニク、カーリン・ヤンマート、ヘマ・マルティン＝オルダス、ジェラルド・マッシー、ジェニファー・マザー、松沢哲郎、ケイトリン・オコンネル、アイリーン・ペパーバーグ、ボニー・パーデュー、スーザン・ペリー、ジョシュア・プロトニック、レベッカ・スナイダー、マリーニ・サチャック。

変わることなく支え続けてくれたエージェントのミシェル・テスラーと、原稿を批判的に読んでくれたノートン社の編集者ジョン・グラスマンにも謝意を表する。妻で最大のファンのカトリーヌは今回も、私が日々書き上げる原稿を熱心に読み、文体を整えるのを助けてくれた。私の人生を愛で満たしてくれる彼女には心から感謝している。

解説

フランス・ドゥ・ヴァール氏の提唱する「進化認知学」の本である。この学問は、人間とそれ以外の動物の心の働きを科学によって解明するきわめて新しい研究分野であり、本書はその格好の入門書となる。人間とは何か。動物に心はあるのか。それを研究するにはどうしたらよいか。そうした問いへの明確な答えが用意されている。本書は中学生・高校生から読める。大学生や大学院生にも勧めたい。さらにもっと広い世代にわたって、一般のみなさま方に読んでいただきたい。

本書のすばらしいところは以下の三点に要約できるだろう。

第一に、内容が正確で、わかりやすく、かつ楽しい。

ドゥ・ヴァール博士とその共同研究者による動物の心の研究を中心に、その他の研究者の成果も広く紹介している。ドゥ・ヴァール博士はチンパンジーやボノボの研究者として広く知られている。その背景には、動物一般に対する幼いころからの興味があった。幼いころから自然に親しみ、学生時代からコクマルガラスを飼ったりして、動物の行動一般への興味を育ててきた。本書で扱われているのは、チンパンジー、ボノボ、ニホンザル、オマキザルといった霊長類だけでなく、ゾウやイルカや、イヌやネコや、オウムやカラスや、さらにはタコまでと動物界を広く見渡しており、動物たちの知られざる、驚きのエピソードをいきいきと描いている。

第二に、論拠となる文献が網羅されている。

証拠が明快だ。記述にはすべて根拠がある。背景となる科学的証拠つまり出典を、そのつど明確に示している。ドゥ・ヴァール博士はすでに多数の一般書を書いてきている。本書もそのひとつだが、つねに文献を明記している点で他の一般向けの本とはきわだって違う。信頼がおける。しかもその明記のしかたがスマートだ。一般向けに書かれた本の場合、多くは文献がそもそも無かったり、巻末に参考文献がひとまとめに提示されたりしている。出典を明記しようとすると煩雑になるからだ。本書では、本文中に注番号が振ってある。番号だけなので本文を読んでいて気にならないし、うるさくない。その注番号を巻末の「原注」ページでみる。すると出典が著者名と発行年だけで短く記載されている。すべての文献は、別途「参考文献」としてまとめられて第一著者のアルファベット順に並んでいる。著者名と発行年から正確に当該の文献にたどり着く、というしかけになっている。「読みやすくする」と「正確に記載する」という、ややもすると二律背反になるところを、じつに巧妙に両立させている。簡潔で平易な文章だが、どこまでも深く文献にあたっていける。したがって、大学生や大学院生のレベルの読者でも、これ以上の教科書はないだろう。しかも本書のユニークな特徴として、進化認知学を生み出した二つの既存の学問からの歴史的発展を記述している。つまり、動物行動学（エソロジー）と比較心理学、さらには背景にある生物学と心理学、それらの学問の歴史を、文献をもとにたどる最善の教科書でもある。

第三に、イラストがすばらしい。

本書の挿絵は、すべてドゥ・ヴァール博士本人の手によるものである。単純な描線だが、対象の本質を正確にとらえた絵だ。本書には図も表もない。科学書としては異質だ。しかしイラストがあるおかげで、実際の研究のようすを鮮やかに目に浮かべることができる。しかも本を通じて一貫した雰囲気がにじみ出ている。そもそもイラストが描けるということは、対象を正確にとらえるだけでなく、どこに着目すべきかを深く理解する必要がある。写真ならば焦点の当て方や構図だろうが、挿絵ではさらにそれを大胆に取捨選択して切り捨て誇張する必要がある。これは名人の域に達した絵だと思う。達意の文章があって、それを引き立てる絵が添えられている。

要は、本書は、人間やその他の動物の心や行動に関心をもつ多くの人にぜひ読んでほしいのである。また、大学生や大学院生の教科書としてもこれ以上のものはない。学問の発展を歴史的に追っている点で類書がない。まず本書を手に取ってから、そのあとでドゥ・ヴァール博士のその他の作品を読み進めると良いだろう。

なお、訳者の柴田裕之氏は、ドゥ・ヴァール博士の著書『共感の時代へ』（二〇一〇年）と『道徳性の起源』（二〇一四年、邦訳は共に紀伊國屋書店）を過去に翻訳しており、ポピュラーサイエンス書のベテラン翻訳者として信頼の厚い方だ。訳文は正確で、かつ読みやすい。原文のもつ簡潔で力強いメッセージがみごとに日本語に置き換えられている。

わたしがフランス・ドゥ・ヴァール博士と初めて出会ったのは一九八六年八月のことだ。ドイツのゲッティンゲンで国際霊長類学会が開かれた。そのサテライト・シンポジウムで、当時まだ三〇代の若手研究者ばかりを集めて、「類人猿の知性」について討論する企画がもたれた。ほかにボノボのカンジの研究者スー・サベージ＝ランバウ（一九四六年八月一六日生まれ）や、野生チンパンジー研究のクリストフ・ボッシュ（一九五一年八月一一日生まれ）や、人間の子どもの言語発達とチンパンジーの身振りを研究していたマイケル・トマセロ（一九五〇年一月一八日生まれ）らが参加した。興味深いことに、みな年齢が近い。そのときいなかったと記憶しているがハーバード大学の野生チンパンジー研究者のリチャード・ランガム（一九四八年生まれ）を加えると、これでほぼ全員といってよい。ドゥ・ヴァール博士が一九四八年一〇月二九日生まれで、わたしは一九五〇年一〇月一五日生まれなので、研究者たちの生年が一九四六年から一九五一年までのわずか五年間に集中している。過去三〇年間、この同世代集団《コホート》が、類人猿研究とそれが切り開いてきた進化認知学という学問の発展をリードしてきたといえるだろう。

野生チンパンジー研究には、ジェーン・グドール（一九三四年四月三日生まれ）という圧倒的な存在感をもつパイオニアがいる。ほかのだれでもない。グドールが野生チンパンジーの長期継続研究を最初に始めた。一九六〇年に開始されたタンザニアのゴンベ保護区における野生チンパンジー研究である。ジェーンの著作、たとえば最初期（一九七一年）の著作『森の隣人』を読んで育った世代がわたしたちだといえる。したがって、ある意味では、初めから永久に超えることのできない先達が目の前にいて、なんとかそのジェーンとは違うところにそれぞれが学問のニッチを構えたといってよいだろう。

フランスの場合には、それが進化認知学の提唱に結実した。一九七三年のノーベル賞を受賞したコンラート・ローレンツとニコ・ティンバーゲンとカール・フォン・フリッシュらが開拓した動物行動学の伝統に立脚して、飼育下でチンパンジー研究を始めた。オランダ生まれの彼にとってのホームグラウンドとして、アーネム市にあるバーガース動物園がある。フランスの処女作である『チンパンジーの政治学』は、この群れの観察から生まれた作品だ。この動物園は、フランスの師であるユトレヒト大学のヤン・ファン・ホーフの母方の祖父（バーガース氏）が創立したものである。

私事ながら、わたしの場合には、当時はほかのだれもしていない道として、野外研究と実験研究の双方をおこなう比較認知科学というかたちで霊長類学の統合をめざした。アイ・プロジェクトと呼ばれる知性の実験研究を一九七七年に開始するとともに、一九八六年から毎年アフリカに行って、野生チンパンジーの石器使用の研究をしている。研究成果はどちらも本書で取り上げられている。アイの息子のアユムの数字の瞬間記憶の研究は、人間よりもチンパンジーのほうが優れる課題があることを証明した最初の例になった。また、野生チンパンジーの「教えない教育・見習う学習」は、フランスの『サルとすし職人』という著書の題名に使われた。

その後、いろいろなシンポジウムや講演でフランスと一緒になった。彼を日本に招いたり、わたしが招かれて彼の家に泊めていただいたりしたこともある。そうした折にふれて、いろいろなことを教わった。フランスは「教え魔」、つまり何かと教えるのが好きなのだ。彼の母語はオランダ語だが、英語もきわめて流暢だ。若いころ、一生懸命、辞書をひきひき英語をおぼえたという。こんなことがあった。「nice to meet you」と久しぶりに会ったときに言うと、それは「nice to see you」というべきだと訂正してくれる。まったく初めてのときが meet で、二回目以降の出会いでは see になると説明してくれた。チンパンジー研究についても、有益なコメントをくれた。たとえば、彼の意見では、野生と飼育の一番大きな違いは遊動だという。自由に動き回れるか否か。野生では分裂凝集といって四分五裂した小集団に分かれて行動するが、飼育下だと全員がいつも同じ区画にいることになる。彼の指摘がヒントになって、京都大学霊長類研究所では二〇一一〜二〇一三年度に、WISH大型ケージという回廊展示を創った。自由に動き回れる屋外運動場と二つの巨大ケージをトンネルや空中回廊で結んで、小集団に分かれた遊動ができるようにしたのである。

フランスは、アメリカ南部の名門エモリー大学心理学部の教授だが、二〇一六年にひとくぎりをつけた。引き続きエモリー大学に在職し、故国オランダのユトレヒト大学の特別教授をつとめる。研究成果のとりまとめをしつつ、二つの大学でわずかの授業を受け持ち、主には世界中を講演して飛び回っている。フェイスブックでの発信も秀逸だ。さまざまな動物の生き生きとした写真を、彼自らも撮影するが、ほかの優れた動物写真を彼の審美眼で選び出してフェイスブックにあげている。毎日のように更新しているが、見飽きることがない。これからも、本の執筆、講演、フェイスブックでの発信など、精力的な活動を続けていくだろう。次の本のテーマは決まっていて、情動だという。喜怒哀楽の情動が人間とそれ以外の動物で、何が似ていてどこが違うのか。今から楽しみな著作である。

本書の翻訳の万全を期すためのお手伝いの最後に、フランスにひとつ質問してみた。「もしもうひとつの人生があるとしたら、何をしますか？」。答えは「芸術家」だった。写真を撮影したり、絵を描いたりするのが若いころから好きだった。でも、人間やそれ以外の動物たちを見ることも好きだし、本を書くことも好きだから、やっぱり今の道を選ぶだろうね、と付け足してくれた。きっと、そうすると思う。なぜなら動物の行動はまだまだ未解明な部分が多く、フランスが提唱した進化認知学はこれから盛んになる学問だからだ。進化認知学でも比較認知科学でも要は同じだろう。人間の心や行動の進化的起源をそれ以外の動物との比較から知る学問は、ようやくわれわれの時代に始まったばかりだ。本書を読んだ若者のなかから、この研究をさらに前に進める人が出るとしたら幸いである。

松沢哲郎

二〇一七年六月一〇日　ポルトガル・アルガ山の野生馬の調査地にて

2014. FOXP2 in songbirds. *Current Opinion in Neurobiology* 28:86–93.

- Wynne, C. D., and M. A. R. Udell. 2013. *Animal Cognition: Evolution, Behavior and Cognition*. 2nd. ed. New York: Palgrave Macmillan.
- Yamakoshi, G. 1998. Dietary responses to fruit scarcity of wild chimpanzees at Bossou, Guinea: Possible implications for ecological importance of tool use. *American Journal of Physical Anthropology* 106:283–95.
- Yamamoto, S., T. Humle and M. Tanaka. 2009. Chimpanzees help each other upon request. *Plos One* 4:e7416.
- Yerkes, R. M. 1925. *Almost Human*. New York: Century.

———. 1943. *Chimpanzees: A Laboratory Colony*. New Haven, CT: Yale University Press.

- Zahn-Waxler, C., M. Radke-Yarrow, E. Wagner, and M. Chapman. 1992. Development of concern for others. *Developmental Psychology* 28:126–36.
- Zylinski, S. 2015. Fun and play in invertebrates. *Current Biology* 25:R10–12.

- Vasconcelos, M., K. Hollis, E. Nowbahari, and A. Kacelnik. 2012. Pro-sociality without empathy. *Biology Letters* 8:910-12.
- Vauclair, J. 1996. *Animal Cognition: An Introduction to Modern Comparative Psychology*. Cambridge, MA: Harvard University Press. [『動物のこころを探る――かれらはどのように〈考える〉か』鈴木光太郎・小林哲生訳、新曜社、1999]
- Visalberghi, E., and L. Limongelli. 1994. Lack of comprehension of cause-effect relations in tool-using capuchin monkeys (*Cebus apella*). *Journal of Comparative Psychology* 108:15-22.
- Visser, I. N., et al. 2008. Antarctic peninsula killer whales (*Orcinus orca*) hunt seals and a penguin on floating ice. *Marine Mammal Science* 24:225-34.
- Wade, N. 2014. *A Troublesome Inheritance: Genes, Race and Human History*. New York: Penguin.
- Wallace, A. R. 1869. Sir Charles Lyell on geological climates and the origin of species. *Quarterly Review* 126:359-94.
- Wascher, C. A. F., and T. Bugnyar. 2013. Behavioral responses to inequity in reward distribution and working effort in crows and ravens. *Plos ONE* 8:e56885.
- Wasserman, E. A. 1993. Comparative cognition: Beginning the second century of the study of animal intelligence. *Psychological Bulletin* 113:211-28.
- Watanabe, A., U. Grodzinski, and N. S. Clayton. 2014. Western scrub-jays allocate longer observation time to more valuable information. *Animal Cognition* 17:859-67.
- Watson, S. K., et al. 2015. Vocal learning in the functionally referential food grunts of chimpanzees. *Current Biology* 25:1-5.
- Weir, A. A., J. Chappell, and A. Kacelnik. 2002. Shaping of hooks in New Caledonian crows. *Science* 297:981-81
- Wellman, H. M., A. T. Phillips, and T. Rodriguez. 2000. Young children's understanding of perception, desire, and emotion. *Child Development* 71: 895-912.
- Wheeler, B. C., and J. Fischer. 2012. Functionally referential signals: A promising paradigm whose time has passed. *Evolutionary Anthropology* 21:195-205.
- White, L. A. 1959. *The Evolution of Culture*. New York: McGraw-Hill.
- Whitehead, H., and L. Rendell. 2015. *The Cultural Lives of Whales and Dolphins*. Chicago: University of Chicago Press.
- Whiten, A., V. Horner, and F. B. M. de Waal. 2005. Conformity to cultural norms of tool use in chimpanzees. *Nature* 437:737-40.
- Wikenheiser, A., and A. D. Redish. 2012. Hippocampal sequences link past, present, and future. *Trends in Cognitive Sciences* 16:361-62.
- Wilcox, S., and R. R. Jackson. 2002. Jumping spider tricksters: Deceit, predation, and cognition. In *The Cognitive Animal: Empirical and Theoretical Perspectives on Animal Cognition*, ed. M. Bekoff, C. Allen, and G. Burghardt, 27-33. Cambridge, MA: MIT Press.
- Wilfried, E. E. G., and J. Yamagiwa. 2014. Use of tool sets by chimpanzees for multiple purposes in Moukalaba-Doudou National Park, Gabon. *Primates* 55:467-42.
- Wilson, E. O. 1975. *Sociobiology: The New Synthesis*. Cambridge, MA: Belknap Press. [『社会生物学』伊藤嘉昭監修、坂上昭一ほか訳、新思索社、1999、他]

  ———. 2010. *Anthill: A Novel*. New York: Norton.
- Wilson, M. L., et al. 2014. Lethal aggression in *Pan* is better explained by adaptive strategies than human impacts. *Nature* 513:414-17.
- Wittgenstein, L. 1958 [orig. 1953]. *Philosophical Investigations*, 2nd ed. Oxford: Blackwell. [『哲学探究』丘沢静也訳、岩波書店、2013、他]
- Wohlgemuth, S., I. Adam, and C. Scharff.

Press.
●Tomasello, M., A. C. Kruger, and H. H. Ratner. 1993. Cultural learning. *Behavioral and Brain Sciences* 16:495–552.
●Tomasello, M., E. S. Savage-Rumbaugh, and A. C. Kruger. 1993. Imitative learning of actions on objects by children, chimpanzees, and enculturated chimpanzees. *Child Development* 64:1688–705.
●Tramontin, A. D., and E. A. Brenowitz. 2000. Seasonal plasticity in the adult brain. *Trends in Neurosciences* 23:251–58.
●Troscianko, J., et al. 2012. Extreme binocular vision and a straight bill facilitate tool use in New Caledonian crows. *Nature Communications* 3:1110.
●Tsao, D., S. Moeller, and W. A. Freiwald. 2008. Comparing face patch systems in macaques and humans. *Proceedings of the National Academy of Sciences USA* 105:19514–19.
●Tulving, E. 2005. Episodic memory and autonoesis: Uniquely human? In *The Missing Link in Cognition*, ed. H. Terrace and J. Metcalfe, 3–56. Oxford: Oxford University Press.
———. 1972. Episodic and semantic memory. In *Organization of Memory*, ed. E. Tulving and W. Donaldson, 381–403. New York: Academic Press.
———. 2001. Origin of autonoesis in episodic memory. In *The Nature of Remembering: Essays in Honor of Robert G. Crowder*, ed. H. L. Roediger et al., 17–34. Washington, DC: American Psychological Association.
●Uchino, E., and S. Watanabe. 2014. Self-recognition in pigeons revisited. *Journal of the Experimental Analysis of Behavior* 102:327–34.
●Udell, M.A.R., N. R. Dorey, and C.D.L. Wynne. 2008. Wolves outperform dogs in following human social cues. *Animal Behaviour* 76:1767–73.
———. 2010. What did domestication do to dogs? A new account of dogs' sensitivity to human actions. *Biological Review* 85:327–45.
●Uexküll, J. von. 1909. *Umwelt und Innenwelt der Tiere*. Berlin: Springer. [『動物の環境と内的世界』前野佳彦訳、みすず書房、2012]
———. 1957 [orig. 1934]. A stroll through the worlds of animals and men. A picture book of invisible worlds. In *Instinctive Behavior*, ed. C. Schiller, 5–80. London Methuen.
●Vail, A. L., A. Manica, and R. Bshary. 2014. Fish choose appropriately when and with whom to collaborate. *Current Biology* 24:R791–93.
●van de Waal, E., C. Borgeaud, and A. Whiten. 2013. Potent social learning and conformity shape a wild primate's foraging decisions. *Science* 340:483–85.
●van Hooff, J. A. R. A. M. 1972. A comparative approach to the phylogeny of laughter and smiling. In *Non-Verbal Communication*, ed. R. A. Hinde, 209–41. Cambridge: Cambridge University Press.
●van Leeuwen, E. J. C., K. A. Cronin, and D. B. M. Haun. 2014. A group-specific arbitrary tradition in chimpanzees (*Pan troglodytes*). *Animal Cognition* 17: 1421–25.
●van Leeuwen, E. J. C., and D. B. M. Haun. 2013. Conformity in nonhuman primates: Fad or fact? *Evolution and Human Behavior* 34:1–7.
●van Schaik, C. P., L. Damerius, and K. Isler. 2013. Wild orangutan males plan and communicate their travel direction one day in advance. *Plos ONE* 8:e74896.
●van Schaik, C. P., R. O. Deaner, and M. Y. Merrill. 1999. The conditions for tool use in primates: Implications for the evolution of material culture. *Journal of Human Evolution* 36:719–41.
●Varki, A., and D. Brower. 2013. *Denial: Self-Deception, False Beliefs, and the Origins of the Human Mind*. New York: Twelve.

●Suddendorf, T. 2013. *The Gap: The Science of What Separates Us from Other Animals*. New York: Basic Books. .[『現実を生きるサル空想を語るヒト——人間と動物をへだてる、たった2つの違い』寺町朋子訳、白揚社、2015]

●Suzuki, T. N. 2014. Communication about predator type by a bird using discrete, graded and combinatorial variation in alarm call. *Animal Behaviour* 87:59-65.

●Tan, J., and B. Hare. 2013. Bonobos share with strangers. *Plos ONE* 8:e51922.

●Taylor, A. H., et al. 2014. Of babies and birds: Complex tool behaviours are not sufficient for the evolution of the ability to create a novel causal intervention. *Proceedings of the Royal Society B* 281:20140837.

●Taylor, A. H., and R. D. Gray. 2009. Animal cognition: Aesop's fable flies from fiction to fact. *Current Biology* 19:R731-32.

●Taylor, A. H., G. R. Hunt, J. C. Holzhaider, and R. D. Gray. 2007. Spontaneous metatool use by New Caledonian crows. *Current Biology* 17:1504-7.

●Taylor, J. 2009. *Not a Chimp: The Hunt to Find the Genes That Make Us Human*. Oxford: Oxford University Press. [『われらはチンパンジーにあらず——ヒト遺伝子の探求』鈴木光太郎訳、新曜社、2013]

●Terrace, H. S., L. A. Petitto, R. J. Sanders, and T. G. Bever. 1979. Can an ape create a sentence? *Science* 206:891-902.

●Thomas, R. K. 1998. Lloyd Morgan's Canon. In *Comparative Psychology: A Handbook*, ed. G. Greenberg and M. M. Haraway, 156-63. New York: Garland.

●Thompson, J. A. M. 2002. Bonobos of the Lukuru Wildlife Research Project. In *Behavioural Diversity in Chimpanzees and Bonobos*, ed. C. Boesch, G. Hohmann, and L. Marchant, 61-70. Cambridge: Cambridge University Press.

●Thompson, R. K. R., and C. L. Contie. 1994. Further reflections on mirror usage by pigeons: Lessons from Winnie-the-Pooh and Pinocchio too. In *Self-Awareness in Animals and Humans*, ed. S. T. Parker et al., 392-409. Cambridge: Cambridge University Press.

●Thorndike, E. L. 1898. Animal intelligence: An experimental study of the associate processes in animals. *Psychological Reviews, Monograph Supplement* 2.

●Thorpe, W. H. 1979. *The Origins and Rise of Ethology: The Science of the Natural Behaviour of Animals*. London: Heineman. [『動物行動学をきずいた人々』小原嘉明・加藤義臣・柴坂寿子訳、培風館、1982]

●Tinbergen, N. 1953. *The Herring Gull's World*. London: Collins. [『セグロカモメの世界』安部直哉・斎藤隆史訳、今西錦司監修、思索社、1975]

———. 1963. On aims and methods of ethology. *Zeitschrift für Tierpsychologie* 20: 410-40.

●Tinbergen, N., and W. Kruyt. 1938. Über die Orientierung des Bienenwolfes (*Philanthus triangulum* Fabr.). III. Die Bevorzugung bestimmter Wegmarken. *Zeitschrift für Vergleichende Physiologie* 25:292-334.

●Tinklepaugh, O. L. 1928. An experimental study of representative factors in monkeys. *Journal of Comparative Psychology* 8:197-236.

●Toda, K., and S. Watanabe. 2008. Discrimination of moving video images of self by pigeons (*Columba livia*). *Animal Cognition* 11:699-705.

●Tolman, E. C. 1927. A behaviorist's definition of consciousness. *Psychological Review* 34:433-39.

●Tomasello, M. 2014. *A Natural History of Human Thinking*. Cambridge, MA: Harvard University Press.

———. 2008. Origins of human cooperation. Tanner Lecture, Stanford University, Oct. 29-31.

●Tomasello, M., and J. Call. 1997. *Primate Cognition*. New York: Oxford University

tionality. *Plos ONE* 8:e76674.

●Schusterman, R. J., C. Reichmuth Kastak, and D. Kastak. 2003. Equivalence classification as an approach to social knowledge: From sea lions to simians. In *Animal Social Complexity*, ed. F. B. M. de Waal and P. L. Tyack, 179–206. Cambridge, MA: Harvard University Press.

●Semendeferi, K., A. Lu, N. Schenker, and H. Damasio. 2002. Humans and great apes share a large frontal cortex. *Nature Neuroscience* 5:272–76.

●Sheehan, M. J., and E. A. Tibbetts. 2011. Specialized face learning is associated with individual recognition in paper wasps. *Science* 334:1272–75.

●Shettleworth, S. J. 1993. Varieties of learning and memory in animals. *Journal of Experimental Psychology: Animal Behavior Processes* 19:5–14.

———. 2007. Planning for breakfast. *Nature* 445:825–26.

———. 2010. Q&A. *Current Biology* 20: R910–11.

———. 2012. *Fundamentals of Comparative Cognition*. Oxford: Oxford University Press.

●Siebenaler, J. B., and D. K. Caldwell. 1956. Cooperation among adult dolphins. *Journal of Mammalogy* 37:126–28.

●Silberberg, A., and D. Kearns. 2009. Memory for the order of briefly presented numerals in humans as a function of practice. *Animal Cognition* 12:405–7.

●Skinner, B. F. 1938. *The Behavior of Organisms*. New York: Appleton- Century-Crofts.

———. 1956. A case history of the scientific method. *American Psychologist* 11:221–33.

———. 1969. *Contingencies of Reinforcement*. New York: Appleton-Century- Crofts. [『行動工学の基礎理論——伝統的心理学への批判』玉城政光監訳、佑学社、1976]

●Slocombe, K., and K. Zuberbühler. 2007. Chimpanzees modify recruitment screams as a function of audience composition. *Proceedings of the National Academy of Sciences USA* 104:17228–33.

●Smith, A. 1976 [orig. 1759]. *A Theory of Moral Sentiments*, ed. D. D. Raphael and A. L. Macfie. Oxford: Clarendon. [『道徳感情論』高哲男訳、講談社学術文庫、2013、他]

●Smith, J. D., et al. 1995. The uncertain response in the bottlenosed dolphin (*Tursiops truncatus*). *Journal of Experimental Psychology: General* 124:391–408.

●Sober, E. 1998. Morgan's canon. In *The Evolution of Mind*, ed. D. D. Cummins and Colin Allen, 224–42. Oxford: Oxford University Press.

●Soltis, J., et al. 2014. African elephant alarm calls distinguish between threats from humans and bees. *Plos ONE* 9:e89403.

●Sorge, R. E., et al. 2014. Olfactory exposure to males, including men, causes stress and related analgesia in rodents. *Nature Methods* 11:629–32.

●Spocter, M. A., et al. 2010. Wernicke's area homologue in chimpanzees (*Pan troglodytes*) and its relation to the appearance of modern human language. *Proceedings of the Royal Society B* 277:2165–74.

●St. Amant, R., and T. E. Horton. 2008. Revisiting the definition of animal tool use. *Animal Behaviour* 75:1199–208.

●Stenger, V. J. 1999. The anthropic coincidences: A natural explanation. *Skeptical Intelligencer* 3:2–17.

●Stix, G. 2014. The "it" factor. *Scientific American*, Sept., pp. 72–79.

●Suchak, M., and F. B. M. de Waal. 2012. Monkeys benefit from reciprocity without the cognitive burden. *Proceedings of the National Academy of Sciences USA* 109:15191–96.

●Suchak, M., T. M. Eppley, M. W. Campbell, and F. B. M. de Waal. 2014. Ape duos and trios: Spontaneous cooperation with free partner choice in chimpanzees. *PeerJ* 2:e417.

Mechanisms of Call Production and Call Perception. Unpublished thesis, Univerity of Göttingen, Germany.

●Prior, H., A. Schwarz, and O. Güntürkün. 2008. Mirror-induced behavior in the magpie (*Pica pica*): Evidence of self-recognition. *Plos Biology* 6:e202.

●Proctor, D., R. A. Williamson, F. B. M. de Waal, and S. F. Brosnan. 2013. Chimpanzees play the ultimatum game. *Proceedings of the National Academy of Sciences USA* 110: 2070-75.

●Proust, M. 1913-27. *Remembrance of Things Past*, vol. 1, *Swann's Way and Within a Budding Grove*. New York: Vintage Press. [『失われた時を求めて 1』吉川一義訳、岩波文庫、2010、他]

●Pruetz, J. D., and P. Bertolani. 2007. Savanna chimpanzees, *Pan troglodytes verus*, hunt with tools. *Current Biology* 17:412-17.

●Raby, C. R., D. M. Alexis, A. Dickinson, and N. S. Clayton. 2007. Planning for the future by western scrub-jays. *Nature* 445:919-21.

●Rajala, A. Z., K. R. Reininger, K. M. Lancaster, and L. C. Populin. 2010. Rhesus monkeys (*Macaca mulatta*) do recognize themselves in the mirror: Implications for the evolution of self-recognition. *Plos ONE* 5:e12865.

●Range, F., L. Horn, Z. Viranyi, and L. Huber. 2008. The absence of reward induces inequity aversion in dogs. *Proceedings of the National Academy of Sciences USA* 106:340-45.

●Range, F., and Z. Virányi. 2014. Wolves are better imitators of conspecifics than dogs. *Plos ONE* 9:e86559.

●Reiss, D., and L. Marino. 2001. Mirror self-recognition in the bottlenose dolphin: A case of cognitive convergence. *Proceedings of the National Academy of Sciences USA* 98:5937-42.

●Roberts, A. I., S.-J. Vick, S. G. B. Roberts, and C. R. Menzel. 2014. Chimpanzees modify intentional gestures to coordinate a search for hidden food. *Nature Communications* 5:3088.

●Roberts, W. A. 2012. Evidence for future cognition in animals. *Learning and Motivation* 43:169-80.

●Rochat, P. 2003. Five levels of self-awareness as they unfold early in life. *Consciousness and Cognition* 12:717-31.

●Röell, R. 1996. *De Wereld van Instinct: Niko Tinbergen en het Ontstaan van de Ethologie in Nederland (1920-1950)* . Rotterdam: Erasmus.

●Romanes, G. J. 1882. *Animal Intelligence*. London: Kegan, Paul, and Trench.

———. 1884. *Mental Evolution in Animals*. New York: Appleton.

●Sacks, O. 1985. *The Man Who Mistook His Wife for a Hat*. London: Picador. [『妻を帽子とまちがえた男』高見幸郎・金沢泰子訳、ハヤカワ文庫NF、2009、他]

●Saito, A., and K. Shinozuka. 2013. Vocal recognition of owners by domestic cats (*Felis catus*). *Animal Cognition* 16:685-90.

●Sanz, C. M., C. Schöning, and D. B. Morgan. 2010. Chimpanzees prey on army ants with specialized tool set. *American Journal of Primatology* 72: 17-24.

●Sapolsky, R. 2010. Language. May 21, http://bit.ly/1BUEv9L.

●Satel, S., and S. O. Lilienfeld. 2013. *Brain Washed: The Seductive Appeal of Mindless Neuroscience*. New York: Basic Books. [『その〈脳科学〉にご用心——脳画像で心はわかるのか』柴田裕之訳、紀伊國屋書店、2015]

●Savage-Rumbaugh, S., and R. Lewin. 1994. *Kanzi: The Ape at the Brink of the Human Mind*. New York: Wiley. [『人と話すサル「カンジ」』石館康平訳、講談社、1997]

●Sayigh, L. S., et al. 1999. Individual recognition in wild bottlenose dolphins: A field test using playback experiments. *Animal Behaviour* 57:41-50.

●Schel, M. A., et al. 2013. Chimpanzee alarm call production meets key criteria for inten-

University Press.

———. 2008. *Alex and Me*. New York: Collins.

———. 2012. Further evidence for addition and numerical competence by a grey parrot (*Psittacus erithacus*). *Animal Cognition* 15:711–17.

●Perdue, B. M., R. J. Snyder, Z. Zhihe, M. J. Marr, and T. L. Maple. 2011. Sex differences in spatial ability: A test of the range size hypothesis in the order Carnivora. *Biology Letters* 7:380–83.

●Perry, S. 2008. *Manipulative Monkeys: The Capuchins of Lomas Barbudal*. Cambridge, MA: Harvard University Press.

———. 2009. Conformism in the food processing techniques of white-faced capuchin monkeys (*Cebus capucinus*). *Animal Cognition* 12:705–16.

●Perry, S., H. Clark Barrett, and J. H. Manson. 2004. White-faced capuchin monkeys show triadic awareness in their choice of allies. *Animal Behaviour* 67:165–70.

●Pfenning, A. R., et al. 2014. Convergent transcriptional specializations in the brains of humans and song-learning birds. *Science* 346:1256846.

●Pfungst, O. 1911. *Clever Hans (The Horse of Mr. von Osten): A Contribution to Experimental Animal and Human Psychology*. New York: Henry Holt. [『りこうなハンス』柚木治代訳、丸善プラネット、2014]

●Plotnik, J. M., et al. 2014. Thinking with their trunks: Elephants use smell but not sound to locate food and exclude nonrewarding alternatives. *Animal Behaviour* 88:91–98.

●Plotnik, J. M., F. B. M. de Waal, and D. Reiss. 2006. Self-recognition in an Asian elephant. *Proceedings of the National Academy of Sciences USA* 103: 17053–57.

●Plotnik, J. M., R. C. Lair, W. Suphachoksakun, and F. B. M. de Waal. 2011. Elephants know when they need a helping trunk in a cooperative task. *Proceedings of the Academy of Sciences USA* 108:516–21.

●Pokorny, J., and F. B. M. de Waal. 2009. Monkeys recognize the faces of group mates in photographs. *Proceedings of the National Academy of Sciences USA* 106:21539–43.

●Pollick, A. S., and F. B. M. de Waal. 2007. Ape gestures and language evolution. *Proceedings of the National Academy of Sciences USA* 104:8184–89.

●Povinelli, D. J. 1987. Monkeys, apes, mirrors and minds: The evolution of self-awareness in primates. *Human Evolution* 2:493–509.

———. 1989. Failure to find self-recognition in Asian elephants (*Elephas maximus*) in contrast to their use of mirror cues to discover hidden food. *Journal of Comparative Psychology* 103:122–31.

———. 1998. Can animals empathize? *Scientific American Presents: Exploring Intelligence* 67:72–75.

●———. 2000. *Folk Physics for Apes: The Chimpanzee's Theory of How the World Works*. Oxford: Oxford University Press.

●Povinelli, D. J., et al. 1997. Chimpanzees recognize themselves in mirrors. *Animal Behaviour* 53:1083–88.

●Premack, D. 2007. Human and animal cognition: Continuity and discontinuity. *Proceedings of the National Academy of Sciences USA* 104:13861–67.

———. 2010. Why humans are unique: Three theories. *Perspectives on Psychological Science* 5:22–32.

●Premack, D., and A. J. Premack. 1994. Levels of causal understanding in chimpanzees and children. *Cognition* 50: 347–62.

●Premack, D., and G. Woodruff. 1978. Does the chimpanzee have a theory of mind? *Behavioral and Brain Sciences* 4:515–26.

●Preston, S. D. 2013. The origins of altruism in offspring care. *Psychological Bulletin* 139:1305–41.

●Price, T. 2013. *Vocal Communication within the Genus* Chlorocebus*: Insights into*

Apes. New York: McGraw-Hill. [『人間とサル』小原秀雄訳、角川書店、1979]

●Mulcahy, N. J., and J. Call. 2006. Apes save tools for future use. *Science* 312:1038-40.

●Nagasawa, M., et al. 2015. Oxytocin-gaze positive loop and the co-evolution of human-dog bonds. *Science* 348:333-36.

●Nagel, T. 1974. What is it like to be a bat? *Philosophical Review* 83:435-50. [『コウモリであるとはどのようなことか』永井均訳、勁草書房、1989、所収]

●Nakamura, M., W. C. McGrew, L. F. Marchant, and T. Nishida. 2000. Social scratch: Another custom in wild chimpanzees? *Primates* 41:237-48.

●Neisser, U. 1967. *Cognitive Psychology*. Englewood Cliffs, NJ: Prentice-Hall. [『認知心理学』大羽蓁訳、誠心書房、1981]

●Nielsen, R., et al. 2005. A scan for positively selected genes in the genomes of humans and chimpanzees. *Plos Biology* 3:976-85.

●Nishida, T. 1983. Alpha status and agonistic alliances in wild chimpanzees. *Primates* 24:318-36.

●Nishida, T., et al. 1992. Meat-sharing as a coalition strategy by an alpha male chimpanzee? In *Topics of Primatology*, ed. T. Nishida, 159-74. Tokyo: Tokyo Press.

●Nishida, T., and K. Hosaka. 1996. Coalition strategies among adult male chimpanzees of the Mahale Mountains, Tanzania. In *Great Ape Societies* ed. W. C. McGrew, L. F. Marchant, and T. Nishida, 114-34. Cambridge: Cambridge University Press.

●O'Connell, C. 2015. *Elephant Don: The Politics of a Pachyderm Posse*. Chicago: University of Chicago Press.

●Ostojić, L., R. C. Shaw, L. G. Cheke, and N. S. Clayton. 2013. Evidence suggesting that desire-state attribution may govern food sharing in Eurasian jays. *Proceedings of the National Academy of Sciences USA* 110: 4123-28.

●Osvath, M. 2009. Spontaneous planning for stone throwing by a male chimpanzee. *Current Biology* 19:R191-92.

●Osvath, M., and G. Martin-Ordas. 2014. The future of future-oriented cognition in non-humans: Theory and the empirical case of the great apes. *Philosophical Transactions of the Royal Society B* 369:20130486.

●Osvath, M., and H. Osvath. 2008. Chimpanzee (*Pan troglodytes*) and orangutan (*Pongo abelii*) forethought: Self-control and pre-experience in the face of future tool use. *Animal Cognition* 11:661-74.

●Ottoni, E. B., and M. Mannu. 2001. Semi-free-ranging tufted capuchins (*Cebus apella*) spontaneously use tools to crack open nuts. *International Journal of Primatology* 22:347-58.

●Overduin-de Vries, A. M., B. M. Spruijt, and E. H. M. Sterck. 2013. Longtailed macaques (*Macaca fascicularis*) understand what conspecifics can see in a competitive situation. *Animal Cognition* 17:77-84.

●Parr, L., and F. B. M. de Waal. 1999. Visual kin recognition in chimpanzees. Nature 399:647-48.

●Parvizi, J. 2009. Corticocentric myopia: Old bias in new cognitive sciences. *Trends in Cognitive Sciences* 13:354-59.

●Paxton, R., et al. 2010. Rhesus monkeys rapidly learn to select dominant individuals in videos of artificial social interactions between unfamiliar conspecifics. *Journal of Comparative Psychology* 124:395-401.

●Pearce, J. M. 2008. *Animal Learning and Cognition: An Introduction*, 3rd ed. East Sussex, UK: Psychology Press.

●Penn, D. C., and D. J. Povinelli. 2007. On the lack of evidence that non-human animals possess anything remotely resembling a "theory of mind." *Philosophical Transactions of the Royal Society B* 362:731-44.

●Pepperberg, I. M. 1999. *The Alex Studies: Cognitive and Communicative Abilities of Grey Parrots*. Cambridge, MA: Harvard

Thought. Cambridge, MA: Harvard University Press.

●McComb, K., et al. 2011. Leadership in elephants: The adaptive value of age. *Proceedings of the Royal Society B* 274:2943–49.

●McComb, K., G. Shannon, K. N. Sayialel, and C. Moss. 2014. Elephants can determine ethnicity, gender and age from acoustic cues in human voices. *Proceedings of the National Academy of Sciences USA* 111:5433–38.

●McGrew, W. C. 2010. Chimpanzee technology. *Science* 328:579–80.

———. 2013. Is primate tool use special? Chimpanzee and New Caledonian crow compared. *Philosophical Transactions of the Royal Society B* 368:20120422.

●McGrew, W. C., and C. E. G. Tutin. 1978. Evidence for a social custom in wild chimpanzees? *Man* 13:243–51.

●Melis, A. P., B. Hare, and M. Tomasello. 2006a. Chimpanzees recruit the best collaborators. *Science* 311:1297–300.

———. 2006b. Engineering cooperation in chimpanzees: Tolerance constraints on cooperation. *Animal Behaviour* 72:275–86.

●Mendes, N., D. Hanus, and J. Call. 2007. Raising the level: Orangutans use water as a tool. *Biology Letters* 3:453–55.

●Mendres, K. A., and F. B. M. de Waal. 2000. Capuchins do cooperate: The advantage of an intuitive task. *Animal Behaviour* 60: 523–29.

●Menzel, E. W. 1972. Spontaneous invention of ladders in a group of young chimpanzees. *Folia primatologica* 17:87–106.

———. 1974. A group of young chimpanzees in a one-acre field. In *Behavior of Non-Human Primates*, ed. A. M. Schrier and F. Stollnitz, 5:83–153. New York: Academic Press.

●Mercader, J., et al. 2007. 4,300-year-old chimpanzee sites and the origins of percussive stone technology. *Proceedings of the National Academy of Sciences USA* 104:3043–48.

●Miklósi, Á., et al. 2003. A simple reason for a big difference: Wolves do not look back at humans, but dogs do. *Current Biology* 13:763–66.

●Mischel, W., and E. B. Ebbesen. 1970. Attention in delay of gratification. *Journal of Personality and Social Psychology* 16:329–37.

●Mischel, W., E. B. Ebbesen, and A. R. Zeiss. 1972. Cognitive and attentional mechanisms in delay of gratification. *Journal of Personality and Social Psychology* 21:204–18.

●Moore, B. R. 1973. The role of directed pavlovian responding in simple instrumental learning in the pigeon. In *Constraints on Learning*, ed. R. A. Hinde and J. S. Hinde, 159–87. London: Academic Press.

———. 1992. Avian movement imitation and a new form of mimicry: Tracing the evoluting of a complex form of learning. *Behaviour* 122:231–63.

———. 2004. The evolution of learning. *Biological Review* 79:301–35.

●Moore, B. R., and S. Stuttard. 1979. Dr. Guthrie and *Felis domesticus* or: Tripping over the cat. *Science* 205:1031–33.

●Morell, V. 2013. *Animal Wise: The Thoughts and Emotions of Our Fellow Creatures*. New York: Crown. [『なぜ犬はあなたの言っていることがわかるのか——動物にも"心"がある』庭田よう子訳、講談社、2015]

●Morgan, C. L. 1894. *An Introduction to Comparative Psychology*. London: Scott. [『比較心理学』大鳥居弃三訳、大日本文明協会、1914]

———. 1903. *An Introduction to Comparative Psychology*, new ed. London: Scott. [前掲『比較心理学』]

●Morris, D. 2010. Retrospective: Beginnings. In *Tinbergen's Legacy in* Behaviour*: Sixty Years of Landmark Stickleback Papers*, ed. F. Von Hippel, 49–53. Leiden, Netherlands: Brill.

●Morris, R., and D. Morris. 1966. *Men and*

1995. Comprehension of causeeffect relations in a tool-using task by chimpanzees (*Pan troglodytes*). *Journal of Comparative Psychology* 109:18-26.

●Lindauer, M. 1987. Introduction. In *Neurobiology and Behavior of Honeybees*, ed. R. Menzel and A. Mercer, 1-6. Berlin: Springer.

●Lonsdorf, E. V., L. E. Eberly, and A. E. Pusey. 2004. Sex differences in learning in chimpanzees. *Nature* 428:715-16.

●Lorenz, K. Z. 1941. Vergleichende Bewegungsstudien an Anatinen. *Journal für Ornithologie* 89 (1941): 194-294.

———. 1952. *King Solomon's Ring*. London: Methuen, 1952. [『ソロモンの指環——動物行動学入門』日高敏隆訳、ハヤカワ文庫NF、2006]

———. 1981. *The Foundations of Ethology*. New York: Simon and Schuster.

●Malcolm, N. 1973. Thoughtless brutes. *Proceedings and Addresses of the American Philosophical Association* 46:5-20.

●Marais, E. 1969. *The Soul of the Ape*. New York: Atheneum.

●Marks, J. 2002. *What It Means to Be 98% Chimpanzee: Apes, People, and Their Genes*. Berkeley: University of California Press.

●Martin, C. F., et al. 2014. Chimpanzee choice rates in competitive games match equilibrium game theory predictions. *Scientfic Reports* 4:5182.

●Martin-Ordas, G., D. Berntsen, and J. Call. 2013. Memory for distant past events in chimpanzees and orangutans. *Current Biology* 23:1438-41.

●Martin-Ordas, G., J. Call, and F. Colmenares. 2008. Tubes, tables and traps: Great apes solve two functionally equivalent trap tasks but show no evidence of transfer across tasks. *Animal Cognition* 11:423-30.

●Marzluff, J. M., et al. 2010. Lasting recognition of threatening people by wild American crows. *Animal Behaviour* 79:699-707.

●Marzluff, J. M., and T. Angell. 2005. *In the Company of Crows and Ravens*. New Haven, CT: Yale University Press.

●Marzluff, J. M., R. Miyaoka, S. Minoshima, and D. J. Cross. 2012. Brain imaging reveals neuronal circuitry underlying the crow's perception of human faces. *Proceedings of the National Academy of Sciences USA* 109:15912-17.

●Mason, W. A. 1976. Environmental models and mental modes: Representational processes in the great apes and man. *American Psychologist* 31:284-94.

●Massen, J. J. M., A. Pašukonis, J. Schmidt, and T. Bugnyar. 2014. Ravens notice dominance reversals among conspecifics within and outside their social group. *Nature Communications* 5:3679.

●Massen, J. J. M., G. Szipl, M. Spreafico, and T. Bugnyar. 2014. Ravens intervene in others' bonding attempts. *Current Biology* 24:2733-36.

●Mather, J. A., and R. C. Anderson. 1999. Exploration, play, and habituation in octopuses (*Octopus dofleini*). *Journal of Comparative Psychology* 113:333-38.

●Mather, J. A., R. C. Anderson, and J. B. Wood. 2010. *Octopus: The Ocean's Intelligent Invertebrate*. Portland, OR: Timber Press.

●Matsuzawa, T. 1994. Field experiments on use of stone tools by chimpanzees in the wild. In *Chimpanzee Cultures*, ed. R. W. Wrangham, W. C. McGrew, F. B. M. de Waal, and P. Heltne, 351-70. Cambridge, MA: Harvard University Press.

———. 2009. Symbolic representation of number in chimpanzees. *Current Opinion in Neurobiology* 19:92-98.

●Matsuzawa, T., et al. 2001. Emergence of culture in wild chimpanzees: education by master-apprenticeship. In *Primate Origins of Human Cognition and Behavior*, ed. T. Matsuzawa, 557-74. New York: Springer.

●Mayr, E. 1982. *The Growth of Biological*

gorilla (*Gorilla beringei beringei*). *American Journal of Primatology* 77:353–57.

●King, S. L., and V. M. Janik. 2013. Bottlenose dolphins can use learned vocal labels to address each other. *Proceedings of the National Academy of Sciences USA* 110: 13216–21.

●King, S. L., et al. 2013. Vocal copying of individually distinctive signature whistles in bottlenose dolphins. *Proceedings of the Royal Society B* 280:20130053.

●Kitcher, P. 2006. Ethics and evolution: How to get here from there. In *Primates and Philosophers: How Morality Evolved*, ed. S. Macedo and J. Ober, 120–39. Princeton, NJ: Princeton University Press.

●Koepke, A. E., S. L. Gray, and I. M. Pepperberg. 2015. Delayed gratification: A grey parrot (*Psittacus erithacus*) will wait for a better reward. *Journal of Comparative Psychology*. In press.

●Köhler, W. 1925. *The Mentality of Apes*. New York: Vintage. [『類人猿の知恵試験』宮孝一訳、岩波書店、1962]

●Koyama, N. F. 2001. The long-term effects of reconciliation in Japanese macaques (*Macaca fuscata*). *Ethology* 107:975–87.

●Koyama, N. F., C. Caws, and F. Aureli. 2006. Interchange of grooming and agonistic support in chimpanzees. *International Journal of Primatology* 27:1293–309.

●Kruuk, H. 2003. *Niko's Nature: The Life of Niko Tinbergen and His Science of Animal Behaviour*. Oxford: Oxford University Press.

●Kummer, H. 1971. *Primate Societies: Group Techniques of Ecological Adaptions*. Chicago: Aldine. [『霊長類の社会——サルの集団生活と生態的適応』水原洋城訳、社会思想社、1978]

———. 1995. *In Quest of the Sacred Baboon: A Scientist's Journey*. Princeton, NJ: Princeton University Press.

●Kummer, H., V. Dasser, and P. Hoyningen-Huene. 1990. Exploring primate social cognition: Some critical remarks. *Behaviour* 112:84–98.

●Kuroshima, H., et al. 2003. A capuchin monkey recognizes when people do and do not know the location of food. *Animal Cognition* 6:283–91.

●Ladygina-Kohts, N. 2002 [orig. 1935]. *Infant Chimpanzee and Human Child: A Classic 1935 Comparative Study of Ape Emotions and Intelligence*, ed. F. B. M. de Waal. Oxford: Oxford University Press.

●Langergraber, K. E., J. C. Mitani, and L. Vigilant. 2007. The limited impact of kinship on cooperation in wild chimpanzees. *Proceedings of the Academy of Sciences USA* 104:7786–90.

●Lanner, R. M. 1996. *Made for Each Other: A Symbiosis of Birds and Pines*. New York: Oxford University Press.

●Leavens, D. A., F. Aureli, W. D. Hopkins, and C. W. Hyatt. 2001. Effects of cognitive challenge on self-directed behaviors by chimpanzees (*Pan troglodytes*). *American Journal of Primatology* 55:1–14.

●Leavens, D., W. D. Hopkins, and K. A. Bard. 1996. Indexical and referential pointing in chimpanzees (*Pan troglodytes*). *Journal of Comparative Psychology* 110 (1996): 346–53.

●Lehrman, D. 1953. A critique of Konrad Lorenz's theory of instinctive behavior. *Quarterly Review of Biology* 28:337–63.

●Lethmate, J. 1982. Tool-using skills of orangutans. *Journal of Human Evolution* 11:49–50.

●Lethmate, J., and G. Dücker. 1973. Untersuchungen zum Selbsterkennen im Spiegel bei Orang-Utans und einigen anderen Affenarten. *Zeitschrift für Tierpsychologie* 33:248–69.

●Liebal, K., B. M. Waller, A. M. Burrows, and K. E. Slocombe. 2013. *Primate Communication: A Multimodal Approach*. Cambridge: Cambridge University Press.

●Limongelli, L., S. Boysen, and E. Visalberghi.

The Roots of Culture, ed. C. M. Heyes and B. Galef, 267-89. San Diego: Academic Press.

●Hume, D. 1985 [orig. 1739]. *A Treatise of Human Nature*. Harmondsworth, UK: Penguin. [『人性論』土岐邦夫・小西嘉四郎訳、中公クラシックス、2010]

●Hunt, G. R. 1996. The manufacture and use of hook tools by New Caledonian crows. *Nature* 379:249-51.

●Hunt, G. R., et al. 2007. Innovative pandanus-folding by New Caledonian crows. *Australian Journal of Zoology* 55:291-98.

●Hunt, G. R., and R. D. Gray. 2004. The crafting of hook tools by wild New Caledonian crows. *Proceedings of the Royal Society of London B* 271:S88-S90.

●Hurley, S., and M. Nudds. 2006. *Rational Animals?* Oxford: Oxford University Press.

●Imanishi, K. *Man*. 1952. Tokyo: Mainichi-Shinbunsha. . [『人間』今西錦司、毎日新聞社、1952]

●Inman, A., and S. J. Shettleworth. 1999. Detecting metamemory in nonverbal subjects: A test with pigeons. *Journal of Experimental Psychology: Animal Behavior Processes* 25:389-95.

●Inoue, S., and T. Matsuzawa. 2007. Working memory of numerals in chimpanzees. *Current Biology* 17:R1004-R1005.

●Inoue-Nakamura, N., and T. Matsuzawa. 1997. Development of stone tool use by wild chimpanzees. *Journal of Comparative Psychology* 111:159-73.

●Itani, J., and A. Nishimura. 1973. The study of infrahuman culture in Japan: A review. In *Precultural Primate Behavior*, ed. E. Menzel, 26-50. Basel: Karger.

●Jabr, F. 2014. The science is in: Elephants are even smarter than we realized. *Scientific American*, Feb. 26.

●Jackson, R. R. 1992. Eight-legged tricksters. *Bioscience* 42:590-98 .

●Jacobs, L. F., and E. R. Liman. 1991. Grey squirrels remember the locations of buried nuts. *Animal Behaviour* 41:103-10.

●Janik, V. M., L. S. Sayigh, and R. S. Wells. 2006. Signature whistle contour shape conveys identity information to bottlenose dolphins. *Proceedings of the National Academy of Sciences USA* 103:8293-97.

●Janmaat, K. R. L., L. Polansky, S. D. Ban, and C. Boesch. 2014. Wild chimpanzees plan their breakfast time, type, and location. *Proceedings of the National Academy of Sciences USA* 111:16343-48.

●Jelbert, S. A., et al. 2014. Using the Aesop's fable paradigm to investigate causal understanding of water displacement by New Caledonian crows. *Plos ONE* 9:e92895.

●Jorgensen, M. J., S. J. Suomi, and W. D. Hopkins. 1995. Using a computerized testing system to investigate the preconceptual self in nonhuman primates and humans. In *The Self in Infancy: Theory and Research*, ed. P. Rochat, 243-256. Amsterdam: Elsevier.

●Judge, P. G. 1991. Dyadic and triadic reconciliation in pigtail macaques (*Macaca nemestrina*). *American Journal of Primatology* 23:225-37.

●Judge, P. G., and S. H. Mullen. 2005. Quadratic postconflict affiliation among bystanders in a hamadryas baboon group. *Animal Behaviour* 69:1345-55.

●Kagan, J. 2000. Human morality is distinctive. *Journal of Consciousness Studies* 7:46-48.

———. 2004. The uniquely human in human nature. *Daedalus* 133:77-88.

●Kaminski, J., J. Call, and J. Fischer. 2004. Word learning in a domestic dog: evidence for fast mapping. *Science* 304:1682-83.

●Kendal, R., et al. 2015. Chimpanzees copy dominant and knowledgeable individuals: Implications for cultural diversity. *Evolution and Human Behavior* 36:65-72.

●Kinani, J.-F., and D. Zimmerman. 2015. Tool use for food acquisition in a wild mountain

●Heisenberg, W. 1958. *Physics and Philosophy: The Revolution in Modern Science*. London: Allen and Unwin.

●Herculano-Houzel, S. 2009. The human brain in numbers: A linearly scaled-up primate brain. *Frontiers in Human Neuroscience* 3 (2009): 1-11.

———. 2011. Brains matter, bodies maybe not: The case for examining neuron numbers irrespective of body size. *Annals of the New York Academy of Sciences* 1225:191-99.

●Herculano-Houzel, S., et al. 2014. The elephant brain in numbers. *Neuroanatomy* 8:10.3389/fnana.2014.00046.

●Herrmann, E., et al. 2007. Humans have evolved specialized skills of social cognition: The cultural intelligence hypothesis. *Science* 317:1360-66.

●Herrmann, E., V. Wobber, and J. Call. 2008. Great apes' (*Pan troglodytes, P. paniscus, Gorilla gorilla, Pongo pygmaeus*) understanding of tool functional properties after limited experience. *Journal of Comparative Psychology* 122:220-30.

●Heyes, C. 1995. Self-recognition in mirrors: Further reflections create a hall of mirrors. *Animal Behaviour* 50: 1533-42.

●Hillemann, F., T. Bugnyar, K. Kotrschal, and C. A. F. Wascher. 2014. Waiting for better, not for more: Corvids respond to quality in two delay maintenance tasks. *Animal Behaviour* 90: 1-10.

●Hirata, S., K. Watanabe, and M. Kawai. 2001. "Sweet-potato washing" revisited. In *Primate Origins of Human Cognition and Behavior*, ed. T. Matsuzawa, 487-508. Tokyo: Springer.

●Hobaiter, C., and R. Byrne. 2014. The meanings of chimpanzee gestures. *Current Biology* 24:1596-600.

●Hodos, W., and C. B. G. Campbell. 1969. *Scala naturae:* Why there is no theory in comparative psychology. *Psychological Review* 76:337-50.

●Hopper, L. M., S. P. Lambeth, S. J. Schapiro, and A. Whiten. 2008. Observational learning in chimpanzees and children studied through "ghost" conditions. *Proceedings of the Royal Society of London B* 275:835-40.

●Horner, V., et al. 2010. Prestige affects cultural learning in chimpanzees. *Plos ONE* 5:e10625.

●Horner, V., D. J. Carter, M. Suchak, and F. B. M. de Waal. 2011. Spontaneous prosocial choice by chimpanzees. *Proceedings of the National Academy of Sciences USA* 108:13847-51.

●Horner, V., and F. B. M. de Waal. 2009. Controlled studies of chimpanzee cultural transmission. *Progress in Brain Research* 178:3-15.

●Horner, V., A. Whiten, E. Flynn, and F. B. M. de Waal. 2006. Faithful replication of foraging techniques along cultural transmission chains by chimpanzees and children. *Proceedings of the National Academy of Sciences USA* 103: 13878-83.

●Horowitz, A. 2010. *Inside of a Dog: What Dogs See, Smell, and Know*. New York: Scribner. [『犬から見た世界——その目で耳で鼻で感じていること』竹内和世訳、白揚社、2012]

●Hostetter, A. B., M. Cantero, and W. D. Hopkins. 2001. Differential use of vocal and gestural communication by chimpanzees (*Pan troglodytes*) in response to the attentional status of a human (*Homo sapiens*). *Journal of Comparative Psychology* 115:337-43.

●Howell, T. J., S. Toukhsati, R. Conduit, and P. Bennett. 2013. The perceptions of dog intelligence and cognitive skills (PoDIaCS) survey. *Journal of Veterinary Behavior: Clinical Applications and Research* 8:418-24.

●Huffman, M. A. 1996. Acquisition of innovative cultural behaviors in nonhuman primates: A case study of stone handling, a socially transmitted behavior in Japanese macaques. In *Social Learning in Animals:*

2010. A comparison of bonobo and chimpanzee tool use: Evidence for a female bias in the Pan lineage. *Animal Behaviour* 80:1023–33.

●Guldberg, H. 2010. *Just Another Ape?* Exeter, UK: Imprint Academic.

●*Gumert, M. D., M. Kluck, and S. Malaivijitnond. 2009. The physical characteristics and usage patterns of stone axe and pounding hammers used by long-tailed macaques in the Andaman Sea region of Thailand. American Journal of Primatology* 71:594–608.

●Günther, M. M., and C. Boesch. 1993. Energetic costs of nut-cracking behaviour in wild chimpanzees. In *Hands of Primates*, ed. H. Preuschoft and D. J. Chivers, 109–29. Vienna: Springer.

●Gupta, A. S., M. A. A. van der Meer, D. S. Touretzky, and A. D. Redish. 2010. Hippocampal replay is not a simple function of experience. *Neuron* 65:695–705.

●Guthrie, E. R., and G. P. Horton. 1946. *Cats in a Puzzle Box*. New York: Rinehart.

●Hall, K., et al. 2014. Using cross correlations to investigate how chimpanzees use conspecific gaze cues to extract and exploit information in a foraging competition. *American Journal of Primatology* 76:932–41.

●Hamilton, G. 2012. Crows can distinguish faces in a crowd. National Wildlife Federation, Nov. 7, http://bit.ly/1IqkWaN.

●Hampton, R. R. 2001. Rhesus monkeys know when they remember. *Proceedings of the National Academy of Sciences USA* 98:5359–62.

●Hampton, R. R., A. Zivin, and E. A. Murray. 2004. Rhesus monkeys (*Macaca mulatta*) discriminate between knowing and not knowing and collect information as needed before acting. *Animal Cognition* 7:239–54.

●Hanlon, R. T. 2007. Cephalopod dynamic camouflage. *Current Biology* 17:R400–4.

———. 2013. Camouflaged octopus makes marine biologist scream bloody murder (video). *Discover*, Sept. 13, http://bit.ly/1RScdid.

●Hanlon, R. T., and J. B. Messenger. 1996. *Cephalopod Behaviour*. Cambridge: Cambridge University Press.

●Hanlon, R. T., J. W. Forsythe, and D. E. Joneschild. 1999. Crypsis, conspicuousness, mimicry and polyphenism as antipredator defences of foraging octopuses on indo-pacific coral reefs, with a method of quantifying crypsis from video tapes. *Biological Journal of the Linnean Society* 66:1–22.

●Hanus, D., N. Mendes, C. Tennie, and J. Call. 2011. Comparing the performances of apes (*Gorilla gorilla, Pan troglodytes, Pongo pygmaeus*) and human children (*Homo sapiens*) in the floating peanut task. *PLoS ONE* 6:e19555.

●Hare, B., M. Brown, C. Williamson, and M. Tomasello. 2002. The domestication of social cognition in dogs. *Science* 298:1634–36.

●Hare, B., J. Call, and M. Tomasello 2001. Do chimpanzees know what conspecifics know? *Animal Behaviour* 61:139–51.

●Hare, B., and M. Tomasello. 2005. Human-like social skills in dogs? *Trends in Cognitive Sciences* 9:440–45.

●Hare, B., and V. Woods. 2013. *The Genius of Dogs: How Dogs Are Smarter Than You Think*. New York: Dutton. [『あなたの犬は「天才」だ』古草秀子訳、早川書房、2013]

●Harlow, H. F. 1953. Mice, monkeys, men, and motives. *Psychological Review* 60:23–32.

●Hattori, Y., F. Kano, and M. Tomonaga. 2010. Differential sensitivity to conspecific and allospecific cues in chimpanzees and humans: A comparative eye-tracking study. *Biology Letters* 6:610–13.

●Hattori, Y., K. Leimgruber, K. Fujita, and F. B. M. de Waal. 2012. Food-related tolerance in capuchin monkeys (*Cebus apella*) varies with knowledge of the partner's previous food-consumption. *Behaviour* 149:171–85.

ture of human altruism. *Nature* 425:785-91.

●Ferris, C. F., et al. 2001. Functional imaging of brain activity in conscious monkeys responding to sexually arousing cues. *Neuroreport* 12:2231-36.

●Finn, J. K., T. Tregenza, and M. D. Norman. 2009. Defensive tool use in a coconut-carrying octopus. *Current Biology* 19:R1069-70.

●Fodor, J. 1975. *The Language of Thought*. New York: Crowell.

●Foerder, P., et al. 2011. Insightful problem solving in an Asian elephant. *Plos ONE* 6(8):e23251.

●Foote, A. L., and J. D. Crystal. 2007. Metacognition in the rat. *Current Biology* 17:551-55.

●Foster, M. W., et al. 2009. Alpha male chimpanzee grooming patterns: Implications for dominance "style." *American Journal of Primatology* 71:136-44.

●Fragaszy, D. M., E. Visalberghi, and L. M. Fedigan. 2004. *The Complete Capuchin: The Biology of the Genus* Cebus. Cambridge: Cambridge University Press.

●Frankfurt, H. G. 1971. Freedom of the will and the concept of a person. *Journal of Philosophy* 68:5-20. [『自由と行為の哲学』所収「意志の自由と人格という概念」近藤智彦訳、春秋社、2010]

●Fuhrmann, D., A. Ravignani, S. Marshall-Pescini, and A. Whiten. 2014. Synchrony and motor mimicking in chimpanzee observational learning. *Scientific Reports* 4:5283.

●Gácsi, M., et al. 2009. Explaining dog wolf differences in utilizing human pointing gestures: Selection for synergistic shifts in the development of some social skills. *Plos ONE* 4:e6584.

●Galef, B. G. 1990. The question of animal culture. *Human Nature* 3:157-78.

●Gallup, G. G. 1970. Chimpanzees: Self-recognition. *Science* 167:86-87.

●Garcia, J., D. J. Kimeldorf, and R. A. Koelling. 1955. Conditioned aversion to saccharin resulting from exposure to gamma radiation. *Science* 122:157-58.

●Gardner, R. A., M. H. Scheel, and H. L. Shaw. 2011. Pygmalion in the laboratory. *American Journal of Psychology* 124:455-61.

●Garstang, M., et al. 2014. Response of African elephants (*Loxodonta africana*) to seasonal changes in rainfall. *Plos ONE* 9:e108736.

●Gaulin, S. J. C., and R. W. Fitzgerald. 1989. Sexual selection for spatial-learning ability. *Animal Behaviour* 37:322-31.

●Geissmann, T., and M. Orgeldinger. 2000. The relationship between duet songs and pair bonds in siamangs, *Hylobates syndactylus*. *Animal Behaviour* 60: 805-9.

●Goodall, J. 1967. *My Friends the Wild Chimpanzees*. Washington, DC: National Geographic Society.

———. 1971. *In the Shadow of Man*. Boston: Houghton Mifflin. [『森の隣人——チンパンジーと私』河合雅雄訳、朝日新聞社、1996]

———. 1986. *The Chimpanzees of Gombe: Patterns of Behavior*. Cambridge, MA: Belknap. [『野生チンパンジーの世界』杉山幸丸・松沢哲郎監訳、ミネルヴァ書房、1990]

●Gould, J. L., and C. G. Gould. 1999. *The Animal Mind*. New York: W. H. Freeman.

●Gouzoules, S., H. Gouzoules, and P. Marler. 1984. Rhesus monkey (*Macaca mulatta*) screams: Representational signaling in the recruitment of agonistic aid. *Animal Behaviour* 32:182-93.

●Griffin, D. R. 1976. *The Question of Animal Awareness: Evolutionary Continuity of Mental Experience*. New York: Rockefeller University Press. [『動物に心があるか——心的体験の進化的連続性』桑原万寿太郎訳、岩波書店、1979]

———. 2001. Return to the magic well: Echolocation behavior of bats and responses of insect prey. *Bioscience* 51:555-56.

●Gruber, T., Z. Clay, and K. Zuberbühler.

ture, ed. K. Laland and B. G. Galef, 19-39. Cambridge, MA: Harvard University Press.

●de Waal, F. B. M., and S. F. Brosnan. 2006. Simple and complex reciprocity in primates. In *Cooperation in Primates and Humans: Mechanisms and Evolution*, ed. P. M. Kappeler and C. van Schaik, 85-105. Berlin: Springer.

●de Waal, F. B. M., M. Dindo, C. A. Freeman, and M. Hall. 2005. The monkey in the mirror: Hardly a stranger. *Proceedings of the National Academy of Sciences USA* 102:11140-47.

●de Waal, F. B. M., and P. F. Ferrari. 2010. Towards a bottom-up perspective on animal and human cognition. *Trends in Cognitive Sciences* 14:201-7.

●de Waal, F. B. M., and D. L. Johanowicz. 1993. Modification of reconciliation behavior through social experience: An experiment with two macaque species. *Child Development* 64:897-908.

●de Waal, F. B. M., and J. Pokorny. 2008. Faces and behinds: Chimpanzee sex perception. *Advanced Science Letters* 1:99-103.

●de Waal, F. B. M., and P. L. Tyack, eds. 2003. *Animal Social Complexity: Intelligence, Culture, and Individualized Societies*. Cambridge, MA: Harvard University Press.

●de Waal, F. B. M., and J. van Hooff. 1981. Side-directed communication and agonistic interactions in chimpanzees. *Behaviour* 77:164-98.

●Dewsbury, D. A. 2000. Comparative cognition in the 1930s. *Psychonomic Bulletin and Review* 7:267-83.

———. 2006. *Monkey Farm: A History of the Yerkes Laboratories of Primate Biology, Orange Park, Florida, 1930-1965*. Lewisburg, PA: Bucknell University Press.

●Dindo, M., A. Whiten, and F. B. M. de Waal. 2009. In-group conformity sustains different foraging traditions in capuchin monkeys (*Cebus apella*). *Plos ONE* 4:e7858.

●Dinets, V., J. C. Brueggen, and J. D. Brueggen. 2013. Crocodilians use tools for hunting. *Ethology Ecology and Evolution* 27:74-78.

●Dingfelder, S. D. 2007. Can rats reminisce? *Monitor on Psychology* 38:26.

●Domjan, M., and B. G. Galef. 1983. Biological constraints on instrumental and classical conditioning: Retrospect and prospect. *Animal Learning and Behavior* 11:151-61.

●Ducheminsky, N., P. Henzi, and L. Barrett. 2014. Responses of vervet monkeys in large troops to terrestrial and aerial predator alarm calls. *Behavioral Ecology* 25:1474-84.

●Dunbar, R. 1998a. *Grooming, Gossip, and the Evolution of Language*. Cambridge, MA: Harvard University Press. [『ことばの起源——猿の毛づくろい、人のゴシップ』松浦俊輔・服部清美訳、青土社、1998]

———. 1998b. The social brain hypothesis. *Evolutionary Anthropology* 6:178-90.

●Emery, N. J., and N. S. Clayton. 2001. Effects of experience and social context on prospective caching strategies by scrub jays. *Nature* 414:443-46.

———. 2004. The mentality of crows: Convergent evolution of intelligence in corvids and apes. *Science* 306:1903-7.

●Epstein, R. 1987. The spontaneous interconnection of four repertoires of behavior in a pigeon. *Journal of Comparative Psychology* 101:197-201.

●Epstein, R., R. P. Lanza, and B. F. Skinner. 1981. "Self-awareness" in the pigeon. *Science* 212:695-96.

●Evans, T. A., and M. J. Beran. 2007. Chimpanzees use self-distraction to cope with impulsivity. *Biology Letters* 3:599-602.

●Falk, J. L. 1958. The grooming behavior of the chimpanzee as a reinforcer. *Journal of the Experimental Analysis of Behavior* 1:83-85.

●Fehr, E., and U. Fischbacher. 2003. The na-

- Crockford, C., R. M. Wittig, R. Mundry, and K. Zuberbühler. 2012. Wild chimpanzees inform ignorant group members of danger. *Current Biology* 22:142–46.
- Csányi, V. 2000. *If Dogs Could Talk: Exploring the Canine Mind*. New York: North Point Press.
- Cullen, E. 1957. Adaptations in the kittiwake to cliff-nesting. *Ibis* 99:275–302.
- Darwin, C. 1982 [orig. 1871]. *The Descent of Man, and Selection in Relation to Sex*. Princeton, NJ: Princeton University Press. [『ダーウィン著作集 1・2　人間の進化と性淘汰I・II』長谷川眞理子訳、文一総合出版、1999・2000]
- Davila Ross, M., M. J. Owren, and E. Zimmermann. 2009. Reconstructing the evolution of laughter in great apes and humans. *Current Biology* 19:1106–11.
- de Groot, N. G., et al. 2010. AIDS-protective HLA-B*27/B*57 and chimpanzee MHC class I molecules target analogous conserved areas of HIV-1/SIVcpz. *Proceedings of the National Academy of Sciences, USA* 107:15175–80.
- de Waal, F. B. M. 1991. Complementary methods and convergent evidence in the study of primate social cognition. *Behaviour* 118:297–320.

———. 1996. *Good Natured: The Origins of Right and Wrong in Humans and Other Animals*. Cambridge, MA: Harvard University Press. [『利己的なサル、他人を思いやるサル——モラルはなぜ生まれたのか』西田利貞・藤井留美訳、草思社、1998]

———. 1997. *Bonobo: The Forgotten Ape*. Berkeley: University of California Press. [『ヒトに最も近い類人猿ボノボ』加納隆至監修、藤井留美訳、TBSブリタニカ、2000]

———. 1999. Anthropomorphism and anthropodenial: Consistency in our thinking about humans and other animals. *Philosophical Topics* 27:255–80.

———. 2000. Primates: A natural heritage of conflict resolution. *Science* 289:586–90.

———. 2001. *The Ape and the Sushi Master: Cultural Reflections by a Primatologist*. New York: Basic Books. [『サルとすし職人——《文化》と動物の行動学』西田利貞・藤井留美訳、原書房、2002]

———. 2003a. Darwin's legacy and the study of primate visual communication. In *Emotions Inside Out: 130 Years After Darwin's* "The Expression of the Emotions in Man and Animals," ed. P. Ekman, J. J. Campos, R. J. Davidson, and F. B. M. de Waal, 7–31. New York: New York Academy of Sciences.

———. 2003b. Silent invasion: Imanishi's primatology and cultural bias in science. *Animal Cognition* 6:293–99.

———. 2005. *Our Inner Ape*. New York: Riverhead. [『あなたのなかのサル——霊長類学者が明かす「人間らしさ」の起源』藤井留美訳、早川書房、2005]

———. 2007 [orig. 1982]. *Chimpanzee Politics: Power and Sex Among Apes*. Baltimore: Johns Hopkins University Press. [『チンパンジーの政治学——猿の権力と性』西田利貞訳、産經新聞出版、2006、他]

———. 2008. Putting the altruism back into altruism: The evolution of empathy. *Annual Review of Psychology* 59:279–300.

———. 2009a. *The Age of Empathy: Nature's Lessons for a Kinder Society*. NewYork: Harmony. [『共感の時代へ——動物行動学が教えてくれること』柴田裕之訳、紀伊國屋書店、2010]

———. 2009b. Darwin's last laugh. *Nature* 460:175.

- de Waal, F. B. M., and M. Berger. 2000. Payment for labour in monkeys. *Nature* 404:563.
- de Waal, F. B. M., C. Boesch, V. Horner, and A. Whiten. 2008. Comparing children and apes not so simple. *Science* 319:569.
- de Waal, F. B. M., and K. E. Bonnie. 2009. In tune with others: The social side of primate culture. In *The Question of Animal Cul-*

ford: Oxford University Press. [『考えるサル——知能の進化論』小山高正・伊藤紀子訳、大月書店、1998]

●Byrne, R., and A. Whiten. 1988. *Machiavellian Intelligence*. Oxford: Oxford University Press. [『マキャベリ的知性と心の理論の進化論——ヒトはなぜ賢くなったか』藤田和生・山下博志・友永雅己監訳、ナカニシヤ出版、2004]

●Calcutt, S. E., et al. 2014. Captive chimpanzees share diminishing resources. *Behaviour* 151:1967–82.

●Caldwell, C. C., and A. Whiten. 2002. Evolutionary perspectives on imitation:Is a comparative psychology of social learning possible? *Animal Cognition* 5:193–208.

●Call, J. 2004. Inferences about the location of food in the great apes. *Journal of Comparative Psychology* 118:232–41.

———. 2006. Descartes' two errors: Reason and reflection in the great apes. In *Rational Animals*, ed. S. Hurley and M. Nudds, 219–234. Oxford: Oxford University Press.

●Call, J., and M. Carpenter. 2001. Do apes and children know what they have seen? *Animal Cognition* 3:207–20.

●Call, J., and M. Tomasello. 2008. Does the chimpanzee have a theory of mind? 30 Years Later. *Trends in Cognitive Sciences* 12:187–92.

●Callaway, E. 2012. Alex the parrot's last experiment shows his mathematical genius. *Nature News Blog*, Feb. 20, http://bit.ly/1eYgqoD.

●Calvin, W. H. 1982. Did throwing stones shape hominid brain evolution? *Ethology and Sociobiology* 3:115–24.

●Candland, D. K. 1993. *Feral Children and Clever Animals: Reflections on Human Nature*. New York: Oxford University Press.

●Cenami Spada, E., F. Aureli, P. Verbeek, and F. B. M. de Waal. 1995. The self as reference point: Can animals do without it? In *The Self in Infancy: Theory and Research*, ed. P. Rochat, 193–215. Amsterdam: Elsevier.

●Chang, L., et al. 2015. Mirror-induced self-directed behaviors in rhesus monkeys after visual-somatosensory training. *Current Biology* 25:212–17.

●Cheney, D. L., and R. M. Seyfarth. 1986. The recognition of social alliances by vervet monkeys. *Animal Behaviour* 34 (1986): 1722–31.

———. 1989. Redirected aggression and reconciliation among vervet monkeys, *Cercopithecus aethiops*. *Behaviour* 110: 258–75.

———. 1990. *How Monkeys See the World: Inside the Mind of Another Species*. Chicago:University of Chicago Press.

●Claidière, N., et al. 2015. Selective and contagious prosocial resource donation in capuchin monkeys, chimpanzees and humans. *Scientific Reports* 5:7631.

●Clayton, N. S., and A. Dickinson. 1998. Episodic-like memory during cache recovery by scrub jays. *Nature* 395:272–74.

●Corballis, M. C. 2002. *From Hand to Mouth: The Origins of Language*. Princeton, NJ: Princeton University Press. [『言葉は身振りから進化した——進化心理学が探る言語の起源』大久保街亜訳、勁草書房、2008]

———. 2013. Mental time travel: A case for evolutionary continuity. *Trends in Cognitive Sciences* 17:5–6.

●Corbey, R. 2005. *The Metaphysics of Apes: Negotiating the Animal-Human Boundary*. Cambridge: Cambridge University Press.

●Correia, S. P. C., A. Dickinson, and N. S. Clayton. 2007. Western scrub-jays anticipate future needs independently of their current motivational state. *Current Biology* 17:856–61.

●Courage, K. H. 2013. *Octopus! The Most Mysterious Creature in the Sea*. New York: Current. [『タコの才能——いちばん賢い無脊椎動物』高瀬素子訳、太田出版、2014]

●Crawford, M. 1937. The cooperative solving of problems by young chimpanzees. *Comparative Psychology Monographs* 14:1–88.

15:963–69.

●Bräuer, J., et al. 2006. Making inferences about the location of hidden food:Social dog, causal ape. *Journal of Comparative Psychology* 120: 38–47.

●Bräuer, J., and J. Call. 2015. Apes produce tools for future use. *American Journal of Primatology* 77:254–63.

●Breland, K., and M. Breland. 1961. The misbehavior of organisms. *American Psychologist* 16:681–84.

●Breuer, T., M. Ndoundou-Hockemba, and V. Fishlock. 2005. First observation of tool use in wild gorillas. *Plos Biology* 3:2041–43.

●Brosnan, S. F., et al. 2010. Mechanisms underlying responses to inequitable outcomes in chimpanzees. *Animal Behaviour* 79:1229–37.

●Brosnan, S. F., and F. B. M. de Waal. 2003. Monkeys reject unequal pay. *Nature* 425:297–99.

———. 2014. The evolution of responses to (un)fairness. *Science* 346:1251776.

●Brosnan, S. F., C. Freeman, and F. B. M. de Waal. 2006. Partner's behavior, not reward distribution, determines success in an unequal cooperative task in capuchin monkeys. *American Journal of Primatology* 68:713–24.

●Brown, C., M. P. Garwood, and J. E. Williamson. 2012. It pays to cheat: Tactical deception in a cephalopod social signalling system. *Biology Letters* 8:729–32.

●Browning, R. 2006 [orig. 1896]. *The Poetical Works*. Whitefish, MT: Kessinger. [『男と女——ロバート・ブラウニング詩集』大庭千尋訳、国文社、1988]

●Bruck, J. N. 2013. Decades-long social memory in bottlenose dolphins. *Proceedings of the Royal Society B* 280: 20131726.

●Bshary, R., and R. Noë. 2003. Biological markets: The ubiquitous influence of partner choice on the dynamics of cleaner fish-client reef fish interactions. In *Genetic and Cultural Evolution of Cooperation*, ed. P. Hammerstein, 167–84. Cambridge, MA: MIT Press.

●Bshary, R., A. Hohner, K. Ait-El-Djoudi, and H. Fricke. 2006. Interspecific communicative and coordinated hunting between groupers and giant moray eels in the Red Sea. *Plos Biology* 4:e431.

●Buchsbaum, R., M. Buchsbaum, J. Pearse, and V. Pearse. 1987. *Animals Without Backbones: An Introduction to the Invertebrates*. 3rd ed. Chicago: University of Chicago Press.

●Buckley, J., et al. 2010. Biparental mucus feeding: A unique example of parental care in an Amazonian cichlid. *Journal of Experimental Biology* 213:3787–95.

●Buckley, L. A., et al. 2011. Too hungry to learn? Hungry broiler breeders fail to learn a y-maze food quantity discrimination task. *Animal Welfare* 20: 469–81.

●Bugnyar, T., and B. Heinrich. 2005. Ravens, *Corvus corax*, differentiate between knowledgeable and ignorant competitors. *Proceedings of the Royal Society of London B* 272:1641–46.

●Burghardt, G. M. 1991. Cognitive ethology and critical anthropomorphism: A snake with two heads and hognose snakes that play dead. In *Cognitive Ethology: The Minds of Other Animals: Essays in Honor of Donald R. Griffin*, ed. C. A. Ristau, 53–90. Hillsdale, NJ: Lawrence Erlbaum Associates.

●Burkhardt, R. W. 2005. *Patterns of Behavior: Konrad Lorenz, Niko Tinbergen, and the Founding of Ethology*. Chicago: University of Chicago Press.

●Burrows, A. M., et al. 2006. Muscles of facial expression in the chimpanzee (*Pan troglodytes*): Descriptive, ecological and phylogenetic contexts. *Journal of Anatomy* 208:153–68.

●Byrne, R. 1995. *The Thinking Ape: The Evolutionary Origins of Intelligence*. Ox-

In *Anthropomorphism, Anecdotes, and Animals: The Emperor's New Clothes?* ed. R. W. Mitchell, N. Thompson, and L. Miles, 313-34. Albany:SUNY Press.

●Bekoff, M., and P. W. Sherman. 2003. Reflections on animal selves. *Trends in Ecology and Evolution* 19:176-80.

●Bekoff, M., C. Allen, and G. M. Burghardt, eds. 2002. *The Cognitive Animal: Empirical and Theoretical Perspectives on Animal Cognition.* Cambridge, MA:Bradford.

●Beran, M. J. 2002. Maintenance of self-imposed delay of gratification by four chimpanzees (*Pan troglodytes*) and an orangutan (*Pongo pygmaeus*). *Journal of General Psychology* 129:49-66.

———. 2015. The comparative science of "self-control": What are we talking about? *Frontiers in Psychology* 6:51.

●Berns, G. S. 2013. *How Dogs Love Us: A Neuroscientist and His Adopted Dog Decode the Canine Brain.* Boston: Houghton Mifflin. [『犬の気持ちを科学する』浅井みどり訳、シンコーミュージック・エンタテイメント、2015]

●Berns, G. S., A. Brooks, and M. Spivak. 2013. Replicability and heterogeneity of awake unrestrained canine fMRI responses. *Plos ONE* 8:e81698.

●Bird, C. D., and N. J. Emery. 2009. Rooks use stones to raise the water level to reach a floating worm. *Current Biology* 19:1410-14.

●Bischof-Köhler, D. 1991. The development of empathy in infants. In *Infant Development: Perspectives From German-Speaking Countries*, ed. M. Lamb and M. Keller, 245-73. Hillsdale, NJ: Erlbaum.

●Bjorklund, D. F., J. M. Bering, and P. Ragan. 2000. A two-year longitudinal study of deferred imitation of object manipulation in a juvenile chimpanzee (*Pan troglodytes*) and orangutan (*Pongo pygmaeus*). *Developmental Psychobiology* 37:229-37.

●Boesch, C. 2007. What makes us human? The challenge of cognitive crossspecies comparison. *Journal of Comparative Psychology* 121:227-40.

●Boesch, C., and H. Boesch-Achermann. 2000. *The Chimpanzees of the Taï Forest:Behavioural Ecology and Evolution.* Oxford: Oxford University Press.

●Boesch, C., J. Head, and M. M. Robbins. 2009. Complex tool sets for honey extraction among chimpanzees in Loango National Park, Gabon. *Journal of Human Evolution* 56:560-69.

●Bolhuis, J. J., and C. D. L. Wynne. 2009. Can evolution explain how minds work? *Nature* 458:832-33.

●Bonnie, K. E., and F. B. M. de Waal. 2007. Copying without rewards: Socially influenced foraging decisions among brown capuchin monkeys. *Animal Cognition* 10: 283-92.

●Bonnie, K. E., V. Horner, A. Whiten, and F. B. M. de Waal. 2006. Spread of arbitrary conventions among chimpanzees: A controlled experiment. *Proceedings of the Royal Society of London B* 274:367-72.

●Bovet, D., and D. A. Washburn. 2003. Rhesus macaques categorize unknown conspecifics according to their dominance relations. *Journal of Comparative Psychology* 117:400-5.

●Boyd, R. 2006. The puzzle of human sociality. *Science* 314:1555-56.

●Boysen, S. T., and G. G. Berntson. 1989. Numerical competence in a chimpanzee (*Pan troglodytes*). *Journal of Comparative Psychology* 103:23-31.

———. 1995. Responses to quantity: Perceptual versus cognitive mechanisms in chimpanzees (*Pan troglodytes*). *Journal of Experimental Psychology: Animal Behavior Processes* 21:82-86.

●Bramlett, J. L., B. M. Perdue, T. A. Evans, and M. J. Beran. 2012. Capuchin monkeys (*Cebus apella*) let lesser rewards pass them by to get better rewards. *Animal Cognition*

参考文献

●Adler, J. 2008. Thinking like a monkey. *Smithsonian Magazine*, January.

●Aitchison, J. 2000. *The Seeds of Speech: Language Origin and Evolution*, Cambridge, UK: Cambridge University Press.

●Alexander, M. G., and T. D. Fisher. 2003. Truth and consequences: Using the bogus pipeline to examine sex differences in self-reported sexuality. *Journal of Sex Research* 40:27–35.

●Allen, B. 1997. The chimpanzee's tool. *Common Knowledge* 6:34–51.

●Allen, J., M. Weinrich, W. Hoppitt, and L. Rendell. 2013. Network-based diffusion analysis reveals cultural transmission of lobtail feeding in humpback whales. *Science* 340:485–88.

●Anderson, J. R., and G. G. Gallup. 2011. Which primates recognize themselves in mirrors? *Plos Biology* 9:e1001024.

●Anderson, R. C., and J. A. Mather. 2010. It's all in the cues: Octopuses (*Enteroctopus dofleini*) learn to open jars. *Ferrantia* 59:8–13.

●Anderson, R. C., J. A. Mather, M. Q. Monette, and S. R. M. Zimsen. 2010. Octopuses (*Enteroctopus dofleini*) recognize individual humans. *Journal of Applied Animal Welfare Science* 13:261–72.

●Anderson, R. C., J. B. Wood, and R. A. Byrne. 2002. Octopus senescence: The beginning of the end. *Journal of Applied Animal Welfare Science* 5:275–83.

●Aristotle. 1991. *History of Animals*, trans. D. M. Balme. Cambridge, MA: Harvard University Press. [『アリストテレス全集8・9　動物誌 上・下』金子善彦・伊藤雅巳・金澤修・濱岡剛訳、岩波書店、2015、他]

●Arnold, K., and K. Zuberbühler. 2008. Meaningful call combinations in a nonhuman primate. *Current Biology* 18:R202–3.

●Auersperg, A. M. I., B. Szabo, A. M. P. Von Bayern, and A. Kacelnik. 2012. Spontaneous innovation in tool manufacture and use in a Goffin's cockatoo. *Current Biology* 22:R903–4.

●Aureli, F., R. Cozzolinot, C. Cordischif, and S. Scucchi. 1992. Kin-oriented redirection among Japanese macaques: An expression of a revenge system? *Animal Behaviour* 44:283–91.

●Azevedo, F. A. C., et al. 2009. Equal numbers of neuronal and nonneuronal cells make the human brain an isometrically scaled-up primate brain. *Journal of Comparative Neurology* 513:532–41.

●Babb, S. J., and J. D. Crystal. 2006. Episodic-like memory in the rat. *Current Biology* 16:1317–21.

●Ban, S. D., C. Boesch, and K. R. L. Janmaat. 2014. Taï chimpanzees anticipate revisiting high-valued fruit trees from further distances. *Animal Cognition* 17:1353–64.

●Barton, R. A. 2012. Embodied cognitive evolution and the cerebellum. *Philosophical Transactions of the Royal Society B* 367:2097–107.

●Bates, L. A., et al. 2007. Elephants classify human ethnic groups by odor and garment color. *Current Biology* 17:1938–42.

●Baumeister, R. F. 2008. Free will in scientific psychology. *Perspectives on Psychological Science* 3:14–19.

●Beach, F. A. 1950. The snark was a boojum. *American Psychologist* 5:115–24.

●Beck, B. B. 1967. A study of problem-solving by gibbons. *Behaviour* 28:95–109.

———. 1980. *Animal Tool Behavior: The Use and Manufacture of Tools by Animals.* New York: Garland STPM Press.

———. 1982. Chimpocentrism: Bias in cognitive ethology. *Journal of Human Evolution* 11:3–17.

●Bekoff, M., and C. Allen. 1997. Cognitive ethology: Slayers, skeptics, and proponents.

7

Donald Dewsbury (2000).

8

Frans de Waal and Sarah Brosnan (2006).

9

Frans de Waal and Pier Francesco Ferrari (2010).

and John Messenger (1996).

25

Roland Anderson et al. (2002).

26

Aristotle (1991), p. 323.

27

Jennifer Mather and Roland Anderson (1999), Sarah Zylinski (2015).

28

Roger Hanlon (2007), Hanlon (2013).

29

Roger Hanlon et al. (1999).

30

Culum Brown et al. (2012).

31

Robert Jackson (1992), Stim Wilcox and Jackson (2002).

32

Andrew Whiten et al. (2005).

33

Edwin van Leeuwen and Daniel Haun (2013).

34

Susan Perry (2009). 以下も参照のこと。Marietta Dindo et al. (2009).

35

Elizabeth Lonsdorf et al. (2004).

36

Jenny Allen et al. (2013).

37

Erica van de Waal et al. (2013).

38

Nicolas Claidière et al. (2015).

39

Frans de Waal and Denise Johanowicz (1993).

40

Kristin Bonnie and Frans de Waal (2007).

41

Michio Nakamura et al. (2000).

42

Tetsuro Matsuzawa (1994), Noriko Inoue-Nakamura and Matsuzawa (1997).

43

Stuart Watson et al. (2015).

44

Tetsuro Matsuzawa et al. (2001), Frans de Waal (2001).

45

Konrad Lorenz (1952), p. 86.

46

Frans de Waal and Jennifer Pokorny (2008).

47

Frans de Waal and Peter Tyack (2003).

48

Stephanie King et al. (2013).

49

Laela Sayigh et al. (1999), Vincent Janik et al. (2006).

50

Jason Bruck (2013).

51

Stephanie King and Vincent Janik (2013).

第9章 進化認知学

1

Mark Bekoff and Colin Allen (1997), p. 316.

2

Anthony Tramontin and Eliot Brenowitz (2000).

3

Jonathaan Marks (2002), p. xvi.

4

David Hume (1985 [org. 1739]), p. 226. ジェラルド・マッシーに感謝を込めて。

5

"Study: Dolphins Not So Intelligent on Land," *Onion*, Feb. 5, 2006.

6

Jolyon Troscianko et al. (2012).

35

Sarah Boysen and Gary Berntson (1995).

36

Edward Tolman (1927).

37

David Smith et al. (1995).

38

Robert Hampton (2004).

39

Allison Foote and Jonathon Crystal (2007).

40

Arii Watanabe et al. (2014)

41

Josep Call and Malinda Carpenter (2001), Robert Hampton et al. (2004).

42

Alastair Inman and Sara Shettleworth (1999).

43

The Cambridge Declaration on Consciousness. 2012年7月7日、ケンブリッジ大学チャーチル・カレッジでのフランシス・クリック記念会議にて。

第8章 鏡と瓶を巡って

1

Joshua Plotnik et al. (2006). 以下も参照のこと。"Mirror Self-Recognition in Asian Elephants" (video), Jan. 11, 2015, http://bit.ly/1spFNoA.

2

Joshua Plotnik et al. (2014).

3

Michael Garstang et al. (2014).

4

Ulric Neisser (1967), p. 3.

5

Lucy Bates et al. (2007).

6

Karen McComb et al. (2014).

7

Karen McComb et al. (2011).

8

Joseph Soltis et al. (2014).

9

Gordon Gallup Jr. (1970), James Anderson and Gallup (2011).

10

Daniel Povinelli (1987).

11

Emanuela Cenami Spada et al. (1995), Mark Bekoff and Paul Sherman (2003).

12

Matthew Jorgensen et al. (1995), Koji Toda and Shigeru Watanabe (2008).

13

Doris Bischof-Köhler (1991), Carolyn Zahn-Waxler et al. (1992), Frans de Waal (2008).

14

Abigail Rajala et al. (2010), Liangtang Chang et al. (2015).

15

Frans de Waal et al. (2005).

16

Philippe Rochat (2003).

17

Diana Reiss and Lori Marino (2001).

18

Helmut Prior et al. (2008).

19

Jürgen Lethmate and Gerti Dücker (1973), p. 254 からの拙訳。

20

Ralph Buchsbaum et al. (1987 [orig. 1938]).

21

Roland Anderson and Jennifer Mather (2010).

22

Katherine Harmon Courage (2013), p. 115.

23

Roland Anderson et al. (2010).

24

Jennifer Mather et al. (2010), Roger Hanlon

第7章 時がたてばわかる

1
Robert Browning (2006 [orig. 1896]), p. 113.

2
Otto Tinklepaugh (1928).

3
Gema Martin-Ordas et al. (2013).

4
Marcel Proust (1913), p. 48.

5
Karline Janmaat et al. (2014), Simone Ban et al. (2014).

6
Endel Tulving (1972, 2001).

7
Nicola Clayton and Anthony Dickinson (1998).

8
Stephanie Babb and Jonathon Crystal (2006).

9
Sadie Dingfelder (2007), p. 26.

10
Thomas Suddendorf (2013), p. 103.

11
Endel Tulving (2005).

12
Mathias Osvath (2009).

13
Lucia Jacobs and Emily Liman (1991).

14
Nicholas Mulcahy and Josep Call (2006).

15
Mathias Osvath and Helena Osvath (2008), Osvath and Gema Martin-Ordas (2014).

16
Juliane Bräuer and Josep Call (2015).

17
Caroline Raby et al. (2007), Sérgio Correia et al. (2007), William Roberts (2012).

18
Nicola Koyama et al. (2006).

19
Carel van Schaik et al. (2013).

20
Anoopum Gupta et al. (2010), Andrew Wikenheiser and David Redish (2012).

21
Sara Shettleworth (2007), Michael Corballis (2013).

22
2011年、フランスのメディアはドミニク・ストロス=カーンを「欲情したチンパンジー」になぞらえた。

23
Richard Byrne (1995), p. 133, Robin Dunbar (1998a).

24
Ramona Morris and Desmond Morris (1966).

25
Philip Kitcher (2006), p. 136.

26
Harry Frankfurt (1971), p. 11, そして Roy Baumeister (2008)も.

27
Jessica Bramlett et al. (2012).

28
Michael Beran (2002), Theodore Evans and Beran (2007).

29
Friederike Hilleman et al. (2014)

30
Adrienne Koepke et al. (近刊).

31
Walter Mischel and Ebbe Ebbesen (1970).

32
David Leavens et al. (2001).

33
Walter Mischel et al. (1972), p. 217.

34
Michael Beran (2015).

23

Peter Judge (1991), Judge and Sonia Mullen (2005).

24

Ronald Schusterman et al. (2003).

25

Dalila Bovet and David Washburn (2003), Regina Paxton et al. (2010).

26

Jorg Massen et al. (2014a).

27

Meredith Crawford (1937).

28

Kim Mendres and Frans de Waal (2000).

29

Alicia Melis et al. (2006a), Alicia Melis et al. (2006b), Sarah Brosnan et al. (2006).

30

Frans de Waal and Michelle Berger (2000).

31

Ernst Fehr and Urs Fischbacher (2003).

32

Robert Boyd (2006) は、Kevin Langergraber et al. (2007) により反証された。

33

Malini Suchak and Frans de Waal (2012), Jingzhi Tan and Brian Hare (2013).

34

2014年11月にカリフォルニア州アーヴァインで開催されたアメリカ科学アカデミー・工学アカデミーのケック未来イニシアティブ会議。

35

E. O. Wilson (1975).

36

Michael Tomasello (2008), Gary Stix (2014), p. 77.

37

Emil Menzel (1972).

38

Joshua Plotnik et al. (2011).

39

Ingrid Visser et al. (2008).

40

Christophe Boesch and Hedwige Boesch-Achermann (2000).

41

この2枚の写真は Gary Stix (2014) に掲載されている。

42

Malini Suchak et al. (2014).

43

Michael Wilson et al. (2014).

44

Sarah Calcutt et al. (2014).

45

Hal Whitehead and Luke Rendell (2015).

46

Sarah Brosnan and Frans de Waal (2003). 以下も参照のこと。"Two Monkeys Were Paid Unequally," TED Blog Video, http://bit.ly/1GO05tz.

47

Sarah Brosnan et al. (2010), Proctor et al. (2013).

48

Frederieke Range et al. (2008), Claudia Wascher and Thomas Bugnyar (2013), Sarah Brosnan and Frans de Waal (2014).

49

Redouan Bshary and Ronald Noë (2003).

50

Redouan Bshary et al. (2006).

51

Alexander Vail et al. (2014).

52

Toshisada Nishida and Kazuhiko Hosaka (1996).

53

Jorg Massen et al. (2014b).

54

Caitlin O'Connell (2015).

59

Lydia Hopper et al. (2008).

60

Frans de Waal (2009a), Delia Fuhrmann et al. (2014).

61

Suzana Herculano-Houzel et al. (2011, 2014).

62

Josef Parvizi (2009).

63

Robert Barton (2012).

64

Michael Corballis (2002), William Calvin (1982).

65

Natasja de Groot et al. (2010).

66

"Mens vs aap—experiment" の動画は http://bit.ly/1gbLiCm で閲覧可能。

67

Christopher Martin et al. (2014).

68

Frans de Waal (2007 [orig. 1982]).

69

Benjamin Beck (1982).

70

2008年10月24日、ペンシルヴェニア州ピッツバーグでの、アラスカ州知事サラ・ペイリンの施政方針演説。

第6章 社会的技能

1

Frans de Waal (2007 [orig. 1982]).

2

Donald Griffin (1976).

3

Hans Kummer (1971), Kummer (1995).

4

Jane Goodall (1971).

5

Christopher Martin et al. (2014).

6

Frans de Waal and Jan van Hooff (1981).

7

Frans de Waal (2007 [orig. 1982]).

8

Marcel Foster et al. (2009)

9

Toshisada Nishida et al. (1992).

10

Toshisada Nishida (1983), Nishida and Kazuhiko Hosaka (1996).

11

Victoria Horner et al. (2011).

12

Malini Suchak and Frans de Waal (2012).

13

Hans Kummer et al. (1990), Frans de Waal (1991).

14

Richard Byrne and Andrew Whiten (1988).

15

Robin Dunbar (1998b).

16

Thomas Geissmann and Mathias Orgeldinger (2000).

17

Sarah Gouzoules et al. (1984).

18

Dorothy Cheney and Robert Seyfarth (1992).

19

Susan Perry et al. (2004).

20

Susan Perry (2008), p. 47.

21

Katie Slocombe and Klaus Zuberbühler (2007).

22

Dorothy Cheney and Robert Seyfarth (1986, 1989), Filippo Aureli et al. (1992).

28

Catherine Crockford et al. (2012), Anne Marijke Schel et al. (2013).

29

Brian Hare et al. (2001).

30

Hika Kuroshima et al. (2003), Anne Marije Overduin-de Vries et al. (2013).

31

Anna Ilona Roberts et al. (2014).

32

Daniel Povinelli (2000).

33

Esther Herrmann et al. (2007).

34

Yuko Hattori et al. (2010).

35

Allan Gardner et al. (2011).

36

Frans de Waal (2001), de Waal et al. (2008), Christophe Boesch (2007).

37

Nathan Emery and Nicky Clayton (2001).

38

Thomas Bugnyar and Bernd Heinrich (2005); 以下も参照のこと。"Quoth the Raven," *Economist*, May 13, 2004.

39

Josep Call and Michael Tomasello (2008).

40

Atsuko Saito and Kazutaka Shinozuka (2013), p. 689.

41

Brian Hare et al. (2002), Ádám Miklósi et al. (2003), Hare and Michael Tomasello (2005), Monique Udell et al. (2008, 2010), Márta Gácsi et al. (2009).

42

Miho Nagasawa et al. (2015).

43

Leslie White (1959), p. 5.

44

Edward Thorndike (1898), p. 50, Michael Tomasello and Josep Call (1997).

45

Michael Tomasello et al. (1993ab), David Bjorklund et al. (2000).

46

Victoria Horner and Andrew Whiten (2005).

47

David Premack (2010).

48

Andrew Whiten et al. (2005), Victoria Horner et al. (2006), Kristin Bonnie et al. (2006), Horner and Frans de Waal (2010), Horner and de Waal (2009).

49

Michael Huffman (1996), p. 276.

50

Edwin van Leeuwen et al. (2014).

51

William McGrew and Caroline Tutin (1978).

52

Frans de Waal (2001), de Waal and Kristin Bonnie (2009).

53

Elizabeth Lonsdorf et al. (2004)

54

Victoria Horner et al. (2010), Rachel Kendal et al. (2015).

55

Christine Caldwell and Andrew Whiten (2002).

56

Friederike Range and Zsófia Virányi (2014).

57

Jeremy Kagan (2004), David Premack (2007).

58

Charles Darwin, Notebook M,1838, http://darwin-online.org.uk.

35

Tiffani Howell et al. (2013).

36

Sally Satel and Scott Lilienfeld (2013).

37

Craig Ferris et al. (2001), John Marzluff et al. (2012).

38

Gregory Berns (2013).

39

Gregory Berns et al. (2013).

第5章 あらゆるものの尺度

1

Sana Inoue and Tetsuro Matsuzawa (2007), Alan Silberberg and David Kearns (2009), Tetsuro Matsuzawa (2009).

2

Jo Thompson (2002).

3

David Premack (2010), p. 30.

4

Jerry Adler (2008) によるマーク・ハウザーのインタビュー。

5

The Public Broadcasting Service は2010年のシリーズに *The Human Spark* という題をつけた。

6

Alfred Russel Wallace (1869), p. 392.

7

Suzana Herculano-Houzel et al. (2014), Ferris Jabr (2014).

8

Katerina Semendeferi et al. (2002), Suzana Herculano-Houzel (2009),Frederico Azevedo et al. (2009).

9

Ajit Varki and Danny Brower (2013), Thomas Suddendorf (2013), Michael Tomasello (2014).

10

Jeremy Taylor (2009), Helene Guldberg (2010).

11

Virginia Morell (2013), p. 232.

12

Robert Sorge et al. (2014).

13

Emil Menzel (1974).

14

Katie Hall et al. (2014).

15

David Premack and Guy Woodruff (1978).

16

Frans de Waal (2008), Stephanie Preston (2013).

17

Adam Smith (1976 [orig. 1759]), p. 10.

18

J. B. Siebenaler and David Caldwell (1956), p. 126.

19

Frans de Waal (2005), p. 191.

20

Frans de Waal (2009a).

21

Shinya Yamamoto et al. (2009).

22

Yuko Hattori et al. (2012).

23

Henry Wellman et al. (2000).

24

Ljerka Ostojić et al. (2013).

25

Daniel Povinelli (1998).

26

Derek Penn and Daniel Povinelli (2007).

27

David Leavens et al. (1996), Autumn Hostetter et al. (2001).

第4章 私に話しかけて

1

ポリニャックの司教の言葉。Corbey (2005), p. 54での引用。

2

Nadezhda Ladygina-Kohts (2002 [orig. 1935]).

3

Herbert Terrace et al. (1979).

4

Irene Pepperberg (2008).

5

Michele Alexander and Terri Fisher (2003).

6

Norman Malcolm (1973), p. 17.

7

Jerry Fodor (1975), p. 56.

8

Irene Pepperberg (1999).

9

Bruce Moore (1992)

10

Alice Auersperg et al. (2012).

11

Ewen Callaway (2012).

12

Sarah Boysen and Gary Berntson (1989).

13

Irene Pepperberg (2012).

14

Irene Pepperberg (1999), p. 327.

15

Sapolsky (2010).

16

Evolution of Language International Conferences, www.evolang.org.

17

Frans de Waal (2007 [orig. 1982], de Waal (1996), de Waal (2009a).

18

Dorothy Cheney and Robert Seyfarth (1990).

19

Kate Arnold and Klaus Zuberbühler (2008).

20

Toshitaka Suzuki (2014).

21

Brandon Wheeler and Julia Fischer (2012).

22

Tabitha Price (2013), Nicholas Ducheminsky et al. (2014).

23

Amy Pollick and Frans de Waal (2007), Katja Liebal et al. (2013), Catherine Hobaiter and Richard Byrne (2014).

24

Frans de Waal (2003a).

25

1980年にトマス・シービオクとニューヨーク科学アカデミーは、「クレバー・ハンス効果――馬、クジラ、類人猿、人とのコミュニケーション」と題する会議を開いた。

26

Sue Savage-Rumbaugh and Roger Lewin (1994), p. 50, Jean Aitchison (2000).

27

Muhammad Spocter et al. (2010).

28

Sandra Wohlgemuth et al. (2014).

29

Andreas Pfenning et al. (2014).

30

Frans de Waal (1997), p. 38.

31

Robert Yerkes (1925), p. 79.

32

Oliver Sacks (1985).

33

Robert Yerkes (1943).

34

Vilmos Csányi (2000), Alexandra Horowitz (2009), Brian Hare and Vanessa Woods (2013).

置、あるいは状態をより効率的に変えることで、それに際して使用者が使用の間、あるいは使用の直前に道具を持っていたり運搬していたりし、その道具を適切かつ効果的な位置・方向に配した本人である場合」。Benjamin Beck (1980), p. 10.

18
Robert Amant and Thomas Horton (2008).

19
Jane Goodall (1967), p. 32.

20
Crickette Sanz et al. (2010).

21
Christophe Boesch et al. (2009), Ebang Wilfried and Juichi Yamagiwa (2014).

22
William McGrew (2010).

23
Jill Pruetz and Paco Bertolani (2007).

24
Tetsuro Matsuzawa (1994), Noriko Inoue-Nakamura and Tetsuro Matsuzawa (1997).

25
Jürgen Lethmate (1982).

26
Carel van Schaik et al. (1999).

27
Thibaud Gruber et al. (2010), Esther Herrmann et al. (2008).

28
Thomas Breuer et al. (2005), Jean-Felix Kinani and Dawn Zimmerman (2015).

29
Eduardo Ottoni and Massimo Mannu (2001).

30
Dorothy Fragaszy et al. (2004).

31
Julio Mercader et al. (2007).

32
Elisabetta Visalberghi and Luca Limongelli (1994).

33
Luca Limongelli et al. (1995), Gema Martin-Ordas et al. (2008).

34
William Mason (1976), pp. 292-93.

35
Michael Gumert et al. (2009).

36
"Honey Badgers: Masters of Mayhem," *Nature*, 2014年に Public Broadcasting Service で放送。

37
Alex Weir et al. (2002).

38
Gavin Hunt (1996), Hunt and Russell Gray (2004).

39
Christopher Bird and Nathan Emery (2009), Alex Taylor and Russell Gray (2009), Sarah Jelbert et al. (2014).

40
Alex Taylor et al. (2014).

41
Natacha Mendes et al. (2007), Daniel Hanus et al. (2011).

42
Daniel Hanus et al. (2011).

43
Gavin Hunt et al. (2007), p. 291.

44
William McGrew (2013).

45
Alex Taylor et al. (2007).

46
Nathan Emery and Nicola Clayton (2004).

47
Vladimir Dinets et al. (2013).

48
Julian Finn et al. (2009).

33
Bennett Galef (1990).
34
Frans de Waal (2001).
35
Satoshi Hirata et al. (2001).
36
David Premack and Ann Premack (1994).
37
Josep Call (2004), Juliane Bräuer et al. (2006)
38
Josep Call (2006).
39
Daniel Lehrman (1953).
40
Richard Burkhardt (2005), p. 390.
41
同上、p. 370; Hans Kruuk (2003).
42
Frank Beach (1950).
43
Donald Dewsbury (2000).
44
John Garcia et al. (1955).
45
Shettleworth (2010).
46
Hans Kummer et al. (1990).
47
Frans de Waal (2003b).
48
Hans Kruuk (2003), p. 157.
49
Niko Tinbergen and Walter Kruyt (1938).
50
Frans de Waal (2007 [orig. 1982]).

第3章 認知の波紋

1
Wolfgang Köhler (1925). ドイツ語の原書 *Intelligenzprufüngen an Anthropoiden*は1917刊行。
2
Robert Yerkes (1925), p. 120.
3
Robert Epstein (1987).
4
Emil Menzel (1972). メンゼルは2001年に著者のインタビューを受けた。
5
Jane Goodall (1986), p. 357.
6
Frans de Waal (2007 [orig. 1982]).
7
Jennifer Pokorny and Frans de Waal (2009).
8
John Marzluff and Tony Angell (2005), p. 24.
9
John Marzluff et al. (2010); Garry Hamilton (2012).
10
Michael Sheehan and Elizabeth Tibbetts (2011).
11
Johan Bolhuis and Clive Wynne (2009), 以下も参照のこと。Frans de Waal (2009a) .
12
Marco Vasconcelos et al. (2012).
13
Jonathan Buckley et al. (2010).
14
Barry Allen (1997).
15
M. M. Günther and Christophe Boesch (1993).
16
Gen Yamakoshi (1998).
17
「道具使用とは、環境内の遊離物を身体外で利用し、別の物体、生き物、あるいは使用者自身の形状、位

26

「ハト、ラット、サルのどれがどうだというのか？　そんなことは関係ない」。B. F. Skinner (1956), p. 230.

27

Konrad Lorenz (1941).

第2章 二派物語

1

Esther Cullen (1957).

2

Bonnie Perdue et al. (2011), Steven Gaulin and Randall Fitzgerald (1989).

3

Bruce Moore (1973), Michael Domjan and Bennett Galef (1983).

4

Sara Shettleworth (1993), Bruce Moore (2004).

5

Louise Buckley et al. (2011).

6

Harry Harlow (1953), p. 31.

7

Donald Dewsbury (2006), p. 226.

8

John Falk (1958).

9

Keller Breland and Marian Breland (1961).

10

B. F. Skinner (1969), p. 40.

11

William Thorpe (1979).

12

Richard Burkhardt (2005).

13

Desmond Morris (2010), p. 51.

14

Anne Burrows et al. (2006).

15

George Romanes (1882), George Romanes (1884).

16

C. Lloyd Morgan (1894), pp. 53-54.

17

Roger Thomas (1998), Elliott Sober (1998).

18

C. Lloyd Morgan (1903).

19

Frans de Waal (1999).

20

Réne Röell (1996).

21

Niko Tinbergen (1963).

22

Oskar Pfungst (1911).

23

Douglas Candland (1993).

24

"The Remarkable Orlov Trotter," Black River Orlovs, www.infohorse.com/ShowAd.asp?id=3693.

25

Juliane Kaminski et al. (2004).

26

Gordon Gallup (1970).

27

Robert Epstein et al. (1981).

28

Roger Thompson and Cynthia Contie (1994), だが Emiko Uchino and Shigeru Watanabe (2014) を参照のこと.

29

Celia Heyes (1995).

30

Daniel Povinelli et al. (1997).

31

Jeremy Kagan (2000), Frans de Waal (2009a).

32

Kinji Imanishi (1952), Junichiro Itani and Akisato Nishimura (1973).

原注

プロローグ

1

Charles Darwin (1972 [orig. 1871]), p. 105.

2

Ernst Mayr (1982), p. 97.

3

Richard Byrne (1995), Jacques Vauclair (1996), Michael Tomasello and Josep Call (1997), James Gould and Carol Grant Gould (1999), Marc Bekoff et al. (2002), Susan Hurley and Matthew Nudds (2006), John Pearce (2008), Sara Shettleworth (2012), および Clive Wynne and Monique Udell (2013).

第1章 魔法の泉

1

Werner Heisenberg (1958), p. 26.

2

Jakob von Uexküll (1957 [orig. 1934]), p. 76. 以下も参照のこと。Jakob von Uexküll (1909).

3

Thomas Nagel (1974).

4

Ludwig Wittgenstein (1958 [orig. 1953]), p. 225.

5

Martin Lindauer (1987), p 6 での Karl von Frisch の言葉の引用。

6

Donald Griffin (2001).

7

Ronald Lanner (1996).

8

Niko Tinbergen, (1953), Eugène Marais (1969), Dorothy Cheney and Robert Seyfarth (1992), Alexandra Horowitz (2010), and E. O. Wilson (2010).

9

Benjamin Beck (1967).

10

Preston Foerder et al. (2011).

11

Daniel Povinelli (1989).

12

Joshua Plotnik et al. (2006).

13

Lisa Parr and Frans de Waal (1999).

14

Doris Tsao et al. (2008).

15

Konrad Lorenz (1981), p. 38.

16

Edward Thorndike (1898) に触発されて書かれたのが Edwin Guthrie and George Horton (1946).

17

Bruce Moore and Susan Stuttard (1979).

18

Edward Wasserman (1993).

19

Donald Griffin (1976).

20

Victor Stenger (1999).

21

Jan van Hooff (1972), Marina Davila Ross et al. (2009).

22

Frans de Waal (1999).

23

Gordon Burghardt (1991).

24

Frans de Waal (2000), Nicola Koyama (2001), Mathias Osvath and Helena Osvath (2008).

25

William Hodos and C. B. G. Campbell (1969).

導入された、動物と人間の行動に対する生物学的取り組みで、それぞれの種に特有の行動を自然環境への適応として重要視する。

「汝の動物を知れ」原則 Know-thy-animal rule
ある種が認知機能を持っているという主張に疑問を呈する人は誰もが、当該の種を熟知するか、自分の反論を立証するために努力するかしなくてはならないという原則。

生態的地位《ニッチ》 Ecological niche
生態系におけるある種の役割と、その種が依存する天然資源。

人間性否認 Anthropodenial
他の動物に人間のような特性を認めたり、人間に動物のような特性を認めたりするのを頭から否定すること。

人間中心主義 Anthropocentrism
ヒトという種を中心に展開される世界観。

認知 Cognition
感覚入力を環境についての知識に変える変換と、その知識の応用。

認知動物行動学 Cognitive ethology
認知の生物学的研究にドナルド・グリフィンが与えた呼称。

認知の波紋則 Cognitive ripple rule
認知能力はどれも、当初思われていたよりも古く、広く普及していることが判明するという原則。

比較心理学 Comparative psychology
動物と人間の行動の一般原理を見つけようとする心理学の下位区分。狭義には、動物を人間の学習と心理のモデルとして使おうとする心理学の下位区分。

批判的擬人観 Critical anthropomorphism
ある種に関する人間の直観を使って、客観的に検証可能な考えを生み出すこと。

ヒュームの基準 Hume's Touchstone
人間と動物の両方の心的活動に同じ仮説を当てはめるようにという、デイヴィッド・ヒュームの訴え。

ピュグマリオン効果 Pygmalion Effect
特定の種のテスト方法が、認知的先入観をしばしば反映すること。とくに、比較テストが私たち自身の種を優遇すること。

文化 Culture
習慣や伝統を他者から学習し、その結果、同じ種の複数の集団が異なる行動をとるようになること。

魔法の泉 Magic well
あらゆる生き物がそれぞれ特殊化した認知機能の、果てしない複雑さ。

見本合わせパラダイム
Matching-to-sample paradigm
実験参加者が見本を知覚したあとで、複数の選択肢のなかからその見本と合致するものを見つけなくてはならない実験の枠組み。

メタ認知 Metacognition
自分が何を知っているかを知るために、自分自身の記憶を監視すること。

心的時間旅行《メンタルタイムトラベル》 Mental time travel
自分の過去と未来についての個体の自覚。

モーガンの公準 Morgan's Canon
観察された現象が、低い認知能力で説明しうるときには、より高度な認知能力を想定してはならないという勧告。

欲求充足の先延ばし Delayed gratification
より良い報酬をのちに受け取るために、目前の報酬の魅力に抗う能力。

者から高い者へと格付けし、人間を天使に最も近い存在としている。

視点取得 Perspective taking

状況を他者の視点から眺める能力。

社会脳仮説 Social brain hypothesis

霊長類の脳が相対的に大きいのは、彼らが複雑な社会を持っており、社会的情報を処理する必要があることで説明できるとする仮説。

収斂進化 Convergent evolution

互いに関連のない種が、類似の環境圧に応じて類似の特性あるいは能力を独自に進化させること。相似の項も参照。

進化認知学 Evolutionary cognition

進化の観点に立った、あらゆる認知(人間のものも動物のものも含む)の研究。

身体化された認知 Embodied cognition

体(脳以外)の役割と、環境との体の相互作用を重視する認知の見方。

真の模倣 True imitation

相手の手法や目的を理解していることを反映する、模倣の特殊型。

推量を使った論理的思考 Inferential reasoning

手に入る情報を使い、直接観察できない事実を構築すること。

生物学的に準備された学習
Biologically prepared learning

ある種に固有の生態環境に適し、その生存を助けるために進化した学習能力や傾向。ガルシア効果の項も参照。

選択的模倣 Selective imitation

他の行動は無視しつつ、目的の達成につながる行動だけを模倣すること。

相似 Analogy

同じ環境への適応として別個に進化した、構造的・機能的に類似の特性(魚類とイルカの流線形の体形など)。収斂進化の項も参照。

相同 Homology

2つの種が持つ特性の類似性で、共通の祖先にその特性が見られることで説明できるもの。

対象に合わせた援助 Targeted helping

相手の具体的な状況と必要を判断するといった視点取得に基づいて、ある個体が別の個体に提供する援助。

対象の永続性 Object permanence

対象が、個体の知覚の範囲から消えたあとでさえ存在し続けるという認識。

体制順応バイアス Conformist bias

ある個体が大多数の個体の解決法や好みに賛同する傾向。

知能 Intelligence

情報と認知を問題解決に首尾良く応用する能力。

転位行動 Displacement activity

動機付けが妨げられることによって、あるいは闘争と逃走のように、相容れない動機付けの対立によって突然現れる、当面の状況とは無関係の行動。

洞察 Insight

過去の情報の断片が突然組み合わさり(閃き《アハ》体験)、新奇な問題に対する新奇な解決法を思いつくこと。

同種アプローチ Conspecific approach

動物をテストするときに、人間の影響を減じるため、その動物と同じ種のお手本役あるいは相棒を使う方法。

動物行動学 Ethology

コンラート・ローレンツとニコ・ティンバーゲンによって

用語解説

ウンヴェルト（環世界） *Umwelt*
ある生き物の主観的な知覚世界。

エピソード記憶 Episodic memory
具体的な過去の経験の記憶。たとえば、そうした経験の内容、起こった場所、タイミングの記憶。

鏡を使ったマーク・テスト Mirror mark test
鏡映像を通してしか見ることのできないしるしを体表につけられた生き物が、鏡を見てそのしるしに気づくかどうかを判定する実験。

賢いハンス効果 Clever Hans Effect
実験者が図らずも与える手掛かりの影響のことを言い、一見すると認知的な偉業に見えるものを誘発する。

過剰模倣 Overimitation
お手本が示した行動のすべてが目的を達成するのに役立つわけではない場合にさえ、その行動をそっくり模倣すること。

ガルシア効果 Garcia Effect
ある食べ物に対する嫌悪は、吐き気や嘔吐といった不快な結果（たとえそれが長い間隔を置いてから起こったとしても）のあとに現れる。生物学的に準備された学習の項も参照。

擬人観 Anthropomorphism
人間のような特徴や経験を他の種が持つと（誤って）考えること。擬人主義。

絆作りと同一化に基づく観察学習
Bonding- and Identification-based Observational Learning（BIOL）
集団に所属し、社会的なお手本に従いたいという願望に主として基づく社会的学習。

機能 Function
ある特性の目的。その特性が与える恩恵によって評価する。

興ざまし説明《キルジョイ・アカウント》 Killjoy account
一見するとより単純な説明を提示して、より高度な心的プロセスに関する主張を後退させること。

協同ひも引きパラダイム
Cooperative pulling paradigm
複数の個体が、それぞれ単独では首尾良く操作できない装置を使って、自分たちに向かって報酬を引き寄せる実験の方法。

行動主義 Behaviorism
B.F.スキナーとジョン・ワトソンが導入した、観察可能な行動と学習に重点を置く心理学の取り組み。最も極端な行動主義では、行動は学習された連合に還元され、心的な認知のプロセスは退けられる。

心の理論 Theory of mind
知識、意図、信念といった心的状態を他者が持つと考える能力。

三者関係認識 Triadic awareness
個体Aが、個体Bや個体Cとの自分の関係についてだけではなく、BとCとの間の関係についても知っていること。

シグネチャー・ホイッスル Signature whistles
イルカの発声で、各個体が別個の識別可能な「メロディ」を持つように調整されている。

自己認識 Self-awareness
自己を意識すること。自己認識は、生き物が鏡を使ったマーク・テストに合格するために必要だと考える人もいれば、あらゆる生物の特徴だと考える人もいる。

自然の階梯《かいてい》 *Scala naturae*
古代ギリシアの自然の尺度で、あらゆる生き物を低い

［**ヤ行**］

［**ラ行**］

［**ワ行**］

［ハ行］

［マ行］

［タ行］

［ナ行］

[サ行]

索引

*の付された語は「用語解説」に収録されていることを示す。

著者

フランス・ドゥ・ヴァール Frans de Waal

1948年オランダ生まれ。エモリー大学心理学部教授、ヤーキーズ国立霊長類研究センターのリヴィング・リンクス・センター所長、ユトレヒト大学特別教授。霊長類の社会的知能研究における第一人者であり、その著書は20の言語に翻訳されている。2007年には「タイム」誌の「世界で最も影響力のある100人」の一人に選ばれた。米国科学アカデミー会員。邦訳された著書に『道徳性の起源』『共感の時代へ』(以上、紀伊國屋書店)、『チンパンジーの政治学』(産經新聞出版)、『あなたのなかのサル』(早川書房)、『サルとすし職人』(原書房)、『利己的なサル、他人を思いやるサル』(草思社)ほかがある。

監訳者

松沢哲郎(まつざわ・てつろう)

京都大学高等研究院特別教授、京都大学霊長類研究所兼任教授(理学博士)。1977年11月から「アイ・プロジェクト」とよばれるチンパンジーの心の研究を始め、野生チンパンジーの生態調査も行う。チンパンジーの研究を通じて人間の心や行動の進化的起源を探り、「比較認知科学」とよばれる新しい研究領域を開拓した。2011年に刊行した『想像するちから』(岩波書店)で第65回毎日出版文化賞、および科学ジャーナリスト賞2011を受賞。2004年紫綬褒章受章、2013年に文化功労者。

訳者

柴田裕之(しばた・やすし)

翻訳家。訳書に、ハラリ『サピエンス全史』(河出書房新社)、リフキン『限界費用ゼロ社会』(NHK出版)、ミシェル『マシュマロ・テスト』(ハヤカワ文庫NF)、ヴァン・デア・コーク『身体はトラウマを記録する』、ベジャン&ゼイン『流れとかたち』、ドゥ・ヴァール『道徳性の起源』『共感の時代へ』、ジェインズ『神々の沈黙』(以上、紀伊國屋書店)ほか多数。

動物の賢さがわかるほど人間は賢いのか

2017年 9月 7日　第1刷発行
2017年10月11日　第2刷発行

発行所…………株式会社 紀伊國屋書店
東京都新宿区新宿3-17-7
出版部（編集）03(6910)0508
ホールセール部（営業）03(6910)0519
〒153-8504　東京都目黒区下目黒3-7-10

装幀……………芦澤泰偉＋五十嵐 徹
印刷・製本………中央精版印刷

ISBN978-4-314-01149-5 C0045　Printed in Japan

定価は外装に表示してあります